JENS SOENTGEN

VON DEN STERNEN BIS ZUM TAU

P H
V

JENS SOENTGEN

VON DEN STERNEN BIS ZUM TAU

*Eine Entdeckungsreise
durch die Natur*

MIT 120 PHÄNOMENEN UND
EXPERIMENTEN

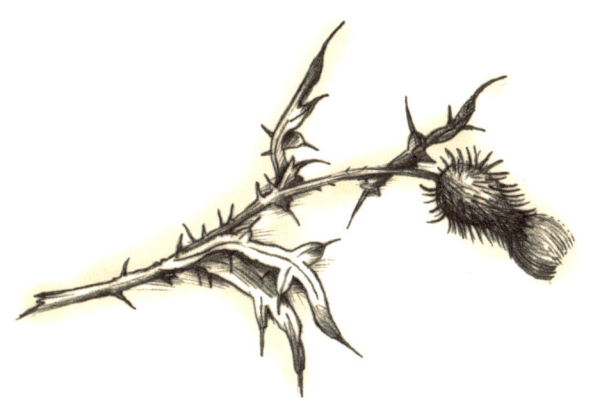

Illustriert von
Vitali Konstantinov

PETER HAMMER VERLAG

INHALT

NATURWISSENSCHAFT MACHT
GLÜCKLICH!

Dies ist eine Reise durch die Natur – querdurch, von oben bis unten. Die Reise führt vom unendlich Großen ins unendlich Kleine, vom Makrokosmos zum Mikrokosmos. Unterwegs gibt es überall etwas Bemerkenswertes, etwas Außerordentliches zu sehen, zu riechen, zu hören und zu schmecken. Deshalb sind die Kapitel dieses Buches nicht als neutraler Bericht abgefasst. Sie sind Lobreden und feiern die Sterne, den Mond, das Wasser und die Erde.

Trotzdem erscheint die Natur hier nicht in esoterischer Perspektive, sondern in der Perspektive der modernen Naturwissenschaft. Ein Widerspruch? Viele glauben, dass die moderne Naturwissenschaft nur noch einen neutralen, verarmten Blick auf die Natur erlaubt, möglichst frei von emotionalen Anteilen.

Aber hat die Naturwissenschaft die Natur wirklich entzaubert? Sicher nicht! Die moderne Naturwissenschaft ist keine kalte Theoriemaschine. Sie rechnet nicht nur, sie erzählt neue, großartige Geschichten. Diese Geschichten handeln von dem, was jeder sehen kann, von Wolken, Vögeln, Bergen und Seen, aber auch von früheren Erden, von fernen Sonnen. Die Naturwissenschaft erschöpft sich nicht in wirtschaftlichen, technischen oder medizinischen Anwendungen. Sie besitzt eine enorme kulturelle und ästhetische Vitalität. Sie hat in vielen Naturgebilden und in vielen Geschöpfen eine neue, ungeahnte Schönheit entdeckt und berichtet von ihnen Dinge, die eindrucksvoller sind als die phantastischsten Mythen der Vorzeit. Gerade kleine, unscheinbare Geschöpfe hat die Naturwissenschaft in großartiger Weise erhöht! Sie hat die Tiefe der Zeit geöffnet und erzählt von Gestalten der Erde und des Lebens, die die Phantasie mindestens ebenso beschäftigen, wie es die gewaltigsten Mythen vergangener Tage vermochten! Was ist schon ein feuerspuckender Lindwurm gegen die Familie der Dinosaurier! Wenn die Naturwissenschaft altes, poetisches Naturwissen zerstört, dann setzt sie nicht automatisch ein gefühlloses Formelgerüst an seine Stelle. Es entsteht vielmehr eine neue Geschichte. Ein neuer, schönerer Zauber ersetzt den alten. Es ist eine schöpferische Zerstörung, keine bloße Negation!

Wer die Meinung vertritt, frühere Generationen hätten sich eines poetischeren Naturverständnisses erfreut, hat sich meist nur wenig mit der vormodernen Naturwissenschaft und Kosmologie befasst. Schon aus der *Naturgeschichte* Plinius' des Älteren oder aus den an Mythen wirklich nicht armen *Otia Imperialia* des englischen Gelehrten Gervasius von Tilbury – um nur zwei Beispiele zu nennen – wird klar, wie monoton und oftmals grausam viele jener Mythen waren, die heute für zauberhaft gehalten werden. Nur ein winziger Ausschnitt aus der Natur fand überhaupt Beachtung. Und wie *klein* dachten die Menschen früherer Zeiten von vielen Geschöpfen! Nicht nur viele einzelne Tiere (z. B. Eidechsen, Schlangen, Fledermäuse, Eulen usw.), sogar ganze Landschaften wie die Berge oder die Moore hielt man für unnütz, sie erregten keine Freude und kein Staunen, sondern *Ekel*. Vieles, beispielsweise die Wolkenformen, scheint früher gar nicht wahrgenommen worden zu sein.

Die weitverbreitete Vorstellung, dass die moderne Naturwissenschaft durch und durch kalt und unromantisch sei, rührt her von einer sehr einseitigen Wahrnehmung. Viele identifizieren „die" Naturwissenschaft mit der Physik oder gar mit einem Teil der Physik, mit der Mechanik. Die historischen Naturwissenschaften, wie die Geologie oder die Kosmologie oder auch die Paläontologie und die Evolutionstheorie, werden ausgeblendet. Andererseits macht unsere Gesellschaft einen einseitigen, kalten Gebrauch von den Naturwissenschaften. Wir nutzen sie vor allem als Produktivkraft und spannen sie vor den Karren der Industrie. Sie sollen immer neue und bessere Materialien fabrizieren, neue Synthesewege für Lifestyle-Präparate herausfinden, noch schnellere Autos, noch effizientere Nuklearwaffen und Kampfjets oder noch glänzendere Lacke herstellen. Das ist in etwa so, als würde man

Musik auf Marschmusik reduzieren. Die Naturwissenschaften können Besseres. In Zukunft mögen sie uns wieder lehren, sensibler wahrzunehmen, den Kosmos mit neuen, intensiveren Gefühlen zu betrachten, uns selbst neu zu entdecken! Ein solcher Gebrauch der Naturwissenschaften lässt sich nicht unmittelbar zu Geld machen, er fördert nicht das Wirtschaftswachstum. Dafür belebt er die Phantasie, schult die Beobachtung und schenkt Freude und Glück.

Die Naturwissenschaften können unsere Naturerfahrung *befreien* und in ungeahnter Weise steigern. *Wir* können die Natur mit viel zärtlicheren, sensibleren Augen ansehen als selbst die aufgeschlossensten, lebhaftesten Geister der Antike oder der Neuzeit! Wir können in ihr einen tieferen Sinn und eine ganz neue, heroische Schönheit entdecken, für die alle Menschen vor uns blind waren. Wir können sie mit viel mehr Grund preisen und feiern als alle unsere Vorgänger. Was wussten die Menschen, die vor dem 16. Jahrhundert lebten, von der Unendlichkeit, fragt Blaise Pascal in seinen *Pensées*. Sowohl die großen wie die kleinen Geschöpfe und Formungen der Natur werden von den modernen Naturwissenschaften in einen völlig neuen Zusammenhang gestellt – viel spannender, viel erhellender als in den meisten Schilderungen der Antike und des Mittelalters.

Die Natur in ihren unendlichen Manifestationen, vom Ungeheuren bis hin zum Unscheinbaren! Um sie zu feiern, enthält jedes Kapitel Beobachtungsvorschläge und Experimente. Man glaube nur nicht, es käme heute nicht mehr darauf an, selbst hinzusehen, da ja doch schon alles entdeckt sei. Gerade das Banale und Allgegenwärtige steckt voller Wunder, voller rätselhafter Erscheinungen! Es gibt heute nicht weniger, sondern *mehr* zu entdecken als je zuvor. Unter der Ascheschicht, mit der Gewohnheit und Mutlosigkeit die Welt verschüttet haben, lebt das Neue, das Schöne. Ein Hauch nur, und die graue Schicht fliegt fort.

Die Versuche verstehen sich als Einladungen, Neues zu entdecken und dafür stehen zwei Strategien bereit: Suchen und Probieren. Suchen ist ein Erkunden, das nicht verändert, Probieren ist ein Verändern, das erkunden will. Beide Entdeckungsstrategien sind für den Fortschritt der Naturwissenschaften unentbehrlich, beide sind uns, als neugierige Wesen, in die Wiege gelegt. Schon Kinder suchen, schon Kinder probieren. Suchen und Probieren sind die Lebenselemente der Naturwissenschaften, sie werden in unzähligen Formen variiert, gesteigert und perfektioniert. Die älteste erkundende Naturwissenschaft ist die Astronomie, die älteste und immer noch schönste probierende Naturwissenschaft ist die Chemie. Erkundende Feldwissenschaften und probierende Laborwissenschaften bestimmen nach wie vor die Struktur der Naturwissenschaften, wobei inzwischen eine intensive Zusammenarbeit entstanden ist. Laborwissenschaften haben sich ins Feld hinein erweitert, ehemals reine Feldwissenschaften haben sich Labore zugelegt. Aus dem Suchen entwickelten sich komplizierte Messverfahren, aus dem Probieren entstand das naturwissenschaftliche Experiment, das eine Situation systematisch in Faktoren zerlegt und diese gezielt miteinander kombiniert. Bei aller Technisierung bleibt für alle Beobachter und alle Mitwirkenden jedoch immer spürbar, wie nahe das naturwissenschaftliche Forschen dem kindlichen Erkunden ist. Als der amerikanische Mikrobiologe und Nobelpreisträger Alfred Hershey gefragt wurde, wie er sich das höchste Glück des Wissenschaftlers vorstelle, sagte er: „Ein Experiment zu haben, das funktioniert, und es immer wieder zu tun" und beschrieb damit exakt den kindlichen Elan des Forschers. In der ersten Generation der Molekularbiologen enstand so das geflügelte Wort, jemand sei im „Hershey-Himmel", wenn er ein gut gehendes Experimentalsystem habe.

Unsere Experimente und Phänomene kommen ohne professionelle Apparate aus. Keine Fernrohre, keine Mikroskope, keine Reagenzgläser, nicht einmal Feldstecher oder Lupen. Nicht, weil ich etwas gegen Geräte hätte. Es ist aber aufschlussreicher, erst einmal mit freien Sinnen hinzusehen und hinzuhören. Erst danach lässt sich ein Gerät sinnvoll einsetzen.

Manche Zusammenhänge kann der Beobachter mithilfe von Technologien besser erkennen, andere nimmt nur wahr, wer diese Technologien beiseitelegt. Jeder weiß, dass man schon mit einem einfachen Fernglas am Nachthimmel Phänomene erblickt, die mit bloßem Auge nicht zu erkennen sind. Viel weniger bekannt ist, dass es auch naturwissenschaftlich relevante Phänomene gibt, die man *nur* mit entwaffneten Sinnen entdeckt. Sie werden mit einem Apparat nicht etwa undeutlicher – sie verschwinden ganz. So sieht man Sternschnuppen so gut wie nie, wenn man mit dem Teleskop den Himmel betrachtet. Wer aber häufiger mit bloßem Auge am Nachthimmel entlangspaziert, erblickt sie oft und hat ab und zu sogar das Glück, eine richtige Feuerkugel zu sehen. Auch ein so einfaches und dabei kosmologisch zentrales Phänomen wie die Milchstraße ist mit einem Fernglas nicht zu entdecken. Mit bloßem Auge sieht man die Milchstraße hingegen leicht – sofern sie nicht von Streulicht überdeckt wird.

Auch heute noch hat die Naturwissenschaft sehr viel mit sinnlicher Wahrnehmung zu tun! Draußen, in den Wäldern, in den Wüsten, in den Bergen, auf den Ozeanen, da wird aus dem Naturwissenschaftler ein Indianer, der feinste Phänomene aufspürt. Unscheinbarste Dinge erzählen ihm ganze Geschichten, die anderen verborgen bleiben. Er hat einen besonderen Sinn gerade für das Unscheinbare. Manche Phänomene sieht man nur im Schein der Nachmittagssonne, nicht aber im Kunstlicht, andere sind nur im Mondschein gut wahrnehmbar.

Wer meint, naturwissenschaftliche Einsichten, die durch bloße Beobachtung und einfache Grundschulmathematik gewonnen werden, könnten keine große Tragweite haben, der irrt. Die Hälfte aller zentralen naturwissenschaftlichen Theorien ist ohne High-Tech-Apparate und ohne High-End-Mathematik entwickelt worden – ich nenne nur die klassische Astronomie des Sonnensystems, die klassische Evolutionstheorie, die Entdeckung der geologischen Tiefenzeit oder die Lehre von der Kontinentaldrift. Die Einsichten nehmen nicht proportional zu, je komplizierter die Geräte und je fortgeschrittener die zu Hilfe genommene Mathematik wird.

Die Frage ist sogar berechtigt, ob manche Errungenschaft der Naturwissenschaften nicht verhindert worden wäre, wenn die Forscher damals die kapitalintensive Ausrüstung gehabt hätten, die an den Lehrstühlen der Physik und Chemie heute selbstverständlich ist. Hätte Nikolaus Kopernikus, dem wir die Erneuerung der Erkenntnis verdanken, dass sich die Erde um die Sonne dreht, seine Ephemeriden, die Daten seiner Planetenbeobachtungen, mit einem leistungsfähigen Computer verwalten können, dann wäre sein revolutionäres Buch niemals geschrieben worden. Denn für einen Computer macht es keinen Unterschied, ob er viele komplizierte Berechnungen durchführen muss oder wenige einfache; er liefert das Ergebnis in Millisekunden. Und Kopernikus hätte niemals das Bedürfnis verspürt, ein kompliziertes System durch ein einfaches zu ersetzen. Übrigens besaß er nicht einmal ein Teleskop!

Auch heute, da sich die Naturwissenschaften stark technisiert haben, ist in vielen Disziplinen, so zum Beispiel in der Geologie, in der Biologie, in der Geographie oder der Meteorologie – um nur einige wenige zu nennen –, eine kultivierte, hoch gesteigerte Wahrnehmungsfähigkeit unerlässlich. Sie zu pflegen ist heute wichtiger denn je.

Deshalb gilt für dieses Buch: Je mehr wir wieder lernen, hinzusehen, hinzuhören und zu fühlen, zu schmecken und zu riechen – desto tiefer werden unsere Einsichten sein. Und wenn wir hier und da ein Hilfsmittel benötigen, ist es eines, das aus der Küche oder aus dem Keller stammt und im Haushalt ohnehin vorhanden oder aber für wenig Geld im Supermarkt oder im Baumarkt zu kaufen ist.

Insofern sind die Experimente anspruchslos. Manchmal freilich fordern sie Geduld und Phantasie. Wichtig ist, das eine oder andere mehrmals auszuprobieren und zu improvisieren, wenn etwas nicht funktioniert. Der echte Naturforscher ist nicht einer, der sich zum Jagen tragen lässt, sondern er bahnt sich selbst seinen Weg. Er ist Empiriker. Man kann auch sagen: Er ist ein Pirat. In beiden Worten steckt dieselbe Wurzel, nämlich das griechische Wort *peiran*, was so viel heißt wie versuchen oder wagen. Auch den Naturwissenschaftler lockt das Neue, nicht die bequeme Routine. Er muss deshalb fähig sein, wie Benjamin Franklin, der amerikanische Naturwissenschaftler und Staatsmann, treffend sagte, *mit einem Bohrer zu sägen und mit einer Säge zu bohren*.

Ein unentbehrliches Rüstzeug in den meisten Naturwissenschaften ist die Mathematik. Wenn der Forscher sie mit klar definierten Begriffen kombiniert, hilft sie, Fragen genauer zu stellen und eindeutig zu beantworten. Aber auch hier gilt nicht: je komplizierter die Mathematik, desto beeindruckender das Ergebnis. Schon das Einmaleins, verbunden mit etwas Geometrie, erweitert die Möglichkeit, Fragen zu stellen und zu beantworten, ungeheuer. Sehr viele bedeutende Entdeckungen verdanken sich einfachstem Zählen – so zum Beispiel Mendels Vererbungsgesetze. Auch unsere Beobachtungen und Experimente machen Gebrauch von mathematischen oder geometrischen Zusammenhängen. Mehr als die Grundrechenarten und ein wenig Geometrie werden dabei nicht benötigt. Ich möchte zeigen, wie viel jeder schon mit einfachster Mathematik machen kann. Als Kontrast zur Mathematik habe ich hier und da Berichte über wunderbare Begebenheiten und über den Trost eingestreut, den das Naturerleben und die Naturbeobachtung schenkt. Sie sollen zeigen, zu welchen *Höhen* die Naturerfahrung fähig ist.

Wir beginnen mit den großen Dingen und enden mit den winzigen. Denn ein Maß braucht, wer die Dinge ordnen will. Wie aufregend eine solche Reise sein kann, erleben wir hautnah, wenn wir die Zeugnisse jener Forschergeneration lesen, die im 18. Jahrhundert den Sternenhimmel und zugleich den Mikrokosmos neu entdeckte. Gottfried Wilhelm Leibniz, der deutsche Philosoph, wurde zum Zeugen der Entdeckungen jener Epoche, die unser Naturbewusstsein bis heute prägen. In seiner großen Vision zeigt sich *alles* erfüllt von Welten, „jedes noch so kleine Stückchen Materie ist ein Garten voller Pflanzen und ein Teich voller Fische", wie er mit leidenschaftlicher Emphase in seiner *Monadenlehre* schreibt. Jede Welt ist von kleineren Welten durchsetzt, die, wie er meinte, der unseren an Schönheit nicht nachstehen. So ist es: *Die Natur ist eine unendliche Vielfalt ineinanderlebender Welten*, ein gewaltiger, ineinander verwobener Organismus – das macht ihre unendliche Tiefe aus. Deshalb können wir uns an ihr nicht sattsehen.

Entstanden ist die Idee zu diesem Buch nach einer Urlaubssaison, die wir nicht mit Fernreisen, sondern am Starnberger See bei München verbrachten. Besonders die Roseninsel hatte es uns angetan. Wir fuhren mit der Fähre vom Feldafinger Ufer zur Insel, sie ist so nah, dass man hinschwimmen könnte. Und auf der Roseninsel haben wir dann, je nach Wetterlage, gepicknickt. Von den Ausflügen brachten wir immer etwas mit, eine kleine Blume – die Kinder hatten sie gepflückt –, einen seltsam geformten Stein, ein Blatt von einem Baum, ein Taschentuch mit Staub, der, wie die Zeitungen meldeten, aus der Sahara herbeigeweht war und sich auf den Tischen und Stühlen niedergeschlagen hatte. Und natürlich Fotos. Verwackelte Fotos, auf denen nichts, nur der Himmel zu sehen ist, Fotos von Kieseln, Fotos vom See und von der Insel.

Eines Abends sortierte ich die Bilder und die Mitbringsel auf dem Tisch einmal nicht chronologisch, sondern nach der Größe der Objekte, die darauf zu sehen waren. Zuerst die Himmelsfotos, dann ein Wasserfarbenbild vom See, ein Foto von der Insel, von einem Baum bis hinunter zu jener Probe Saharastaub. Ich stellte fest, dass die Reihe, die da vor mir lag, eine repräsentative Reise durch die ganze Natur darstellte – von oben bis unten, von den gewaltigen Dingen bis hin zu den winzigen. Was wir in unseren Ferien erlebt hatten, war eigentlich auch eine Weltenreise, nur nicht horizontal, nicht „einmal rum", wie es die modernen Flugzeug-Weltreisenden tun, sondern „einmal durch", von oben bis unten.

Dieser Entstehungsgeschichte verdankt es sich, dass mein Ausgangspunkt die Roseninsel im Starnberger See ist. Aber die Reise, die ich hier beschreibe, führt uns nicht ins Bayernland. Vielmehr begeben wir uns auf einen Spaziergang durch die Natur und die Naturwissenschaften. Möge er die Begeisterung für die Naturwissenschaften und die Liebe zur Natur fördern! Die Reise können wir von jedem Ort aus beginnen, an dem wir einen Himmel über uns, Wasser vor uns und Erde unter uns haben.

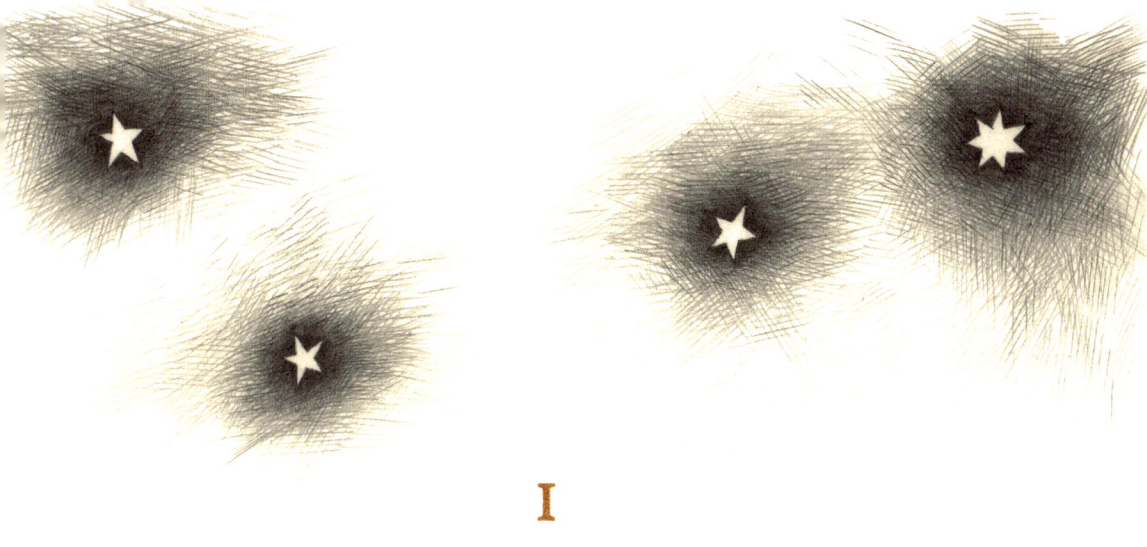

I

STERNE ÜBER DEM SEE

I   STERNE ÜBER DEM SEE

Wer in einer sternklaren Frühjahrsnacht vom Starnberger See in Richtung Alpen, also nach Süden blickt, der erkennt auf der linken Seite ein großes, auffälliges Sternbild: den Orion. Wer ihn längere Zeit beobachtet, bemerkt, dass er nicht stillsteht, sondern wandert: Er steigt im Laufe einer Nacht auf, erreicht schließlich seinen höchsten Punkt am Himmel – seine Kulmination – und steigt dann wieder hinab. Immer aber ist er in südlicher Richtung zu sehen. In der Mitte schmücken ihn drei auffallende Gürtelsterne, an denen drei kleinere Sterne aufgereiht sind, den Rahmen bilden zwei „Fußsterne" und zwei „Schultersterne". Schon im alten Babylon kannte man das Sternbild, man nannte es den „Himmelshirten", auch den „Großen Jäger" oder den „Gott der Großen Tür". Der Orion ist deshalb so auffällig, weil er immer über dem Horizont zu stehen scheint, aufrecht und riesengroß. Er wandert eine kleine Strecke – als würde er einen imaginären Berg ersteigen –, immer von Osten nach Westen, entfernt sich aber nie allzu weit vom Horizont. Das macht ihn so einprägsam.

Dem Orion verdanke ich ein Erlebnis, das mich, wenn es auch bescheiden war und wenig sensationell, gleichwohl tief berührte. Eine Zeit meines Lebens arbeitete ich in Südbrasilien, in einer Stadt namens Porto Alegre, weit unterhalb des Äquators und etwa so weit vom Südpol entfernt, wie wir vom Nordpol entfernt sind. Wenn bei uns Sommer ist, herrscht dort Winter und umgekehrt. Ich wohnte in einem Hotel; eines Nachts, ich war um drei Uhr aufgewacht und konnte nicht wieder einschlafen, fuhr ich mit dem Aufzug in den 14. Stock. Dort befand sich ein „Schwimmbad" – ein kleines, zwei mal vier Meter großes Wasserbecken, etwas merkwürdig in solcher Höhe. Um das Becken standen weiße Plastikstühle. Fledermäuse flogen um das

[Fig. 1. Orion]

Hochhaus herum, sie jagten in den Schluchten zwischen dem Hotel und den Nachbargebäuden. Darüber wölbte sich der Nachthimmel, der hier, im Süden Brasiliens, einen ganz unvertrauten Anblick bot. Direkt über mir, in der Mitte des Himmels, erblickte ich ein großes Rechteck, das mir eine Art Boot zu sein schien. Auch ein Ruder war zu sehen. Welches Sternbild mochte das sein? Ich kannte es nicht. Plötzlich ging mir auf, dass es der Orion war. Er stand aber nicht am Südrand des Himmels, sondern mitten drin! Warum? Ich stellte mir vor, dass ich von München aus die Erdkugel halb hinabgerutscht war, immer auf den Orion zu, gewissermaßen zwischen seinen Beinen hindurch, unter ihm durch, immer weiter – bis ich ihn nun gewissermaßen statt von vorn von unten her sah. Mit einem Male wurde mir bewusst, dass ich wirklich weit weg war. Ich wusste auch, in welche Richtung ich mich bewegen müsste, um wieder zu Hause anzukommen. Und ich hatte zum ersten Male in meinem Leben deutlich erlebt, dass die Erde eine *Kugel* ist, und zwar eine nicht einmal allzu große Kugel.

Ich dachte daran, dass die Seefahrer in der Zeit der großen Entdeckungen genau diese Erfahrung gemacht hatten – der Orion stieg, indem sie Richtung Süden segelten, immer höher, und zu seinen Füßen kamen neue, unbekannte Sterne in den Blick – der südliche Nachthimmel, der den Bewohnern der Nordhalbkugel bislang verborgen geblieben war.

Dies ist, so glaube ich, das Großartigste, das der Sternenhimmel den Menschen schenkt: Er sagt ihm unmittelbar, wo er sich auf der Erdkugel befindet. Ob „oben" im Norden, in der Mitte oder „unten" im Süden. Je nach Standort verschiebt sich der Eindruck, den der Mensch von den Sternen hat. So kann der Nachthimmel ihm sagen, in welche Richtung er gehen muss, um wieder nach Hause zu finden. Die Sterne sind die ältesten und wichtigsten Wegweiser des Menschen. Dem berühmtesten Irrfahrer der Menschheit, Odysseus aus Ithaka, halfen sie, wieder nach Hause zu kommen.

Sie sagen dem Reisenden auf eine überaus poetische, erhabene Weise, dass es eine Kugel ist, auf der er sich bewegt. Eine Kugel, die durch das All schwebt. Und sie weisen ihm den Ort, wo jemand auf ihn wartet.

Entdecke den Nachthimmel!

1   Nachts sehen

SITUATION: in einem dunklen Zimmer; draußen bei sternklarer Nacht

Wer nachts gut sehen will, muss sich mit den Besonderheiten des Dunkelsehens vertraut machen. Das geht in einer vertrauten Umgebung weitaus leichter als draußen beim Anblick des Sternenhimmels. Das Einfachste ist zunächst, du beobachtest im Schlafzimmer, was geschieht, wenn du nachts das Licht ausknipst. Zunächst wirst du rein gar nichts sehen (natürlich muss es absolut dunkel sein; es darf kein helles Licht von einer Straßenlaterne hereinscheinen). Versuche jetzt, ein weißes Hemd, das am Schrank hängt, zu sehen. Du machst eine erstaunliche Beobachtung: Wenn du direkt hinsiehst, verschwindet das Hemd. Siehst du anderswohin und blickst sozusagen nur aus dem Augenwinkel auf das Hemd, ist es hingegen gut sichtbar. Das Dunkelsehen folgt offenbar anderen Gesetzen als das Sehen am hellen Tage. Wenn man nachts irgendetwas näher ansieht, verschwindet es; sieht man daran vorbei, taucht es auf. Wir haben also hier das Paradox, dass man mehr sieht, indem man vermeidet, direkt hinzusehen – eine Tatsache, die im Leben viele Parallelen hat. Es macht Spaß, Dinge durch Hinsehen zum Verschwinden zu bringen und durch Wegsehen wieder auftauchen zu lassen. Draußen, unter dem Nachthimmel, stellst du fest, dass du auch lichtschwache Sterne am besten siehst, wenn du an ihnen vorbeischaust, wenn du den Blick schweifen lässt.

2 Sternkarten

SITUATION: draußen, bei sternklarer Nacht
ZUBEHÖR: dieses Buch

(1) Wer sich in einer Stadt einlebt, orientiert sich zunächst an der Lage einiger wichtiger Plätze, von denen aus er sich weitere Straßenzüge, Gebäude und Orte erschließt. Um sich am Sternhimmel zurechtzufinden, geht man ähnlich vor. Dabei helfen Karten – daher sind hier Himmelskarten abgebildet. Sie zeigen zwar nicht alles am Himmel, da sie ähnlich einer Touristenkarte stark vereinfachen, eignen sich deswegen aber gut für eine erste Orientierung. So wie eine Touristenkarte wichtige Plätze, weithin sichtbare Bauwerke und Verbindungsstraßen verzeichnet, so verzeichnen Himmelskarten wichtige Sternbilder, helle Sterne und geben Auskunft, wie man von einem zum anderen findet. Es sind Momentaufnahmen, denn der Sternenhimmel bewegt sich über unseren Köpfen, wenn auch nur sehr langsam. Es hilft dabei, wenn man den Himmel immer von demselben Standort aus beobachtet. So erkennt man die Sternbilder nicht nur an ihrer Form, sondern auch an ihrer Höhe und dem Ort ihres Aufgangs. Unsere vier Sternkarten zeigen, was am Abendhimmel im Frühling, im Sommer, im Herbst und im Winter zu sehen ist. Sie passen bei den angegebenen Daten, sind aber auch zwei, drei Wochen zuvor oder danach noch verwendbar. Es gibt auch genauere Karten, die für jeden Monat, ja für jede Stunde errechnet sind – hier genügen uns die vier Jahreszeiten für einen ersten Eindruck.

(2) „Richtung Süd" ist für die Sternbeobachtung als bevorzugte Blickrichtung zu empfehlen. Dazu ist kein Kompass nötig, denn der Polarstern war so freundlich, sich genau dorthin zu stellen, wo Norden ist. Mithilfe des Großen Wagens (siehe S. 28) kannst du diesen Stern leicht finden. Wenn die Nordrichtung gefunden ist, liegt auch Süden fest. Im Süden erreicht die Sonne um die Mittagszeit ihren höchsten Stand. Auch die Sterne kulminieren im Süden.

(3) Während man einen Stadtplan eher vor sich hinhält, da die Stadt vor einem liegt, ist es bei einer Sternkarte anders. Denn die Sterne strahlen über dir, also hältst du die Sternkarte mit dem Buch hoch in den Himmel, um dich zu orientieren. Anders als auf Landkarten ist auf den Sternkarten Ost links und West rechts. Wenn du die Karte wie ein kleines Dach über dir in den Nachthimmel hältst und dafür gesorgt hast, dass Nord, Süd, Ost und West in die entsprechenden geographischen Richtungen zeigen, dann sollte jedem Punkt auf der Karte ein Punkt des wirklichen Himmels entsprechen. Erwarte aber nicht, dass die Karte und die Sterne einander eins zu eins ähneln. Längst nicht alle sichtbaren Sterne finden auf der Karte Platz. Und nicht immer sind die Sichtverhältnisse so, dass man die auf der Karte eingetragenen Sterne auch findet! Die Sternbilder sind am wirklichen Himmel zudem viel weiträumiger, als die Karte erwarten lässt. Die Karte ist eine Projektion, der Sternenhimmel ist gewölbt, die Karte ist flach. Sie kann nur eine Hilfe sein, die du irgendwann durch detailliertere Karten ersetzen wirst und schließlich, wenn du dich im Nachthimmel eingelebt hast und weißt, wo du was findest, weglegen kannst.

(4) Die Karten zeigen nur eine Auswahl von Sternbildern und Sternen, im Wesentlichen jene, die du auch in einer Stadt oder in der Nähe einer Stadt gut sehen kannst. Über den Städten liegt eine Lichtglocke, die dazu führt, dass heute nur noch ein kleiner Teil der Sterne und Sternbilder sichtbar sind. Gerade jene Sternbilder, die aus den Zeitungshoroskopen bekannt sind – sie gehören zum sogenannten Tierkreis –, sind leider meist sehr unscheinbar und nur selten, in mondlosen Nächten und bei ruhiger, klarer Luft, sichtbar. Sie sind in unseren Karten daher entweder ganz weggelassen oder nur angedeutet. Nur die Linie, auf der sie liegen, die sogenannte Ekliptik, ist stets gestichelt eingezeichnet. Auf dieser Linie sind auch die Planeten sowie der Mond unterwegs. Wenn du in der Gegend dieser Linie einen auffallend hellen Stern siehst, der ruhig, ohne Flackern, leuchtet, so handelt es sich meist um einen Planeten. In Sommernächten liegen die Ekliptik und damit die Sternbilder des Tierkreises ziemlich tief, in

57 ⅓ cm

20°

10°

[Fig. 2]

der Nähe des Horizonts. Dagegen stehen sie in Winternächten recht hoch am Himmel. Eingetragen ist auf den Karten ferner, quer durch die Bilder, die Milchstraße, obwohl sie mittlerweile aufgrund der hohen Lichtverschmutzung nur noch selten gut zu sehen ist. Mit einem Kreuz ist auf allen Karten der Zenit gekennzeichnet, also der Scheitelpunkt des Nachthimmels. Einige Sterne haben Namen; viele der Namen sind arabischer Herkunft, denn die Sternkunde wurde nach dem

Untergang des Römischen Reiches zunächst von den Arabern betrieben. Sie waren es auch, die die alten griechischen Manuskripte übersetzten und weitergaben.

(5) Abstände auf Landkarten werden in Kilometern angegeben. Am Sternenhimmel macht das wenig Sinn. Hier werden die Abstände in Winkeln gemessen. Die gesamte sichtbare Halbkugel des Himmels umschließt einen Winkel von 180 Grad. Direkt über dir, am höchsten Punkt des Himmels, befindet sich der Zenit. Zenit und Horizont schließen zusammen einen Winkel von 90 Grad ein.

(6) Zwischen den eher vertrauten Maßen Meter und Zentimeter und den Winkelmaßen gibt es einen einfachen Zusammenhang: Zehn Zentimeter in einem Abstand von 57,3 Zentimetern gesehen, entsprechen genau zehn Grad. (Denn der Umfang eines Halbkreises beträgt πr, wobei π = Zahl pi = 3,14 und r = Halbmesser = Radius sind. Rechnet man diese Formel mit dem Halbmesser 57,3 aus, dann erhält man genau 1,80 Meter. 180 Grad umfassen also in diesem Abstand 1,80 Meter, also sind zehn Zentimeter gleich zehn Grad.)

(7) Der Abstand von 57,3 Zentimetern entspricht etwa – bei jedem wird das ein bisschen anders sein – einer Armeslänge. Probiere aus, wie weit du die Finger auseinanderspreizen musst, um einen Abstand von 20 Zentimetern hinzubekommen. Dieser Spanne, wieder in Armeslänge gesehen, entsprechen dann etwa 20 Grad. Die Dicke des kleinen Fingers (ein bis zwei Zentimeter) entspricht ein bis zwei Grad. Zur Orientierung: Der Durchmesser der Mondscheibe – und der Sonne – beträgt ½ Grad. Mit der Kuppe des kleinen Fingers kannst du sie schon überdecken. Wichtiger als quantitative Abstände sind für den Anfänger die *Richtungen*, die ruhig recht grob sein können. Die Sternbilder „zeigen" gewissermaßen aufeinander, und solche groben Richtungen stellen eine große Hilfe dar. Sie sind auf den Sternkarten angedeutet. Sie gehen meist vom Großen Wagen aus.

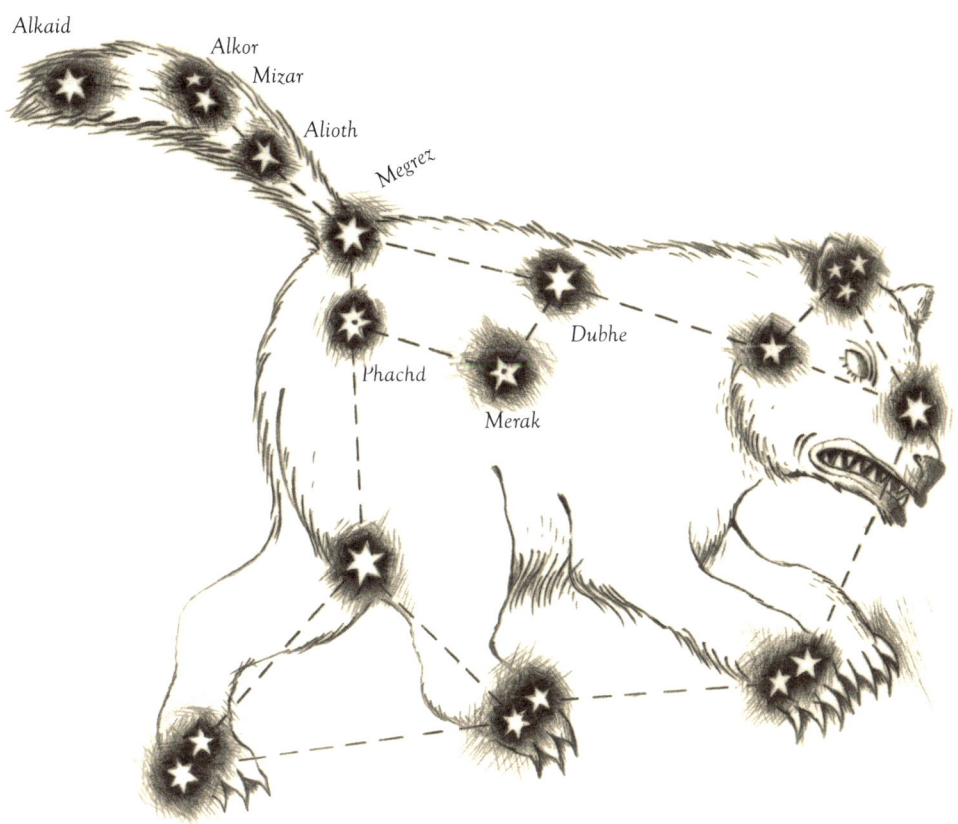

Alkaid

Alkor
Mizar

Alioth

Megrez

Dubhe

Phachd

Merak

[Fig. 3]

(8) Der Große Wagen gehört zum Sternbild des Großen Bären – seine Sterne sind die hellsten des Großen Bären – und ist während des ganzen Jahres irgendwo am Himmel sichtbar, und zwar stets in nördlicher Richtung. An Abenden im Frühling findest du ihn hoch oben in Zenitgegend, im Sommer im Nordwesten in mittlerer Höhe zwischen Horizont und Zenit, im Herbst tief unten am Horizont, im Winter im Nordosten, wieder in mittlerer Höhe. Wenn es ein Sternbild gibt, das jeder kennt, dann dieses. Die ersten zwei und die letzten drei Sterne des Wagens – mit den arabischen Namen Benetnasch, Mizar, Alioth, Megrez und Dubhe – sind etwa gleich hell. Sie gehören übrigens zur

Sternklasse zwei, alle noch helleren Sterne gehören zur Klassifikation eins. Vier Sterne bilden den eigentlichen Wagenkasten, drei die geknickte Deichsel. Die zwei mittleren Sterne des Wagenkastens heißen Phachd und Merak. Sie leuchten etwas weniger hell. An der Knickstelle der Deichsel, in unmittelbarer Nähe von Mizar, befindet sich der Stern Alkor, das Reiterlein. Er ist ein altbekannter Augenprüfstern. Wer ihn ohne Brille sieht, hat sehr gute Augen. Der Große Wagen ist für Spaziergänge am Sternenhimmel ein guter Ausgangspunkt – von ihm kommst du wie von einem zentralen Monument in einer Stadt auf einfachen Wegen zu anderen Sternbildern und kannst dich so nach und nach orientieren.

3   Frühlingssterne

SITUATION: Mitte April gegen 22 Uhr (23 Uhr Sommerzeit)
ZUBEHÖR: dieses Buch

(1) Ausgangspunkt: der Große Wagen. Die zwei vorderen Sterne des Wagenkastens weisen, wenn du ihre Linie nach oben verlängerst, in Richtung Polarstern, der sich an der Schwanzspitze des Kleinen Bären befindet. Zwischen Großem und Kleinem Bär schlängelt sich der Drache. Verlängerst du die Linie der beiden vorderen Wagensterne nach unten, so kommst du, etwa im gleichen Abstand, zum Löwen. Sein Kopf erinnert an ein umgekehrtes Fragezeichen, der Fragezeichenpunkt ist der Stern Regulus.

(2) Verlängerst du den Schwung des hochstehenden Großen Wagens nach hinten, dann gelangst du zu einem Stern erster Ordnung, dem orangefarbenen Arkturus, der zum Sternbild des Bärentreibers oder Bootes gehört. In Amerika sieht man in diesem Sternbild auch eine Eiswaffel. Direkt daneben findet sich die sogenannte Krone.

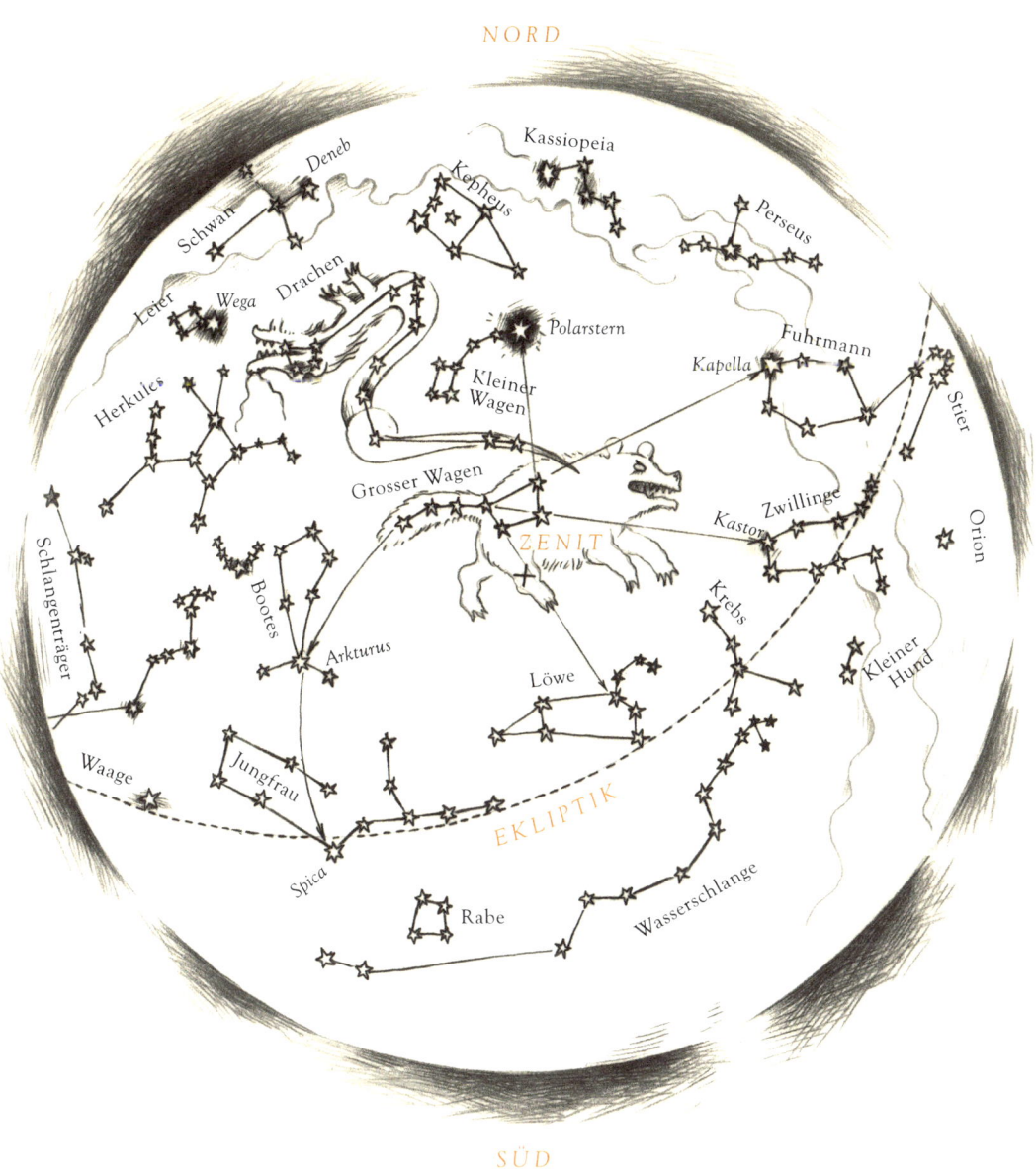

Kassiopeia

Deneb

Kepheus

Perseus

Schwan

Leier

Wega

Drachen

Polarstern

Fuhrmann

Kapella

Herkules

Kleiner
Wagen

Stier

Grosser Wagen

Zwillinge

ZENIT

Kastor

Orion

Schlangenträger

Bootes

Krebs

Arkturus

Löwe

Kleiner
Hund

Waage

Jungfrau

Spica

EKLIPTIK

Rabe

Wasserschlange

SÜD

[Fig. 4. Frühlingssterne]

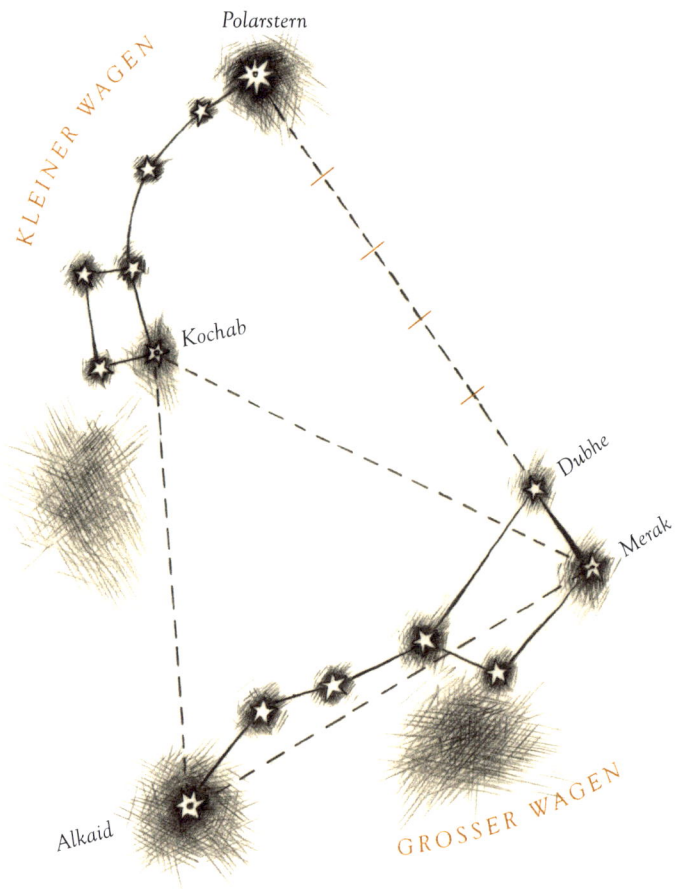

Polarstern

KLEINER WAGEN

Kochab

Dubhe

Merak

Alkaid

GROSSER WAGEN

[Fig. 5]

(3) Verlängerst du den Schwung der Deichsel noch etwas weiter, dann kommst du zum Stern Spica im Sternbild der Jungfrau. Dieser Stern liegt auf dem Pfad der Planeten, einem Pfad, dem alle Planeten und, mit gewissen Schwankungen, auch der Mond folgen. Auch die Sonne ist tagsüber auf diesem Pfad unterwegs, der sogenannten Ekliptik. Die Sternbilder, die sich auf der Ekliptik finden, sind jene, die in den Horoskopen auftauchen. Sie zählen nicht gerade zu den beeindruckendsten Sternbildern – die meisten sind ganz unscheinbar.

4   **Sommersterne** (Fig. 7)

SITUATION: Ende Juli gegen 22 Uhr (23 Uhr Sommerzeit)
ZUBEHÖR: dieses Buch

(1) Im Sommer musst du lange wach bleiben, wenn du Sterne sehen willst – vor 22 Uhr macht es kaum Sinn. Dafür ist die Temperatur viel angenehmer, und eine schöne Sommernacht unter freiem Himmel ist immer ein Genuss. Was gibt es zu sehen?

(2) Direkt über deinem Kopf findest du ein ausgedehntes Dreieck aus sehr hellen, auffälligen Sternen: das sogenannte Sommerdreieck. Einer der Ecksterne des Dreiecks heißt Deneb, er gehört zum auffälligen Sternbild des Schwans. Der Schwan fliegt genau in der Milch-

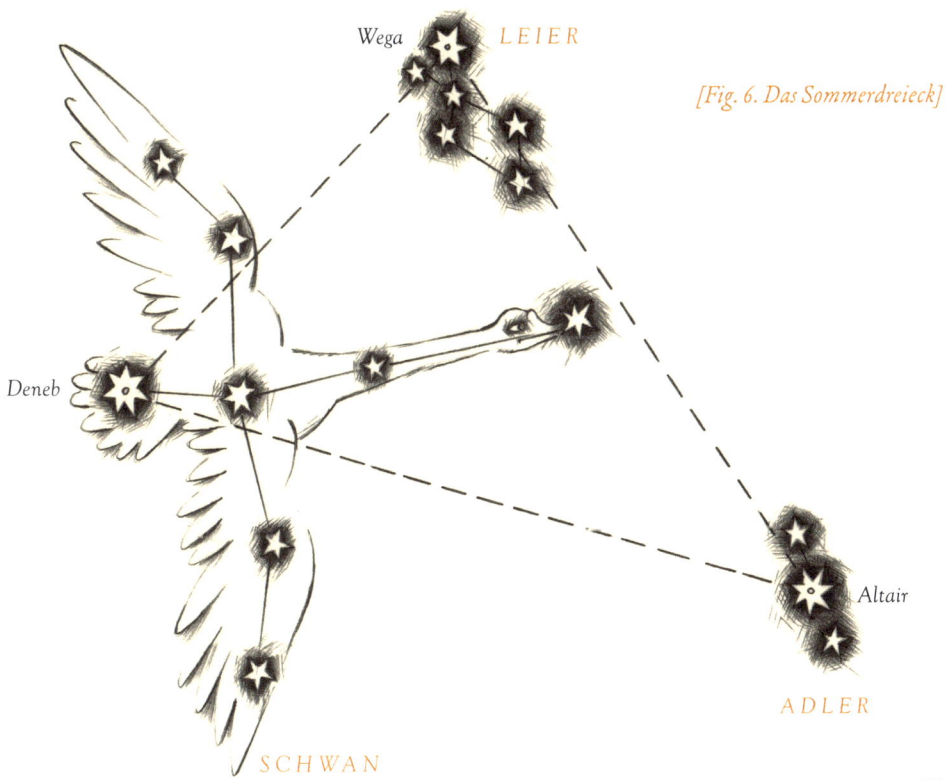

Wega   *LEIER*

[Fig. 6. Das Sommerdreieck]

Deneb

Altair

ADLER

SCHWAN

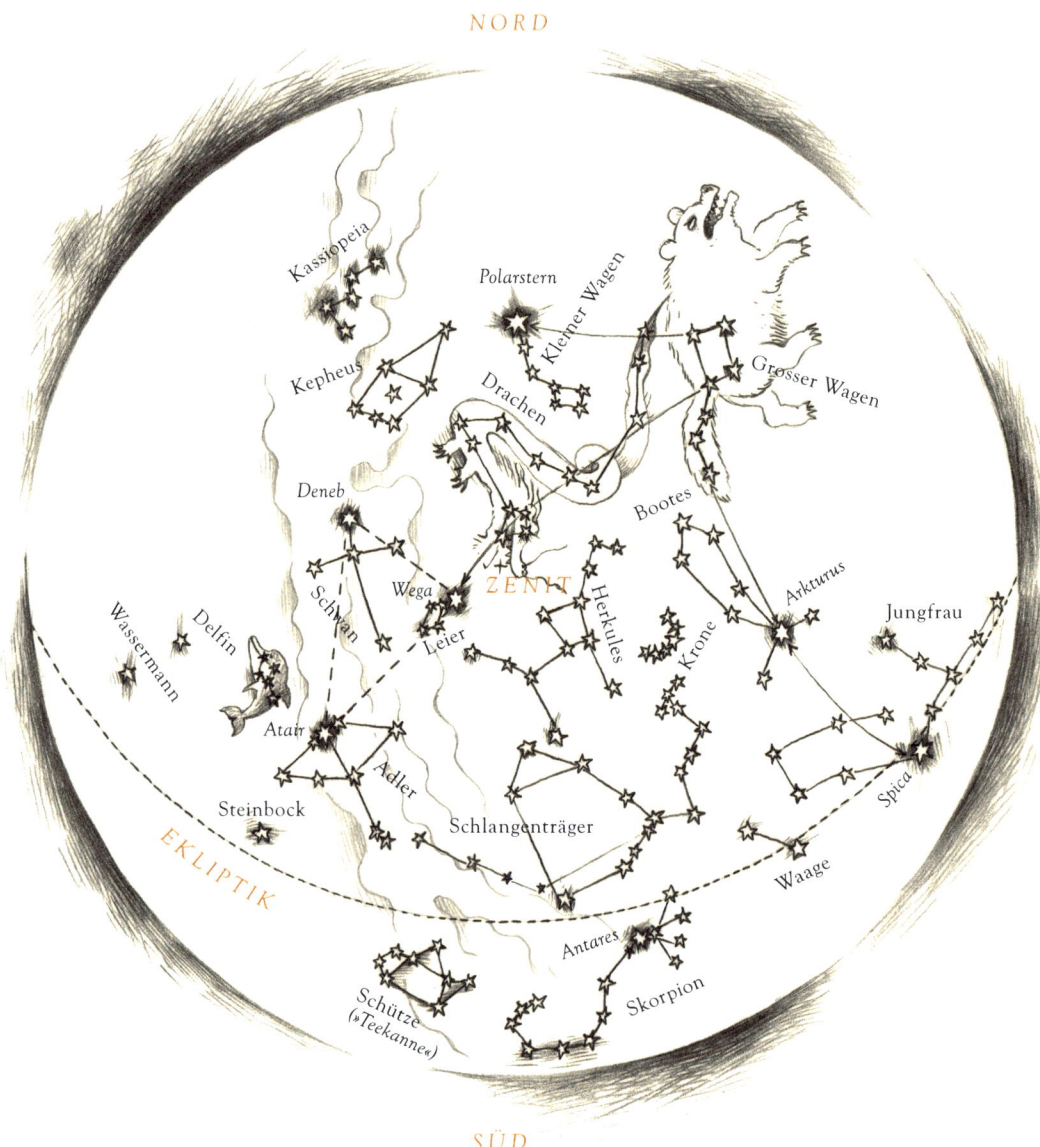

Kassiopeia

Polarstern

Kleiner Wagen

Kepheus

Grosser Wagen

Drachen

Deneb

Bootes

Schwan

Wega

ZENIT

Arkturus

Leier

Herkules

Jungfrau

Wassermann

Delfin

Krone

Atair

Adler

Spica

Steinbock

Schlangenträger

EKLIPTIK

Waage

Antares

Schütze
(»Teekanne«)

Skorpion

[Fig. 7. Sommersterne]

straße. Diese kannst du allerdings nur in sehr klaren Nächten und entfernt von hell leuchtenden Städten erblicken. Der zweite Stern des Dreiecks ist die Wega im Sternbild der Leier. Der dritte Stern ist Atair, er liegt ebenfalls mitten in der Milchstraße. Tief im Süden leuchtet und blinkt ein rötlicher Stern: Das ist Antares, gelegen im Skorpion.

(3) Was du im Sommer ebenfalls schnell findest (aber auch im Winter, denn das Sternbild ist das ganze Jahr über zu sehen), ist das große Himmels-W, die Kassiopeia. Die Griechen sahen darin auch ein Sigma ($\sum$), ihren Buchstaben für das S. Kassiopeia findest du, wenn du, ausgehend von den beiden Vordersternen des Großen Wagens, deren Richtung über den Nordstern hinweg immer weiter folgst. Sie befindet sich immer ungefähr in Richtung Norden, und dreht sich, ähnlich wie der Große Wagen, um den Polarstern.

5 Herbststerne (Fig. 8)

SITUATION: Mitte Oktober 22 Uhr (23 Uhr Sommerzeit)
ZUBEHÖR: dieses Buch

(1) Von der Kassiopeia, die im Herbst ziemlich hoch am Himmel steht, findest du ohne Schwierigkeiten das Quadrat des Pegasus, das sich an die Sternenkette der Andromeda anschließt. In der Nähe der Andromeda gibt es nun etwas Außergewöhnliches zu sehen: den Andromedanebel, gelegen über dem Stern Mirach. Dieser Nebel wird in Astronomenkreisen auch als M31 bezeichnet. Es ist ein Lichtfleck, den du nur bei guten Sichtbedingungen findest. Dieser Lichtfleck ist eine Galaxie, die Andromedagalaxie.

(2) Der Große Wagen steht im Herbst sehr tief über dem nördlichen Horizont.

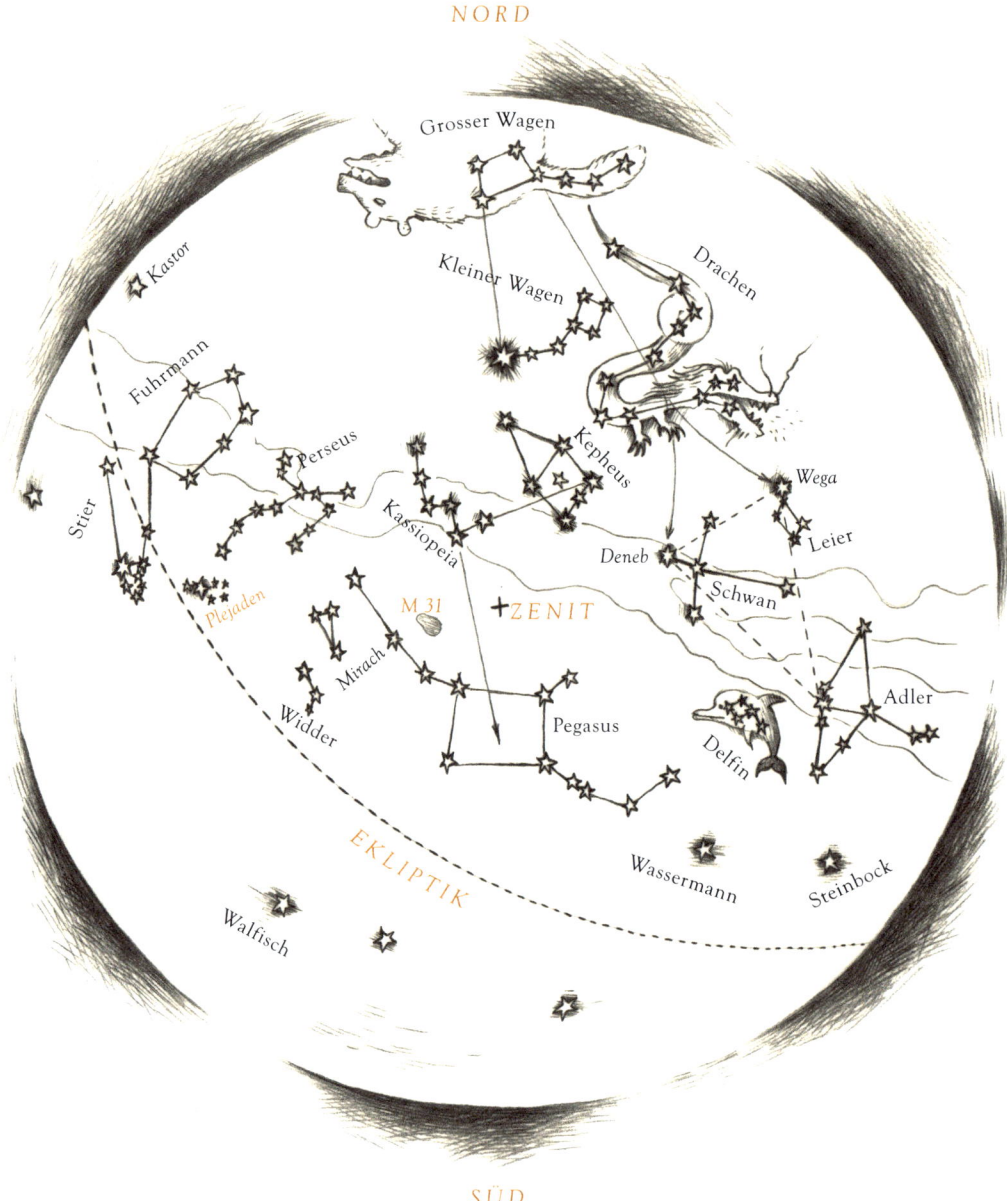

NORD

Grosser Wagen

Kleiner Wagen

Drachen

Kastor

Fuhrmann

Perseus

Kepheus

Wega

Leier

Deneb

Stier

Kassiopeia

Plejaden

M 31

Schwan

✝ZENIT

Adler

Mirach

Pegasus

Delfin

Widder

EKLIPTIK

Wassermann

Steinbock

Walfisch

SÜD

[Fig. 8. Herbststerne]

I STERNE ÜBER DEM SEE

6 **Wintersterne** (Fig. 9)

SITUATION: Ende Januar 21 Uhr
ZUBEHÖR: dieses Buch

(1) Der Winter ist die beste Zeit, um Sterne zu beobachten. Denn die Tage sind kurz, die Nächte lang. Andererseits ist es draußen empfindlich kalt ... In südöstlicher Richtung (im Dezember gegen 22.00 Uhr), im Süden (im Januar um dieselbe Zeit) oder im Südwesten (im Februar) findest du das auffallende Sternbild des Orion.

(2) Beobachte den Orion von ein und demselben Ort über eine längere Zeit; du wirst erkennen, dass er langsam aufsteigt und dann wieder sinkt. Und mit ihm steigen fast alle anderen Sterne auf, kulminieren – erreichen also ihre höchste Höhe – und sinken dann wieder. Sie steigen von Osten auf, kulminieren im Süden und sinken Richtung Westen – ganz genau wie die Sonne.

(3) Verlängere die Gürtelsterne des Orion nach links, und du gelangst zum Sternbild des Hundes, mit dem Sirius, dem hellsten Stern am Nachthimmel. Hund und Sirius sind besonders interessant: Wir hatten ja schon gesehen, dass die Sterne im Osten aufgehen. Die ganze Nacht hindurch, bis in die Morgendämmerung, tauchen im Osten neue Sterne auf, im Westen gehen dafür andere unter. Und im Jahreslauf sind es immer wieder neue Sterne, die morgens sichtbar werden. Sirius wurde in der antiken Welt erstmals Ende Juli in der Morgendämmerung sichtbar, erschien also am schon aufgehellten Morgenhimmel gerade noch, ehe die Sonne aufging und die Sterne überstrahlte. Damit läutete der Sirius die heißeste Periode des Jahres ein, die sogenannten Hundstage. Manche antike Astronomen meinten, die Sommertage seien deshalb so heiß, weil sich das Feuer des Sirius mit dem Licht der Sonne mische und es dramatisch verstärke. Für die alten Ägypter bedeutete der morgendliche Aufgang des Sirius den Beginn der Nilflut und zugleich auch der heißesten Jahreszeit. Auch wir

sprechen noch von den Hundstagen, und in Russland heißen sogar die Sommerferien nach dem Stern, man nennt sie dort *kanikuly* (von lateinisch *canis* = Hund).

(4) Rechts oberhalb vom Orion siehst du das vielleicht schönste Sternbild überhaupt, das Siebengestirn, die Pleiaden. Wie die vor einigen Jahren gefundene Himmelsscheibe von Nebra (Sachsen-Anhalt) beweist, fand dieses Sternbild schon in der Bronzezeit Beachtung. Die Pleiaden sind weltweit bekannt, wenn auch oft unter anderem Namen. Hierzulande glauben viele, es handle sich um den Kleinen Bären.

(5) Zwischen den Pleiaden und dem Orion befindet sich ein großes V. Das ist der prominenteste Teil des Sternbilds Stier, dessen rotes Auge vom Stern Aldebaran gebildet wird. Der Stier ist Teil des Tierkreises beiderseits der Ekliptik, also jener Bahn, auf der die Planeten, der Mond und auch die Sonne unterwegs sind.

7 Sterne zählen

SITUATION: eine sternklare Nacht in der Stadt; eine sternklare Nacht fern der Stadt
ZUBEHÖR: Pappe, Schere, Zirkel, Bindfaden

(1) Ein altes Wiegenlied fragt, ob das Kind weiß, wie viele Sterne am Himmelszelt stehen; Gott der Herr, versichert das Lied beruhigend, habe sie gezählet. Die Vollzähligkeit der Sterne ist ein wichtiger Trostgrund in einer Welt, in der sich immer wieder alles wandelt: Wenigstens bei den Sternen ist alles beim Alten geblieben.

(2) Aber wie zählt man die Sterne? Es ist schwierig, schon allein, weil nicht auszuschließen ist, dass Sterne doppelt gezählt werden, andere hingegen gar nicht. Mit einem Trick kommst du weiter. Du defi-

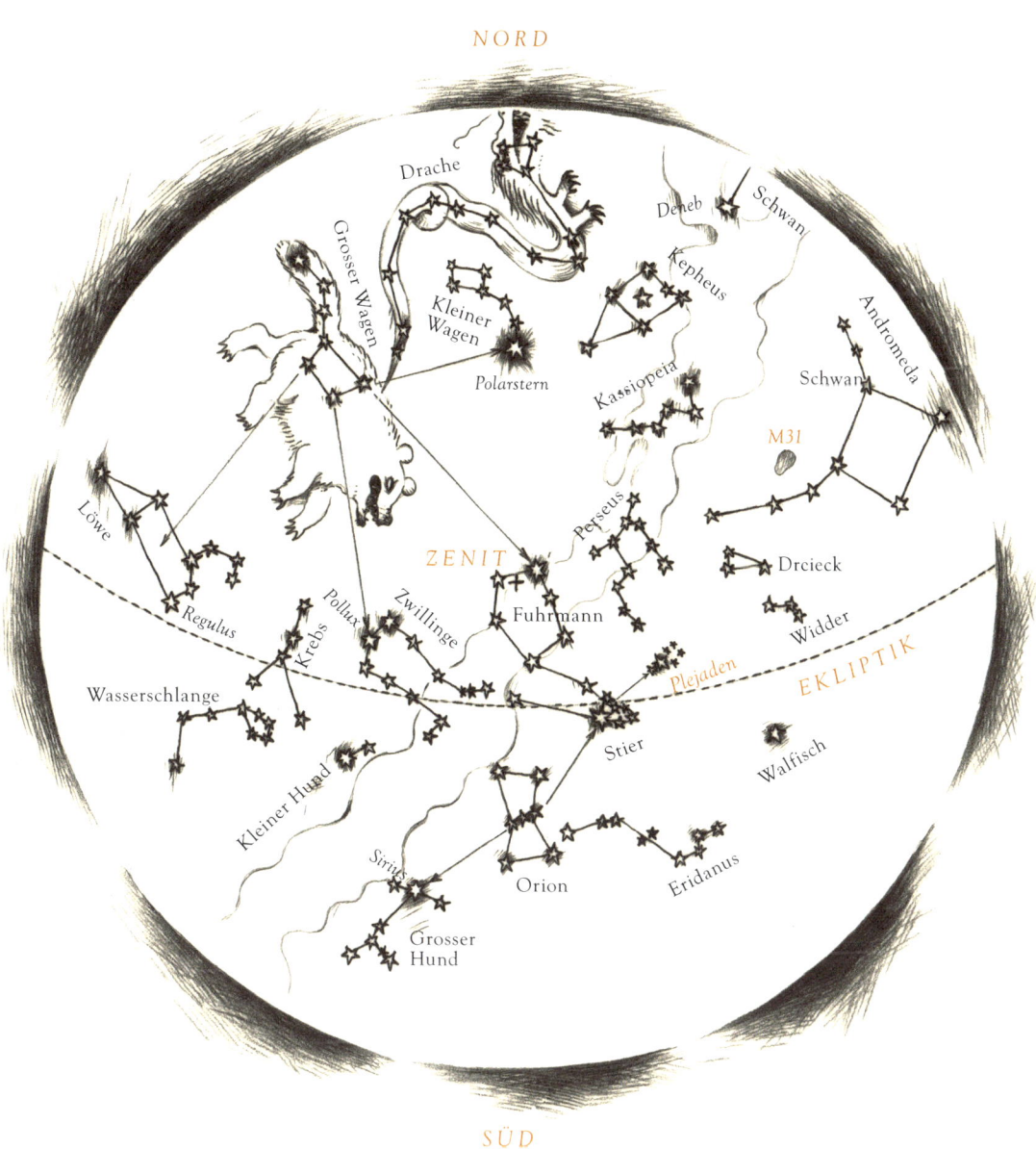

Drache

Deneb Schwan

Grosser Wagen

Kepheus

Kleiner Wagen

Andromeda

Polarstern

Kassiopeia

Schwan

M31

Löwe

ZENIT

Perseus

Drcieck

Regulus

Pollux Zwillinge

Fuhrmann

Widder

Krebs

Plejaden

EKLIPTIK

Wasserschlange

Stier

Walfisch

Kleiner Hund

Sirius

Orion

Eridanus

Grosser Hund

[Fig. 9. Wintersterne]

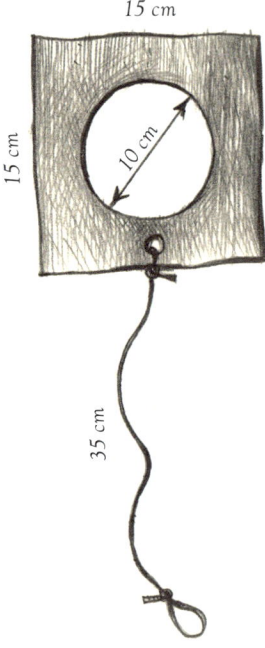

[Fig. 10]

nierst einen kleinen Ausschnitt, den du gut überblicken kannst, zählst
den durch und rechnest dann aufs Ganze hoch. Dazu stellst du dir ein
kleines Loch her, das ein Prozent des Nachthimmels sehen lässt. Mit
Zirkel, Schere, einem Stück Karton und einer Kordel ist ein solches
Loch rasch angefertigt:

(3) Nimm ein Stück Karton und zeichne dort hinein einen Kreis
mit dem Durchmesser zehn Zentimeter (Radius also fünf Zentimeter).
Schneide den Kreis aus. In den Rahmen, den du dir vielleicht noch etwas handlicher zurechtschneidest, bohrst du mit der Scherenspitze
ein kleines Loch. Fädle einen Bindfaden durch das Loch und verkno-
te ihn. Miss dann an dem Faden genau 35 Zentimeter ab und markiere
diese Länge, zum Beispiel mit einem weiteren Knoten. Schneide den
Faden zwei, drei Zentimeter hinter dem Knoten ab.

(4) Wenn du durch diesen Rahmen im Abstand, den der Bind-faden vorgibt, ein Stück Sternenhimmel betrachtest, kannst du die Sterne relativ leicht zählen. Durch das kreisrunde Loch im Rahmen siehst du genau ein Prozent des Sternenhimmels. Halte den Papprahmen, in dessen Mitte sich das Loch befindet, in der einen Hand und in der anderen die Kordel, deren Ende du ans Auge hältst, damit der Abstand stimmt. Nicht wackeln! Nun zähl die Sterne, die du siehst, und multipliziere das Ergebnis mit 100. Ein etwas genaueres Ergebnis bekommst du, wenn du verschiedene Himmelsgegenden ins Visier nimmst, jeweils mehrmals zählst und einen Durchschnittswert bildest.*

(5) Der angehende Sternenfreund wird mit diesem Sternzählen eine überraschende Entdeckung machen: Nicht unendlich viele Sterne sind am Nachthimmel zu sehen, sondern nur ein paar Hundert. Auch in klaren Nächten wird der Himmel durch das von unseren Städten und Häusern ausgestrahlte Kunstlicht so aufgehellt, dass man nur einen kleinen Teil der Sterne sehen kann. Vielerorts ist es schon ganz unmöglich geworden, die Milchstraße zu sehen. Eine Bagatelle, mögen viele denken. Die meisten Astronomen sehen das anders. Sie halten den Anblick eines strahlenden Sternenhimmels für ein wunderbares Erlebnis, auf das alle Menschen Anspruch haben. Wer je das schimmernde Band der Milchstraße als Bogen über einem unverblendeten Nachthimmel sah und die merkwürdige Kraft fühlte, die von all den hell glänzenden Sternen auszugehen scheint, wird ihnen zustimmen.

---

* Warum kann man mit dieser Vorrichtung genau ein Prozent des Sternenhimmels sehen? In aller Kürze hier die Formel: Eine Halbkugel mit dem Radius 35 Zentimeter hat die Kugeloberfläche $2\pi r^2$. Das sind mit π = Zahl pi = 3,14 und r = Radius = 35 Zentimeter; in unserem Fall 7693 cm². Das wären 100 Prozent des Himmels. Davon ein Prozent sind 77 cm². Will man diese Fläche als Rechteck, dann könnte man zum Beispiel eines nehmen mit den Kantenlängen 7,7 cm und 10 cm. Will man die ein Prozent als Kreis, was nicht nötig ist, aber praktisch, dann wäre die Formel, mit der man die Kreisfläche ausrechnen kann: πr^2. Jetzt muss man nur noch ausrechnen, welches r die gewünschte Fläche von 77 cm² liefert. Wer nachrechnet, wird feststellen, dass nicht ganz genau fünf Zentimeter rauskommen, aber fast.

8   Der Polarstern

SITUATION: nachts, bei sternklarem Himmel
ZUBEHÖR: ein Liegestuhl

(1) Der Nachthimmel erscheint auf den ersten Blick als eine ruhige, stabile Angelegenheit – wer aber im Laufe mehrerer Stunden immer wieder hinsieht, dem fällt auf, dass die Sterne wandern.

(2) Stelle dir einen Liegestuhl in den Garten, und zwar so, dass Osten in deinem Rücken ist. Lehn dich bequem zurück und beobachte diejenigen Sterne, die du über dir – also im Osten – gerade noch sehen kannst. Steht hinter dir, wiederum im Osten, zum Beispiel ein Baum, dann beobachte einen Stern, der gerade über der Baumkrone steht. Steht hinter dir ein Haus, dann beobachte einen Stern, der knapp über dem Hausdach sichtbar ist. Schon innerhalb weniger Minuten wirst du sehen, dass der Stern ein Stück höher gewandert ist und dass unter ihm neue Sterne sichtbar geworden sind. Der Sternenhimmel bewegt sich! Wie die Sonne im Osten aufgeht und im Westen untergeht, so arbeiten sich auch die Sterne im Osten empor und verdämmern im Westen. Deshalb ändert der Sternenhimmel im Laufe der Nacht seine Gestalt; und nicht nur im Laufe der Nacht, sondern auch im Laufe des Monats und des Jahres. So sieht man im Juli um 22 Uhr die typischen Sommersterne, wie den Schwan und die Leier. Wer aber um drei Uhr morgens aufsteht und nochmals hinsieht, wird feststellen, dass anstelle von Schwan und Leier nunmehr die typischen Wintersternbilder, Pleiaden und Stier, hochgezogen sind.

(3) Willst du das Geheimnis der Sternbewegung noch weiter entschlüsseln, halte dich an das bekannteste Sternbild, den Großen Wagen. Von ihm aus findest du relativ leicht den Polarstern, indem du die Linie zwischen den beiden Sternen seiner Vorderseite (vgl. Fig. 5) fünfmal verlängerst. Viel schwieriger ist es hingegen, zuerst den Kleinen Bären zu suchen, an dessen Schwanzspitze sich der Polarstern

befindet. Denn der Kleine Bär ist leider ein recht unscheinbares Sternbild und zudem noch dasjenige, welches am häufigsten verwechselt wird (und zwar mit den Pleiaden).

(4) Gehe also vom Großen Wagen aus. Markiere am Boden den Ort, von dem aus du ihn angesehen hast, und merke dir seine Lage am Himmel. Sieh nach etwa einer Stunde vom selben Punkt aus nochmals hin – er hat sich bewegt. Wenn du den Großen Wagen auf diese Weise über zwei, drei Stunden beobachtest, stellst du fest, dass er sich auf einer Kreisbahn bewegt.

(5) Er umkreist tatsächlich den Polarstern, den einzigen Stern am Himmel, der sich überhaupt nicht bewegt – weil auf diesen Stern die Drehachse der Erde zeigt. Die Drehachse der Erde zeigt auf dem gesamten Weg der Erde um die Sonne stets in ein und dieselbe Richtung, in Richtung Polarstern. Das hat etwas Beruhigendes. Wer weiß, vielleicht kommt einmal der Tag, an dem die Erde ihre Orientierung verliert und auf ihrem Weg um die Sonne hin und her eiert wie ein pendelnder Kreisel. Man könnte dann nachts bedeutend mehr Sterne sehen als derzeit – freilich ließe eine solch ungeordnete Bewegung ansonsten wenig Gutes ahnen.

(6) Der Polarstern ist ein höchst nützlicher Stern, denn er steht ziemlich genau über dem Nordpol. Mit ihm kannst du nicht nur feststellen, wo Norden ist, sondern auch abschätzen, auf welcher geographischen Breite du dich befindest, wie weit du also vom Äquator entfernt bist. Der Äquator hat den Breitengrad 0, der Nordpol den Breitengrad 90. Entsprechend nennt man auch alle nördlichen Gegenden die „hohen Breiten", weil sie einen hohen Breitengrad aufweisen. Die höchste Breite hat auf der nördlichen Erdhalbkugel der Nordpol. Über ihm steht senkrecht der Polarstern.

(7) Betrachtest du den Polarstern von Deutschland aus, steht er nicht senkrecht über dir, sondern etwa auf halber Strecke zwischen

Zenit und Horizont, zwischen 48 Grad in München und 54,8 Grad, wenn du von Flensburg aus aufschauen würdest. Der Winkel zwischen Polarstern und Horizont entspricht genau der geographischen Breite. Wer von Süden nach Norden reist, kann eine leichte Erhöhung des Polarsterns erkennen. Bei Reisen von München nach Berlin ist die Erhöhung des Polarsterns schon wahrnehmbar, auch wenn sie nur vier Grad beträgt. Reist man von Berlin aus immer weiter nach Norden, so erhebt sich der Polarstern noch höher. Steht er schließlich senkrecht über dir, dann weißt du, dass du am Nordpol angekommen bist.

(8) Reist du hingegen in den Süden, dann sinkt der Polarstern immer weiter in Richtung Horizont und mit ihm der Große Wagen, der ihn umkreist. Schließlich siehst du vom Großen Wagen gar nichts mehr oder nur noch die Deichsel, die senkrecht emporragt. Schaust du dann nach Süden, erkennst du in der Nähe des Horizonts bereits das Kreuz des Südens. Direkt über dir siehst du zum Beispiel die Wega in der Leier, den Schwan und den Adler. Blickst du dich um, dann befindest du dich inmitten tropischer Vegetation, auf riesigen Bäumen lassen sich Papagaien zum Schlaf nieder, große Ziegenmelker und Fledermäuse gehen auf Jagd. Du bist am Äquator. Das Kreuz des Südens entspricht in etwa dem nördlichen Polarstern. Es steht zwar nicht genauso exakt im Süden wie jener im Norden, aber für eine ungefähre Orientierung reicht es.

9   Sternschnuppen

SITUATION: in sternklaren Nächten Anfang August und Anfang November

(1) Sternschnuppen siehst du am besten in mondlosen Nächten, und zwar vor allem in der zweiten Nachthälfte, nach Mitternacht und in den frühen Morgenstunden. Dann liegt nämlich der Himmelsaus-

schnitt, den wir sehen, in der Richtung unseres Kurses um die Sonne. Um den 12. August oder auch um den 17. November bestehen jeweils die besten Chancen, viele Sternschnuppen zu beobachten.

(2) Wenn du mehrere aufeinanderfolgende Sternschnuppen siehst, kannst du die Beobachtung machen, dass sie nicht kreuz und quer und willkürlich unterwegs sind, sondern oft eine ähnliche Richtung haben. Sie scheinen, wenn sie in Schwärmen auftreten (als Meteorstrom, wie Fachleute sagen), von einer bestimmten Himmelsgegend auszugehen. Dieses Phänomen ist früher auf verschiedene Weise gedeutet worden: Einige glaubten, Sternschnuppen seien Geschosse eines Sterns, andere waren der Meinung, die Ursache für das Auftauchen von Sternschnuppen sei nichts anderes, als dass ein Stern niese.

(3) Heute spielt die Gegend, aus der Sternschnuppen zu kommen scheinen, nur noch bei der Benennung eine Rolle: Als Perseiden werden zum Beispiel die Auguststernschnuppen bezeichnet, weil sie vom Sternbild Perseus herzurühren scheinen, und als Leoniden die Sternschnuppen im November, die vom Sternbild des Löwen ausstrahlen. Auch unabhängig von diesen Tagen kann man an vielen Nächten im Jahr Sternschnuppen sehen.

(4) Woher rühren die Meteorströme? Das Rätsel löste sich, als ein österreichischer Offizier und Amateurastronom 1826 den nach ihm benannten Komet Biela entdeckte. Seine Umlaufzeit betrug, wie sich herausstellte, sechs bis sieben Jahre. Bei seiner dritten Wiederkehr 1845 war er in zwei Teile zerrissen, die nebeneinander herflogen. 1852 waren die Teile weiter getrennt, dann war der Komet verschwunden. Man dachte schon, er gehöre zu den verschollenen Wanderern des Sonnensystems, als 1872 in der Gegend des Himmels, aus welcher der fast schon aufgegebene Komet kommen sollte, prächtige Sternschnuppen in großer Menge zu sehen waren. Nach sieben Jahren wiederholte sich der Sternschnuppenschwarm. Der Komet hatte sich, so der naheliegende Schluss, erst in zwei Teile, dann in unzählige Split-

ter aufgelöst. In regelmäßigen Abständen schneidet die Erdbahn die Schmauchspur des Kometen, sie eilt auf die Staubwolke zu, die er zurückließ, rast durch sie hindurch – und dabei fliegen die Funken rechts und links vorbei. Ein Meteorstrom ist also nicht nur in sich ein eindrucksvoller Anblick, er vermittelt uns auch ein Gefühl dafür, dass wir auf der Erde mit hoher Geschwindigkeit im All unterwegs sind. Ende November sind angeblich noch immer Reste jenes einst mächtigen Meteorstromes zu sehen, den die im All schwebende Staubspur des zerbröselten Kometen Biela verursacht (ihr scheinbarer Ursprung ist die Andromeda, daher werden sie Andromeden genannt). Die anderen oben genannten Meteorströme, die ebenfalls von Kometen herrühren, sind aber weitaus prachtvoller.

10 Vertrautes neu sehen: Sterne als Sonnen

SITUATION: unter einem prächtigen Sternenhimmel

Frühere Völker stellten sich den Himmel als riesigen Schild vor, den ein gewaltiger Schmied gefertigt hatte und an dem als goldene Nägel die Sterne angebracht waren. Selbst unter Gelehrten war bis weit in die Neuzeit eine ähnliche Vorstellung verbreitet. Man meinte, die Erde und das Sonnensystem seien von einer Kugel umschlossen, an der die Sterne befestigt waren. Recht handwerkliche Himmelsvorstellungen! Erst Giordano Bruno, der in Rom als Ketzer verbrannt wurde, hat uns gelehrt, mit neuen Augen zu den Sternen zu blicken.

Während die Welt des Kopernikus noch am Fixsternhimmel endete, der – wie er dachte – das Sonnensystem wie eine Kugel umschloss, legte Bruno im *Aschermittwochsmahl* von 1584 dar, dass das Universum *grenzenlos*, dass unsere Sonne nur eine von unendlich vielen ist. Damit sprengte er das heimelige Weltbild der Antike und des Mittelalters, das die Erde gewissermaßen gemütlich eingeschlossen in verschiedene Planeten- und Sternensphären dachte. Bruno, der in Nola am Fuße des Vesuvs geboren wurde, schreibt: „Da kam der Nolaner und hat die Lufthülle hinter sich gelassen, ist in den Himmel eingedrungen, hat die Sterne durchmessen, die Grenzen der Welt überschritten und die erdichteten Mauern der ersten, achten, neunten, zehnten und weiteren Sphären zerstört, die törichte Mathematiker und das blinde Sehen gemeiner Philosophen noch hätten hinzufügen wollen." Keiner der großen Astronomen, weder Kepler noch Tycho Brahe noch Galilei, konnte sich vorstellen, dass es mehr als nur ein einziges Sonnensystem gibt, dass „unsere" Sonne nur eine unter unendlich vielen ist, dass die Sterne selbst nichts anderes als entfernte Sonnen sind. Nur Bruno, der entflohne Dominikanermönch, der Dichter, Philosoph und Ketzer, wagte solches zu denken.

Keine andere Überlegung zu den Sternen war auch nur annähernd so revolutionär. „Die Weite jener unendlichen Räume macht mich schaudern", schrieb noch 200 Jahre später der französische Mathematiker und Philosoph Blaise Pascal; und 300 Jahre später rief Friedrich Nietzsche: „Stürzen wir nicht fortwährend? Und rückwärts, seitwärts, vorwärts, nach allen Seiten? Giebt es noch ein Oben und ein Unten? Irren wir nicht wie durch ein unendliches Nichts? Haucht uns nicht der leere Raum an? Ist es nicht kälter geworden? Kommt nicht immerfort die Nacht und mehr Nacht?" Zwar waren diese Sätze auf den Tod Gottes gemünzt, aber sie sind durchzogen von Verweisen auf die ungeheuerliche Tat des Giordano Bruno.

Die Lehre von den unendlich vielen Sonnen war vor allem deshalb revolutionär, weil sie der biblischen Schöpfungsgeschichte direkt widersprach. Wenn Gott nicht nur die Erde geschaffen hatte, sondern zugleich unendlich viele Welten, was zeichnete dann den Wohnort der Menschen besonders aus? Warum war eine solche Schöpfungstat in der Bibel nicht verzeichnet? Bruno wurde nicht nur wegen dieser seiner Lehre hingerichtet. Da er aufgrund eines raffinierten Merksystems über ein phänomenales Gedächtnis verfügte, hielt man ihn auch für einen Hexenmeister.

Müssen wir aber seine Lehre als Entzauberung des Sternenhimmels ansehen, als Angriff auf die Religion? Manche Philosophen, wie zum

Beispiel Leibniz oder Bernard Fontenelle, waren geradezu im Gegenteil der Meinung, dass unsere Vorstellung von Gottes Schöpfung so noch viel größer würde. Und die Unendlichkeit, die Bruno eröffnete, inspirierte Dichter, allen voran Jean Paul, zu ganz neuen, großartigen Himmelsbeschreibungen.

11   Der Wunderstern

SITUATION: am Heiligen Abend

Das Matthäusevangelium erzählt uns in seinem zweiten Kapitel von den drei Königen aus dem Morgenland. Eigentlich sind es keine Könige, vielmehr bedeutet das Wort *Magoi* so viel wie Sternkundiger oder Weiser. „Wir haben seinen Stern im Aufgang gesehen und sind gekommen, um ihm zu huldigen." So erläutern sie dem König Herodes ihr Anliegen. Der fragt bei den jüdischen Priestern nach, was es damit auf sich habe; wessen Stern da im Aufgang sei. Ist seine Herrschaft etwa bedroht? Die Priester entnehmen den Schriften, dass der Prophet Micha Bethlehem als Geburtsort des Königs der Juden bestimmt habe. „Aha", mag sich Herodes gedacht haben, „mir erwächst ein Konkurrent, den muss ich ausschalten." Und er sagt listig zu den drei Weisen, sie sollten jenen neuen König aufsuchen, und wenn sie ihn gefunden hätten, dann möchten sie zurückkommen und ihm mitteilen, wo er sich aufhalte, damit auch er ihm huldigen könne.

Aus Sicht der Sternfreunde ist an der Geschichte eines merkwürdig: Die jüdischen Priester selbst hatten offenbar gar nichts am Himmel gesehen. Sonst wären sie ja zum König gegangen und hätten ihn darauf aufmerksam gemacht. Und schlimmer noch: Sie sehen auch dann nicht zum Nachthimmel auf, als der König ihnen befiehlt, die Sache aufzuklären. Wahrscheinlich deshalb, weil für sie dort oben *alle* Sterne neu gewesen wären; sie hätten den Einen gar nicht entdeckt. Am Himmel kannten sie sich nicht aus. Und sie wollten sich dort auch nicht auskennen! Für die Himmelsbeobachtung empfanden die jüdischen Gelehrten Verachtung – ein Erbe des babylonischen Exils des jüdischen Volkes. In Babylon stand die Sternkunde in höchstem Ansehen, Sterne waren Stellvertreter der Götter, und von dieser astralen Religion wollten die Juden die ihre maximal abgrenzen. Nach den Sternen sehen hatte für sie immer den Geruch des Götzendienstes. Lieber lasen sie in ihren Schriften nach.

Was aber war das für ein Stern, den die Weisen gesehen haben? Darüber haben Bibelleser seit der Antike spekuliert. Zunächst vermutete man, es sei ein Komet gewesen. Heute sagt die populärste Theorie, es habe sich um eine Konjunktion von Saturn und Jupiter gehandelt. Streng zu beweisen ist jedoch weder das eine noch das andere. Wir dürfen den Stern weiter als Wunderstern deuten, wie es in der Bibel geschieht.

Dem Herodes aber, der vorhatte, den neugeborenen König umgehend zu töten, machten die Weisen einen Strich durch die Rechnung. Sie kehrten, nachdem sie dem Kind in der Krippe gehuldigt hatten, gleich zurück in ihre Heimat; und Joseph, den ein Engel warnte, floh vor dem um seinen Thron fürchtenden König mit Maria und dem Jesuskind nach Ägypten. So entging das Kind dem Kindermord von Bethlehem, den der König, außer sich darüber, dass die *Magoi* seinem Wunsch nicht entsprochen hatten, anordnete.

II

DER BLAUE HIMMEL

II   DER BLAUE HIMMEL

Lassen wir uns an einem schönen Sommertag auf einer Luftmatratze auf den offenen See hinaustreiben und blicken lange genug, auf dem Rücken liegend, in den Himmel, dann schwindet der Abstand zwischen uns und dem Himmel mehr und mehr, bis wir nicht mehr sagen können, ob das Blau ganz nah ist oder fern, es scheint uns zu umspülen. Die tibetanischen Mönche, für die der Anblick des Himmels eine tägliche Meditationstechnik darstellt, legen sich auf den Rücken, um so, wie sie sagen, „ein Gefühl unbeschreiblicher Verbundenheit mit dem Weltall" herzustellen: „Ebenso, wie wir einen Spiegel brauchen, um unser Gesicht zu sehen, so kann der Himmel uns dazu dienen, den Widerschein unseres Geistes zu schauen."

Auch die Naturwissenschaft singt auf ihre Weise ein Lob des Himmels. Sie hat dabei den Himmel stärker mit der Erde verbunden, so zum Beispiel die Wolkenbildung oder die Windrichtung mit besonderen Strukturen der Erdoberfläche. Sie lässt uns viele einzelne Momente des Himmels neu sehen und erleben, insbesondere die Luft. Sie macht unser Erleben des Himmels reicher und vielfältiger. Die Sicht auf den Himmel als Gesamtphänomen aber hat sie nicht gesteigert. Vielleicht kann man sie nicht steigern, weil der Himmel jeden unmittelbar ergreift.

Das Schönste, was uns der Himmel gibt, kann jeder sehen und erfahren, die Naturwissenschaft fügt dem nichts hinzu: Er schenkt uns das tiefste Bild der Erlösung und der Freiheit. Der Himmel weckt in uns die Sehnsucht, weil er uns einsaugt mit seinem Blau, mit seinen fernen Wolkenlandschaften, die über uns hinwegziehen. Leicht werden, alle Enge hinter sich lassen, aufsteigen ins Weite, wie die Wolken. Das ist die Himmelsbotschaft, die jeder unmittelbar verspürt.

Es gab Zeiten, da waren die Menschen besonders empfänglich für das große, *heilige* Phänomen des Himmels. Es gab Zeiten, da ist es Menschen gelungen, dem tiefen Empfinden und Erleben des Himmels in Wort, Bild oder Architektur besonderen Ausdruck zu verleihen.

Eine solche Epoche war vor allem die deutsche Klassik und die ihr folgende Romantik. Nie zuvor und nie wieder danach sind so viele Himmelsgedichte und Wolkenphantasien geschrieben und so viele Wolkenbilder gemalt worden.

So dichtet beispielsweise Friedrich Hölderlin in seinem Gedicht *Abendphantasie*:

> Am Abendhimmel blühet ein Frühling auf;
> Unzählig blühn die Rosen und ruhig scheint
> Die goldne Welt; o dorthin nehmt mich,
> Purpurne Wolken! und möge droben
>
> In Licht und Luft zerrinnen mir Lieb' und Leid! –
> Doch, wie verscheucht von töriger Bitte, flieht
> Der Zauber; dunkel wirds und einsam
> Unter dem Himmel, wie immer, bin ich –

Wer in Seligkeit schwebt, der lässt Schuld, Angst und Scham, die den Menschen auf der Erde festnageln, unter sich. Ganz ähnlich drückt es auch Friedrich Schiller aus. Er schreibt am Ende seines Lehrgedichts *Das Ideal und das Leben* vom erlösten Herakles:

> Froh des neuen, ungewohnten Schwebens,
> Fließt er aufwärts, und des Erdenlebens
> Schweres Traumbild sinkt und sinkt und sinkt.

Die Vorstellung vom seligen Schweben, die wir manchmal andeutungsweise spüren, wenn wir entspannt daliegen und ins Blaue schauen, ist eine absolute Glücksvision, die viele religiöse Vorstellungen

[Fig. 11]

und Empfindungen formt. Der Mensch verliert den Boden unter den Füßen und schwebt im Weiten: Er ist entrückt.

Ebenjenes sozusagen „ozeanische Gefühl" hat die Romantiker am Himmel fasziniert. Hier sahen sie Natur in ihrer höchsten Form, in reinen, unendlich vielfältig abgeschatteten Farben, Szenen einer maßlosen Weite, die sich der Berechnung entzieht, und die Wolken in ihrer Wandelbarkeit ergänzten und betonten das Bild. Der englische Kunsthistoriker John Ruskin definierte die gesamte Landschaftsmalerei seiner Zeit gar als „Dienst an den Wolken". In jedem seiner fünf Bände über *Modern Painters* geht er auf die Wolken ein, bestrebt, mit eindringlichen Beschreibungen und Appellen auch in anderen die Liebe zu den Himmeln und Wolken zu erwecken.

Die atmosphärische Macht des Himmels hat unmittelbar religiöse Bezüge. Der Himmel, dem das Tageslicht frei entströmt, beeindruckt uns als etwas Erhabenes, Hohes. Die Arme im Gebet zum Himmel zu heben – das ist ein uraltes, weltweit verbreitetes religiöses Motiv.

Um den Starnberger See herum finden sich viele Kirchen, in denen jenes schwebende, einzigartige Raumgefühl, das uns beim Anblick des Himmels umfängt, noch gesteigert scheint. Viele Barockkirchen suggerieren einen leichten, schwerelosen Eindruck, die Wände scheinen Tücher zu sein, die im Winde flattern.

Die Weite, die strahlend und umfassend über uns ausgebreitet ist, kann auch unheimliche Züge annehmen. Sie lässt sich nicht vermessen; sie ist maßlos. Sie übersteigt alle unsere Fähigkeiten, sie messend einzugrenzen. „Raum lässt mehr schaudern als Kraft", schrieb der englische Schriftsteller D. H. Lawrence. Bei manchen Menschen stimuliert der Anblick des Himmels kein wonnevolles Gefühl – ganz im Gegenteil, sie empfinden heftigste Platzangst. So berichtet zum Beispiel der Psychiater Carl Friedrich Otto Westphal in seiner Abhandlung über die Platzangst (die Agoraphobie) von einem „sehr achtungswerthen Geistlichen", bei dem die Empfindung heftigster Angst eintrat, sobald er kein Dach mehr über seinem Kopf hatte: „Muss er über Feld gehen, wo der weite Himmel über seinem Haupte offen steht, so geräth er in unaussprechliche Angst, kriecht auf Umwegen unter Hecken und Bäumen fort und spannt, wo auch die fehlen, zum Nothbehelf einen Regenschirm auf."

Der bayerische Bazi, der bei „schönem Wetter" am Starnberger See an seinem Biertisch sitzt, kann sich über solchen Himmelsenthusiasmus und solche Himmelspanik nur wundern. „Lang zua!", sagt er: „*Das hier* ist der Himmel der Bayern. Hier im Glas!" Prost.

Entdecke die Wolken!

12   Woher der Wind weht

SITUATION: an einem windigen Tag
ZUBEHÖR: eine leichte Plastiktüte

(1) Wind ist das *bewegende* Naturphänomen schlechthin. Auch im übertragenen Sinn. Denn Winde treiben nicht nur die Blätter vor sich her, sie erregen auch Gefühle. Ein sanfter, fächelnder Wind kann im Frühjahr oder Sommer geradezu hypnotisierend wirken; besonders wenn er Blütendüfte mitbringt. Starke Winde können Unruhe und Angst verbreiten. Unheimlich kann es werden, wenn der Wind zudem noch seine Stimme hören lässt, sein Heulen kann unheimlich erscheinen. Der Wind kann wie ein Geist an Türen und Fenstern rütteln und scheint hereinzuwollen; kein Wunder, dass die Menschen früher glaubten, das „Wilde Heer", unerlöste Seelen gefallener Krieger, sei unterwegs, wenn heftige Orkane die Dörfer und Wälder überfielen.

(2) Woher kommt der Wind, wenn er weht? Auf diese Frage geben zahllose Märchen und Sagen eine Antwort, und viele Schriftsteller haben den Weg des Windes liebevoll ausgeschmückt. Frühere Zeiten stellten sich die Bewegungen des Windes viel weiträumiger vor, als wir dies heute tun. Kalte Winde kamen danach direkt aus der Arktis und heiße Sommerwinde aus Afrika. Eine träumerische Meteorologie! Nur sehr selten kommt tatsächlich einmal ein Wind aus Afrika bei uns an; allerdings – wenn er kommt, wie es in Süddeutschland ab und zu im Frühling oder Sommer der Fall ist, dann bringt er eine sehr auffällige, gelbliche Luft mit sich: feinsten Saharastaub.

(3) In Bodennähe wird der Wind oft so stark verwirbelt, dass seine Richtung kaum feststellbar ist. Halte in einer verkehrsarmen Straße, durch die ein mittelkräftiger Wind weht, eine möglichst leichte Plastiktüte (sie muss stark knistern, nur dann ist sie leicht) an den Griffen in die Luft und lass sie los: Sie schwebt davon und vollführt die merkwürdigsten Drehungen und Wendungen. Auch an treibendem Laub kannst du sehen, dass die Luftströmungen in einer Straße anscheinend von allen Seiten kommen! Durch die Ecken und Kanten der Gebäude wird der Wind auf eine äußerst komplizierte Art und Weise verwirbelt.

(4) Woher der Wind weht, kannst du eindeutiger beobachten, wenn du das Ziehen der Wolken verfolgst. Sieh dir die Wolken häufiger an, und du wirst feststellen, dass der Wind in unseren Breiten meist aus Westen kommt! Der Westwind bringt nicht selten Regen. Kein Wunder, er kommt ja vom Atlantik her, also vom Meer. Wind, der aus dem Osten kommt, ist hingegen oft trocken und kalt. Du kannst das auch an frei stehenden Bäumen ablesen. Meist sind sie in Richtung Westen bemoost. Dort also, woher nasse Winde wehen.

(5) In größeren Städten findet sich meist ein Gebäudekomplex, der gezielt in den Wind hineingebaut ist: der Flughafen. Dieser ist in der Regel so gebaut, dass die Flugzeuge gegen den Wind starten können und gegen den Wind landen. Siehst du also auf einem Stadtplan den Flughafen, dann kannst an der Ausrichtung seiner Start- und Landebahnen oft sehen, woher in der Gegend normalerweise der Wind weht.

13   Regen und Schnee machen

SITUATION: im Garten oder auf der Terrasse, zur Not auch in einem
Raum (Fenster öffnen!)
ZUBEHÖR: ein Wassersprudler (Gerät zum Herstellen von Sprudel,
z. B. Sodastream oder Wassermaxx), ein ca. 40 cm langer, möglichst
transparenter Schlauch, der über den Nippel geschoben werden kann
(gibt es im Baumarkt)

(1) „Weißt du, wie sich die Wolken ausstreuen, die Wunder des,
der vollkommen ist an Wissen?" – so fragt Gott den armen Hiob (37,
16) und spielt damit auf sein Herrschaftswissen an: Er, nicht Hiob,
weiß, warum es regnet. Und wenn Er *uns* gefragt hätte, Er, der vollkommen ist an Wissen? Nun, wir hätten Ihm geantwortet: „Weshalb
es regnet, wissen wir auch nicht, aber wir wissen, dass Luft, die man
durch gespitzte Lippen bläst, sich kalt anfühlt." „Du liebes bisschen",
hätte Er gesagt, „du bist nicht mehr weit von der Antwort auf meine
Frage entfernt!" Denken wir also ein wenig nach:

(2) Das älteste naturwissenschaftliche Experiment kennt jedes
Kind: Wenn man mit gespitzten Lippen Luft aus einiger Entfernung
auf den Handrücken bläst, ist diese kühl, haucht man hingegen mit
geöffnetem Mund, dann ist die Luft wärmer. Für den griechischen
Philosophen Anaximenes, der im 6. Jahrhundert v. Chr. lebte, hatte
dieses Phänomen, das er zwar sicher nicht als Erster beobachtete (denn
schon immer hat man zu heiße Speisen mit gespitzten Lippen ange-
blasen, um sie abzukühlen), wohl aber als Erster beschrieb, grundlegende Bedeutung. Er hielt die Luft für das Prinzip, aus dem alles her-
vorgeht und zu dem schließlich auch alles wieder zurückkehrt. Wasser,
Steine, Metalle – sie alle sind für Anaximenes verdichtete Luft. Und je
dichter die Dinge sind, desto kühler werden sie, je lockerer aber, desto
wärmer.

[Fig. 12]

(3) Tatsächlich handelt es sich bei dieser Ansicht nicht nur um eine Kuriosität. Das Merkwürdige ist, dass Luft, die durch spitze Lippen gepustet wird, sich kühler anfühlt. Ein Grund liegt darin, dass Luft, der man Gelegenheit gibt, sich von einem gepressten Zustand in einen freieren zu begeben, sich abkühlt. Und gerade das passiert ja, wenn wir mit zusammengepressten Lippen pusten! Könnten wir den Druck mit den aufgeblasenen Backen beliebig steigern, dann würde der durch die Düse unserer gespitzten Lippen herausgepresste Atem so kalt werden, dass der Wasserdampf im Atem als Schnee niederfällt.

(4) Ich gebe zu − *das* schaffen wir nicht. So viel Druck können wir einfach nicht aufbauen. Nimmst du aber einen einfachen Wasser-

sprudler zur Hand, dann kannst du tatsächlich die austretende Kohlensäure so kalt werden lassen, dass sie als Schnee niedergeht. Du brauchst dazu nur einen ganz normalen, handelsüblichen Wassersprudler. Dieser enthält eine Gasflasche, die mit CO_2 gefüllt ist, das unter großem Druck steht. Drückst du auf den Knopf, dann strömt, durch die Düse, die normalerweise das CO_2 in eine Wasserflasche leiten sollte, das Gas aus. Hältst du die Hand in den Gasstrom, stellst du fest, dass das Gas ganz schön kalt ist. (Wenn du es zwischen die Finger strömen lässt, produziert es lustige Geräusche.) Warum ist es kalt? Es gelangt durch die Düse aus einem Hochdruckbehälter ins Freie. Und dabei kühlt es sich ab, und zwar beträchtlich. In der Gasflasche hat das CO_2 noch Zimmertemperatur, vor der Düse ist es jedoch *viel* kälter.

(5) Den Effekt kannst du steigern, indem du den Sprudler auf den Kopf stellst. Drückst du dann den Knopf, so bildet sich, wenn die Gasflasche noch gut gefüllt ist, Nebel. Das CO_2 scheint zu kondensieren! Aber es wird erst bei minus 79 Grad Celsius fest! Vorsicht ist bei diesen Versuchen übrigens geboten – nicht nur wegen der hohen Drücke und der niedrigen Temperaturen. CO_2 in größeren Konzentrationen wirkt erstickend! Immer gut lüften oder den Versuch am besten gleich im Freien machen.

(6) Du kannst den Effekt noch weiter steigern. Streife über die Düse, durch die das Gas strömt, einen etwa 40 cm langen Gummischlauch (passende erhältst du im Baumarkt), und drück den Knopf: Nun fallen sogar richtige Flocken: gefrorenes CO_2, minus 79 Grad kalt! Ursache dafür ist, dass die abgekühlten Gasteilchen im Schlauch noch etwas länger „unter sich" sind. So können sie sich aneinanderhaken und kondensieren.

(7) Dieses Phänomen ist von größter Bedeutung für unseren technischen Umgang mit Luft. Denn die Möglichkeit, tiefe Temperaturen zu erzeugen, beruht fast ausschließlich darauf, dass man zusammengedrängte Gase durch eine Düse fließen lässt – dabei entspannen

sie sich und kühlen sich ab. Und je größer das Druckgefälle, desto größer die Entspannung. Auch der Kühlschrank funktioniert so: Das Kühlgas wird zusammengedrückt und dann durch eine Düse wieder entspannt. Dabei kühlt es sich ab.

(8) Was aber hat das alles mit den Wolken, dem Himmel und dem Regen zu tun? Wolken am Himmel entstehen oft so ähnlich, wie aus dem Wassersprudler Dunst und Schnee herauskommen. Und so ähnlich, wie aus dem umgekehrten Wassersprudler Schnee herausschießt, entstehen oft auch der Schnee und der Regen in der Atmosphäre. Strahlt die Sonne auf die Erde, so erwärmt sich die bodennahe Luft und steigt nach oben. Dabei dehnt sie sich aus – weil der Luftdruck in der Höhe immer weiter abnimmt. Und indem die Luft sich ausdehnt, kühlt sie sich ab (einer der Gründe, weshalb es in den Bergen kalt ist!). Sie kann sich so weit abkühlen, dass der Wasserdampf kondensiert – eine Wolke entsteht. Steigt sie noch weiter auf, dann kann das Wasser gefrieren. Es hagelt, graupelt oder schneit. Auch sonst wächst dort, wo Aufwinde herrschen, die Wahrscheinlichkeit, dass sich Wolken zusammenbrauen und Niederschlag fällt. Da in Tiefdruckgebieten normalerweise Aufwinde herrschen, kündigen anrückende Tiefdruckgebiete meistens Regen an.

14   Wolken sehen I

SITUATION: in den Bergen an einem heiter-bewölkten Tag

Zieht die Luft Bergabhänge hinauf, dann wandert sie aus Bereichen mit hohem Druck – in der Nähe des Erdbodens – in Bereiche mit niedrigem Druck. Dabei dehnt sie sich aus und kühlt sich ab: Wasserdampf kann kondensieren. In den Bergen ist häufig zu sehen, wie sich über Gipfelketten, wenn der Wind aus der richtigen Richtung bläst, Wolken bilden, die bisweilen das Relief der Landschaft nachzeichnen.

15   Wolken sehen II

SITUATION: zwischen Hochhäusern, an einem stürmischen Regentag; oder im Gebirge

(1) Wer an einem stürmischen Regentag zwischen Hochhäusern steht, sieht an den Dächern manchmal einzelne Nebelfetzen, die
hinabgewirbelt werden und sich dabei auflösen: Dies ist der gleiche
Prozess wie jener, der zur Wolkenbildung über Bergspitzen führt, nur
umgekehrt: Wird nebelige Luft in Gebiete mit höherem Luftdruck ge-
wirbelt (also nach unten), dann erwärmt sie sich. Und in wärmerer Luft
löst sich der Nebel wieder auf.

(2) Wer am Fuße eines Gebirges lebt, kennt die diesem Phänomen entsprechende Wetterlage: den Föhn. „Fällt" Luft ein Gebirge
hinab, dann erwärmt sie sich – sie kommt als laues Lüftchen daher,

das leicht Kopfschmerzen verursacht. Der Himmel ist dabei klar. Föhn gibt es übrigens nicht nur am Rande der Alpen. In weniger deutlicher Form kommt er auch in Flusstälern vor, an deren Hängen Wind hinabsinkt.

16   Wolkendecke I

SITUATION: in der Morgendämmerung im Garten, nach sternklaren, windarmen Nächten

(1) Tagsüber senken Wolken, wenn sie die Sonne verdecken, die Temperatur: Es wird kühler. Wie aber wirken Wolken bei Nacht? Genau umgekehrt. Dann ähneln sie einer Bettdecke. Denn warm ist die Erde ja – von der Sonneneinstrahlung des Tages (ein klein wenig Wärme kommt auch aus dem Erdinneren nach oben). In der Nacht verliert sie ihre Wärme in Richtung Weltraum, und zwar je mehr, desto freier der Weg zum Weltraum bei Nacht ist. Wolken vermindern die Ausstrahlung bei Nacht, sie wirken wie ein Vorhang, der die Himmelsbühne zuzieht und so den Wärmeverlust ins All vermindert. Dieser Effekt ist weniger bekannt als der kühlende Effekt der Wolken am Tag, weil kaum jemand nachts auf Wolken achtet – es ist ja dunkel. Dabei ist es gar nicht schwer, den Unterschied zwischen bewölkten und unbewölkten Nächten wahrzunehmen. Man kann ihn sogar sehen, und zwar am Morgentau.

(2) Tau fällt auf Wiesen nur in sternklaren Nächten, wenn es zugleich relativ windstill ist. Ziehen in der Nacht Wolken auf, ist am Morgen entweder gar kein oder deutlich weniger Tau zu sehen. Durch die Wolken vermindert sich die Abkühlung in Bodennähe. In einer Woche mit wenig Wind und ansonsten relativ gleich bleibender Temperatur, zum Beispiel im Hochsommer, kann man den Unterschied regelrecht spüren. Nach sternklaren Nächten ist die Luft frühmorgens

wunderbar frisch. Bei bewölktem Himmel ist sie frühmorgens fühlbar wärmer und wirkt irgendwie abgestanden und lau. Und Tau liegt dann auch keiner auf der Wiese.

(3) Bei Nacht „wärmen" die Wolken also! Wie eine Decke. Und nicht nur die Wolken, auch die Luft selbst wirkt schon ein wenig wie eine Decke. Das lässt sich im Hochgebirge feststellen, wo es unter anderem auch deshalb so viel kälter ist als im Tal, weil die Luft dort dünner ist. Würde die Lufthülle der Erde auch in niederen Breiten so dünn werden wie im Hochgebirge, dann hätten wir hier Temperaturen, die denen des Hochgebirges ähneln. Die in der Luft enthaltenen sogenannten Treibhausgase, wie insbesondere Wasserdampf, aber auch Spurengase wie Kohlendioxid und Methan halten die Wärmeausstrahlung in den Weltraum auf und erhöhen damit die Temperatur in Bodennähe. Diese Gase sind sozusagen die dickere Luft, mit der die normale dünne Luft, die aus Sauerstoff und Stickstoff besteht, in unterschiedlichem Maße angereichert ist. Wir Menschen geben ziemlich viel dicke Luft, vor allem CO_2, aber auch Methan und anderes in die Atmosphäre ab und sorgen so dafür, dass sich der natürliche Treibhauseffekt verstärkt.

17   Wolkendecke II

SITUATION: in einer romantischen Mondscheinnacht, wenn Schäfchenwolkenfelder über den Himmel treiben und der Mond mal hervorsieht, mal verdeckt ist
ZUBEHÖR: Quecksilberthermometer mit möglichst feiner Gradeinteilung oder digitales Thermometer, Taschenlampe

(1) Die wärmende Wirkung einer Wolkendecke bei Nacht kannst du in warmen, teils klaren, teils bewölkten Mondscheinnächten besonders gut beobachten. Dazu legst du ein Thermometer draußen ins

Gras, und zwar an eine freie Stelle, also nicht gerade unter einen Baum oder in die Nähe eines Daches.

(2) Bedecken Wolken den Himmel, steigt die Temperatur des Thermometers um ein bis zwei Grad. Öffnet sich das Fenster zum All wieder, sinkt das Thermometer, und oft kannst du den Temperaturabfall sogar spüren, es scheint zudem, als bilde sich sogleich vermehrt Tau. Wer diese merkwürdigen Phänomene einmal beobachtet hat, versteht, dass die Alchemisten der Meinung waren, Mond und Sterne würden den Tau unmittelbar aus dem Weltall senden. Tau galt als astrales Wasser, bei der Transmutation der Metalle wurde ihm eine besondere Rolle zuerkannt.

(3) Es lohnt sich, bei heiter bis wolkigen Mondnächten länger aufzubleiben, nicht nur, um die Temperatur zu beobachten. Der Anblick des Mondes, der mal durch die Wolken scheint, mal einen Hof bildet, mal purpurfarbene Flecken auf die Wolken malt, ist einfach wunderbar!

18   Wolkenpracht

SITUATION: im Gebirge

(1) Wolken gibt es fast überall zu sehen. Aber im Gebirge ist ihre Schönheit um ein Vielfaches gesteigert, ähnlich wie im Gebirge auch die Pracht und Vielfalt des Wassers eindrücklicher sind als irgendwo sonst. Es gibt kein Wolkenphänomen, das im Flachland vorkommt, in den Bergen aber fehlt, dagegen sehen wir in den Bergen viele Wirkungen und Erscheinungen, die nur hier zu erleben sind.

(2) Wir sind in größerer Nähe zu den Wolken, können geradezu in sie hineinlaufen. Wolken aller Art wirken in den Bergen lebendiger als anderswo: Von jenem hauchdünnen Wölkchen, das morgens mit dem Bergwind an den Fichtenspitzen entlang aufwärtswandert – bis hin zu jenem grünlich schimmernden, düsteren Ungetüm, das auf einmal über dem Wanderer steht, Blitze sprüht und Sturzbäche von Wasser ergießt.

19 Vertrautes neu sehen: die Luft

Die Luft ist normalerweise nicht fühlbar und nicht sichtbar; nur in besonderen Situationen, etwa wenn heiße Luft aufsteigt und „flimmert", fällt uns auf, dass da etwas ist.

Es gehört zur sogenannten Allgemeinbildung, dass die Luft aus bestimmten Gasen zusammengesetzt ist, aber das Wort Gasgemisch, das in diesem Zusammenhang immer verwandt wird, ist irreführend. Es suggeriert, es handle sich um eine mehr oder weniger beliebige Ansammlung von Atomen und Molekülen.

Wer auf diese Weise rein mechanistisch über die Luft denkt, banalisiert das wunderbare Gebilde. Frühere Zeiten waren da weiter. Für Poseidonios, den bedeutendsten stoischen Naturphilosophen, war die Luft ganz ausdrücklich keine Ansammlung von Atomen, sondern ein Organ der Erde. Sie ist ein Glied des Kosmos, „eingewachsen" zwischen Himmel und Erde.

Als ein Organ, als ein Glied im großen Ganzen der Natur, wird die Luft auch von heutigen Atmosphärenforschern wieder gesehen. Weit mehr ist sie als ein bloßes Gasgemisch! Sie wird als ein hochkomplexes Produkt der irdischen Biosphäre begriffen, das durch die Aktivitäten der Erde und ihrer Lebewesen immer in einem fein austarierten Gleichgewicht gehalten wird. So ist es zum Beispiel aus der Sicht des Lebens keineswegs gleichgültig, dass der Sauerstoffgehalt der Atmosphäre genau 21 Prozent beträgt. Wäre er um wenige Prozent höher, etwa bei 25 Prozent, hätte dies zur Folge, dass selbst feuchte Vegetation, einmal entzündet, weiterbrennen würde. Schon minimale Veränderungen der Luft können deshalb große Effekte haben.

20 Blitz und Donner

SITUATION: im Gewitter

(1) Wahrscheinlich gibt es kein zweites Naturphänomen, das eine ähnliche religionsgeschichtliche Bedeutung hat wie das Gewitter. In ihm meinten frühere Menschen eine übernatürliche Macht zu verspüren, die ihren Zorn kundtut. In christlicher Zeit galt das Gewitter lange als Zeichen für den Zorn Gottes. Viele Entschlüsse von großer Tragweite fielen und fallen in Gewitterstürmen.

(2) Schon in der Antike strebten die Naturphilosophen danach, Gewitter rein aus natürlichen Ursachen zu erklären. Inzwischen ist zumindest die Ursache des Blitzes genauer erforscht. Mit dem Donner tun sich die Physiker hingegen bis heute schwer.

(3) Wer dem Donner zuhört, erlebt ein erstaunlich vielfältiges, rätselhaftes Geräusch, das eine heftige emotionale Wirkung hat. Es ist in sich zerstückelt, wie auch der Blitz in Zacken gebrochen ist. Auf den ersten Schlag folgt das Donnerrollen. Meist hört es sich an, als falle ein hoher Turm langsam in sich zusammen. Aber das ist nur der Anfang der Donnerdramatik. Schlagen viele Blitze ein, beginnt der Donner zu *kreisen*. Wir meinen dann, der Donner belauere uns geradezu, ziehe seine Bahnen um uns herum, um plötzlich mit einem knatternden Schlag vorzuspringen. Dann wieder hört es sich an, als führen gewaltige Wagen an uns vorbei. Oft kommt der Donner uns vor wie ein Tanz mächtiger Geister, die nur eines im Sinn haben: uns zu erschrecken, uns Bange zu machen.

(4) Menschen früherer Epochen stellten sich vor, das Gewitter sei ein Kampf zwischen Göttern und Riesen. Wenn die Riesen fielen, würde es donnern. Oder aber sie meinten, ein mächtiger Gott, zum Beispiel Thor, fahre mit seinem Wagen. In christlichen Zeiten hieß es, dass Petrus kegelt. Alle diese bildhaften Deutungen können wir heute

nicht mehr recht glauben. Sie geben den Eindruck des Donners aber erstaunlich plastisch wieder, genauer jedenfalls als die leider meist sehr oberflächlichen, oft falschen Donnerbeschreibungen in Physikbüchern.

III

DIE SONNE

III   DIE SONNE

„Wenn et Sönnsche sching, weed et Wedder wieder wärm, dann nimmt sich der Pap die Mama in de Ärm, ja wenn et Sönnsche sching, weed et Wedder wieder risch-tisch wärm!" Dieser Vers der Kölner Band „De Bläck Föös", so bekloppt er auch sein mag, bringt unser Verhältnis zur Sonne auf den Punkt. Wir freuen uns am „Sönnschen", weil dann „et Wedder risch-tisch wärm" wird. Das „Sönnschen" ist uns vertraut, jedes Kind kann „Sönnschen" zeichnen. Und unten Papa und Mama, Arm in Arm.

Es ist sonnenklar: Unser Wissen vom Sönnsche liegt auf Steinzeit-niveu. Meist sogar noch darunter, denn der durchschnittliche Stein-zeitmensch wusste deutlich mehr und deutlich Genaueres über die Sonne als der durchschnittliche Mitteleuropäer. Wobei ich mich selbst ausdrücklich einschließe.

Bis vor wenigen Jahren war mir nämlich völlig rätselhaft, weshalb ein Südbalkon meist besser ist als ein Nordbalkon. Ja, mir war die Sonne dermaßen gleichgültig, dass ich mir an keinem einzigen Ort, an dem ich lebte, wirklich angesehen habe, wo genau sie aufgeht, wo sie mittags steht und wo sie untergeht. Von keiner einzigen Tür, von keinem einzigen Tor, durch das ich schritt, könnte ich sagen, ob es in Richtung Sonnenuntergang oder in Richtung Sonnenaufgang oder nach Norden oder Süden zeigte. Es klingt paradox, aber die Sonne ist so allgegenwärtig und überpräsent, dass wir sie normalerweise nicht beachten.

Die sogenannten Steinzeitmenschen, also die Menschen, die in Europa vor einigen Tausend Jahren lebten, interessierten sich so sehr für die Sonne und ihren Lauf, dass sie eigens Anlagen errichteten, in denen die Sonne an bestimmten Tagen im Jahr zwischen bestimmten

Steinen hindurchschien. Denn es gibt im Jahr Tage, an denen die Sonne etwas Besonderes tut – die Tage der Sonnenwende. Im Winter verkürzen sich die Tage beständig – und das heißt konkret, landschaftlich: dass die Sonne einen immer kleineren und immer kürzeren Weg über den Himmel wandert. Den kleinsten Weg aber beschreitet sie am 21. Dezember. Von diesem Tag an schrumpft ihr Tagesbogen nicht mehr, sondern weitet sich wieder aus, wenn auch zunächst quälend langsam.

Und die Sache ist nicht ohne Dramatik! Denn wenn wir das Schrumpfen des Sonnenbogens verfolgen, liegt der Gedanke nahe, dass sich dieses Geschehen möglicherweise immer weiter fortsetzt, bis die Sonne eines Tages nur noch für eine Minute aufgeht! In der Tat scheint die Sonne an den Tagen um den 21. Dezember herum geradezu zu zögern, ob sie nicht gänzlich verschwinden soll, sie scheint gewissermaßen auf der Stelle zu treten. Genau das könnte die Menschen der Steinzeit bewogen haben, sie durch Feiern und auch durch Gaben anzuspornen, ihr Kraft zu geben, wieder eine größere Tour über den Himmel zu unternehmen. Zweifellos wurden gewaltige Feuer entfacht, brennende Holzräder von Hügeln herabgerollt, um der Sonne zu helfen, Opfer wurden ihr dargebracht.

Die meisten der riesigen Anlagen, welche die Menschen der Jungsteinzeit bauten, sind als Teufelszeug von christlichen Missionaren abgetragen worden, oder sie standen dem Ackerbau im Wege und mussten deshalb weichen. Im südenglischen Stonehenge hat sich ein großer Steinkreis erhalten.

Der Sonnenkult war einst weltweit verbreitet, überall auf der Welt finden sich Bauwerke, die so ausgerichtet sind, dass die Sonne an ihren besonderen Tagen – den Sonnenwenden – gerahmt und inszeniert wird.

Die Menschen jener Zeit pflegten mit der Sonne einen viel intensiveren Umgang, nutzten ihre Gewohnheiten und ihre Wege am Himmel vielfältiger, als wir das heute tun. Die Sonne war Uhr, Kalender und Kompass in einem. Sie ermöglicht es, ähnlich wie die Sterne, Richtungen zu verfolgen, die weit über den sichtbaren Umkreis hin-

III DIE SONNE

ausgehen. Mit der Erkenntnis, dass die Sonne um die Mittagszeit immer in derselben Himmelsgegend steht, ob im Sommer, im Frühling, im Herbst oder im Winter, hatten die Menschen einen Wegweiser gefunden von gar nicht zu überschätzendem Wert. Diese Funktion hat die Sonne auch für viele Tiere. Wir Modernen haben stattdessen Maschinen – Uhr, Kalender und Kompass. Die Sonne zeigt uns nicht mehr, wo es langgeht, sie sagt uns nicht mehr, wie spät es ist, und sie sagt uns auch nicht mehr, wann die Jahreszeiten beginnen. Man könnte sagen, dass wir den Umgang mit ihr aufgegeben haben. Sie ist für uns stumm geworden. Nur noch als Wärme- und Lichtquelle und als Energielieferant ist sie willkommen.

Ich selbst bin erst dabei, mich in den Umgang mit der Sonne einzuüben, sie wieder kennenzulernen. Seit drei, vier Jahren sehe ich mir genauer an, wie der Sonnenlauf im Sommer sich vom Sonnenlauf im Winter unterscheidet, und bei Reisen schaue ich darauf, wo die Sonne in anderen Gegenden steht. Der Starnberger See ist dafür eine besonders geeignete Landschaft, denn er erstreckt sich in etwa von Süden nach Norden, wie eine riesige Kompassnadel. Blickt man Richtung Alpen, dann geht links die Sonne auf, und rechts geht sie unter.

So entdecke ich nach und nach die große kosmische Ordnung, welche die Sonne der Zeit gibt und dem Raum. Ich sehe die Pracht, die sie in den Morgen- und Abendstunden entfaltet. Langsam arbeite ich mich wieder auf Steinzeitniveau herauf.

Entdecke das Licht!

21   Stonehenge am Fenster

SITUATION: an einem sonnigen Tag an einem Fenster, das nach Osten zeigt und in das die Sonne möglichst unverdeckt hineinscheint
ZUBEHÖR: ein Post-it-Zettel, also ein selbstklebender Zettel, in den du ein kleines, kreisrundes Loch mit etwa einem Zentimeter Durchmesser hineinschneidest, ca. 20 kleine runde Klebeetiketten (im Schreibwarenladen erhältlich). Wenn du keine Klebepunkte hast, kannst du auch kleine Sternchen oder Herzchen oder andere kleine Aufkleber nehmen – es sollten allerdings immer die gleichen sein.

(1) Wer ein Fenster hat, das nach Osten zeigt, kann über das Jahr den Lauf der Sonne verfolgen: Man kann sehen, dass sie im März noch über dem Haus der Müllers aufgeht, im April schon über dem Haus der Meiers und im Juni über dem Haus der Schmidts. Je weiter sich das Datum dem Juni nähert, desto weiter nach Norden rückt der Sonnenaufgangsort. Und umso größer ist dann auch der Bogen, den die Sonne beschreibt. Nach dem 21. Juni wandert der Ort des Sonnenaufgangs langsam wieder zurück Richtung Süden. Die Tage werden wieder kürzer. Mit dem folgenden Versuch, den der Physiker Roland Szostak entwickelt hat, kannst du den Lauf der Sonne auf eine ganz neue Art und Weise verfolgen. Das Experiment ist viel einfacher, als es sich beim Lesen anhört. Und es ist wirklich großartig! Hier die Anleitung:

(2) Klebe an einem sonnigen Morgen, wenn die Sonne in die Fenster scheint, den Post-it-Zettel mit dem kreisrunden Loch auf die Scheibe; er sollte möglichst dicht anliegen und sich nicht etwa, wie es Post-it-Zettel manchmal tun, nach vorn abspreizen. Wir nennen das Zettelchen im Folgenden auch Blende, denn es wirkt ähnlich wie die

[Fig. 14]

Blende des Fotoapparats. Auf der gegenüberliegenden Wand erscheint der Schatten des Zettels. Genau in die helle Mitte dieses Schattens heftest du als Markierung eine Klebeetikette an die Wand. Sie ist unser fester Markierungspunkt, sie bleibt fest, während wir die Blende im Folgenden verschieben werden.

(3) Schon nach sehr kurzer Zeit, nach 10 bis 15 Sekunden, bemerkst du, dass du die Blende am Fenster etwas verrücken musst, wenn sich die Markierung an der Wand weiterhin in der Mitte des Schattens befinden soll. So schnell wandert die Sonne! Ihre Bewegung, die im normalen alltäglichen Erleben nur ein unsicheres, eher geglaubtes Phänomen ist, wird fast sichtbar.

(4) Du kannst den Aufstieg der Sonne durch ein einfaches Verfahren nachzeichnen: Sobald du das Post-it-Zettelchen am Fenster so arrangiert hast, dass der feste Markierungspunkt an der Wand sich genau in der Mitte des runden Lichtkreises befindet, klebst du einen Punkt oder ein Sternchen oder auch ein Herzchen – diesmal auf die Fensterscheibe, auf der auch die Blende klebt, und zwar mitten in das

ausgeschnittene Loch des Post-it-Zettelchens. Wenn du das über 30 bis 40 Minuten fortsetzt, so klebt am Fenster eine Punktreihe, die den Weg der Sonne nachzeichnet. Wenn du die Punkte in regelmäßigen Zeitintervallen von vielleicht fünf Minuten klebst, so entsteht eine schöne Perlenkette. Notiere Uhrzeit und Datum zu jedem Punkt.

(5) Wenn du den Versuch einige Tage später zur gleichen Zeit nochmals durchführst, so erlebst du eine Überraschung: Die Sonne erscheint diesmal an einer etwas anderen Stelle, sie vollzieht nun nicht genau dieselbe Bahn, sondern eine neue, zum Beispiel etwas rechts davon liegende. Führst du den Versuch ein paar Tage hintereinander durch, erhältst du nicht nur eine schöne Serie Punkte auf der Fensterscheibe. Du erkennst auch eine Tendenz: Die Sonne verschiebt ihre Bahn im Frühjahr, wenn die Tage länger werden, am Fenster immer weiter in Richtung Norden. Nach der Sommersonnenwende verkürzt sich ihr Tagesbogen. Sie geht später auf und früher wieder unter. Am 8. Dezember findet der früheste Sonnenuntergang statt. Dann bleiben Zeitpunkt und Ort des Sonnenuntergangs über elf Tage fast unverändert, bis die Sonne ab dem 20. Dezember nach und nach wieder später untergeht. Umgekehrt ist es beim Sonnenaufgang: Erst eine Woche nach der Wintersonnenwende, um den 28. Dezember, findet der späteste Sonnenaufgang statt.

(6) Der Weg der Sonne ist nicht so gleichförmig, wie man denkt! Ein Grund mehr, ihn genauer zu verfolgen. Du erlebst einen Naturprozess mit, der in seiner Unbeeinflussbarkeit erhaben wirkt und unseren Alltag bis in die Tiefe durchwirkt. Genau das Gleiche, was wir hier mit wenigen Etiketten auf dem Fenster markiert haben – die Wege der Sonne –, und die Orte, an denen sie über den Horizont tritt, haben frühere Kulturen in die Landschaft selbst eingeschrieben – mit Felsblöcken. Damit konnten sie zwar nur die horizontnahen Stationen der Sonne kennzeichnen, diese dafür aber umso eindrucksvoller. Stonehenge ist eine gebaute Sonnenlandschaft aus der Jungsteinzeit, in der große Steine den Aufgang oder auch den Untergang der Sonne

und des Mondes markieren – nicht für jeden Tag, wohl aber für bestimmte, besondere Daten. Zweifellos diente Stonehenge vor allem kultischen Zwecken – aber die Anlage ermöglichte auch die Datierung und vielleicht sogar die Vorhersage von Sonnenfinsternissen. Eine gebaute Sonnenlandschaft ist eine wunderbare Möglichkeit, etwas über die Sonne zu erfahren. Im Ruhrgebiet hat eine Initiative daher auf der Halde Hoheward eine astronomisch orientierte Kreisanlage mit zahlreichen Beobachtungsstationen errichtet, die es ähnlich wie Stonehenge erlaubt, den Sonnengang, den Lauf des Mondes und der Sterne zu beobachten. Ein ähnliches Freiluftplanetarium gibt es bei Wien, den Sterngarten Georgenberg.

22 Schatten

SITUATION: an einem sonnigen Tag
ZUBEHÖR: ein gespitzter Bleistift oder Buntstift, der sich aufrecht hinstellen lässt. Gegebenenfalls musst du den Stift mit geeignetem Material (z. B. Knete) stabilisieren. Außerdem werden noch ein Blatt Papier und eine genau gehende Uhr benötigt.

(1) Unsere Schatten können sehr kurz, manchmal auch sehr lang sein, je nach Tageszeit. Allgemein ist bekannt, dass der Schatten um die Mittagszeit am kürzesten ist. Aber stimmt das überhaupt?

(2) Mit einem Stab, den du auf einer ebenen Fläche, zum Beispiel einer Terrasse oder auch auf dem Rasen, senkrecht in die Sonne stellst, kannst du den Gang des Sonnenschattens nachvollziehen. Indem du kleine Steinchen an die Spitze des Schattenstands legst, hast du eine simple Möglichkeit, den Verlauf zu verfolgen. Wenn du den Schatten genauer verfolgen willst, nimm einen kurzen Bleistift, den du auf einem Stück Papier in die Sonne stellst. Den Bleistift musst du gegebenenfalls etwas stabilisieren, beispielsweise mit einem Knetekügel-

chen. Verfolge nun während des Tages den Schatten – indem du ihn mit einem Stift nachzeichnest –, und schreib an die Striche jeweils die genaue Uhrzeit. Der kürzeste Strich entspricht dem höchsten Stand der Sonne, also dem Mittagsstand! Du beginnst vormittags. Du wirst feststellen, dass der kürzeste Strich – der Sonnenmittag – keineswegs mit dem Uhrenmittag (12.00 Uhr) übereinstimmt.

(3) Unsere Uhren gehen nach der Mitteleuropäischen Zeit (MEZ), die im damaligen Deutschen Reich am 1. April 1893 eingeführt wurde. Zuvor galt an jedem Ort eine eigene Zeit – nämlich die Sonnenzeit! Sie wurde nach einer am Ort aufgestellten Sonnenuhr gemessen.

(4) Nach der Sonnenzeit war an einem Ort dann Mittag, wenn die Schatten dort am kürzesten waren – was bei Orten, die weiter östlich gelegen waren, „früher" der Fall war als bei Orten, die im Westen lagen. Der Unterschied beträgt rund vier Minuten pro Grad geographischer Länge. Das heißt, in Berlin, im Osten Deutschlands gelegen, geht die Sonne rund eine halbe Stunde früher auf als in Aachen, das im äußersten Westen liegt. Sie erreicht also auch eine halbe Stunde früher ihren höchsten Stand.

(5) Die Sonnenzeit war ein unproblematisches Zeitmessverfahren, solange es kaum Verkehr gab und schon gar keine pünktlichen oder sonderlich schnellen Verbindungen. Erst mit der Intensivierung des Verkehrs durch die Eisenbahn erwiesen sich die vielen Ortszeiten als Hindernis. Die Eisenbahn eroberte Deutschland im späten 19. Jahrhundert – und sie führte zur Einführung einer einheitlichen Zeit, der Mitteleuropäischen Zeit. Die „Sonne", die der Mitteleuropäischen Zeit entspricht, ist eine erdachte, sie hat einen mittleren Lauf, der von dem Lauf der wirklichen Sonne abweicht – mal mehr, mal weniger. Nur an wenigen Tagen im Jahr entspricht die erdachte Sonne der wirklichen, das sind bzw. waren der 16. April, der 15. Juni, der 1. September und der 25. Dezember. Mit der Einführung der Sommerzeit (Vorstellen der Uhren um eine Stunde von März bis Oktober) ist die

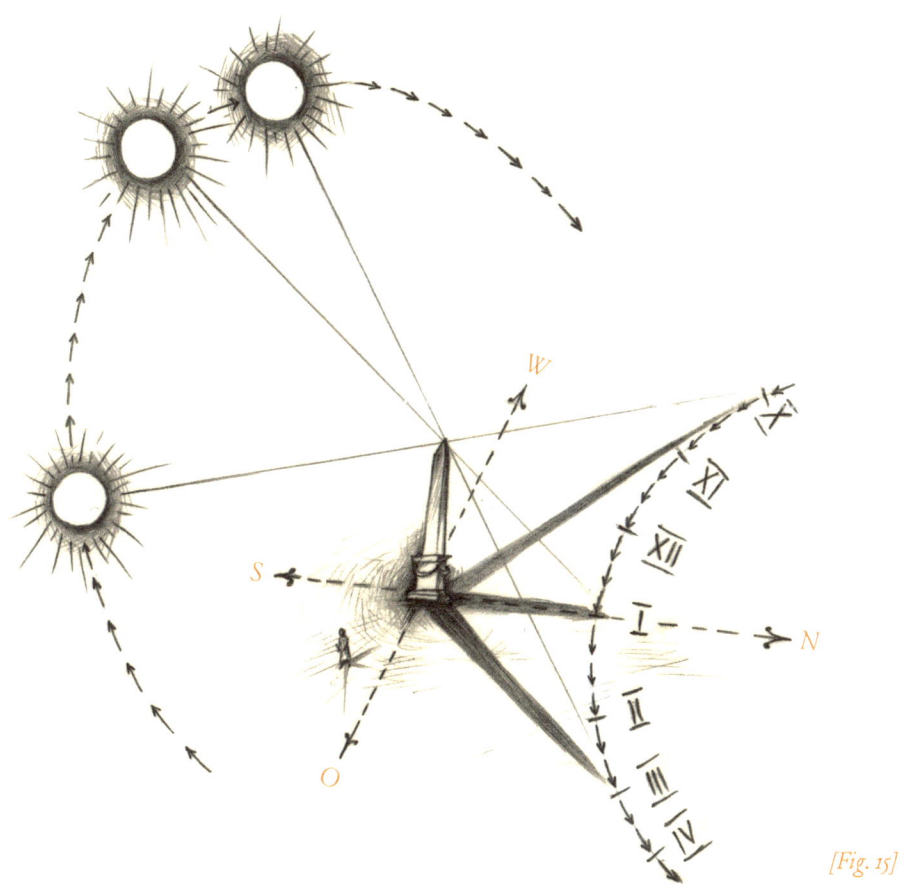

[Fig. 15]

Abweichung in diesen Monaten größer geworden, der Mittag der er-
dachten Sonne und der Mittag der wirklichen fällt jetzt nur noch am
25. Dezember zusammen.

(6) Die Beobachtung des Schattens eines senkrechten Stabes ist
eine uralte Tätigkeit. Sie wurde schon im alten Ägypten geübt, man
bediente sich der Obelisken als Schattenwerfer. Die Stellung des
Schattens kann man nicht nur als Uhr nutzen, sondern auch als Kalender – denn je nach Jahreszeit ergeben sich andere Schattenbahnen.

(7) Übrigens: Um die Mittagszeit kannst du anhand des Schattens die Himmelsrichtungen feststellen – denn wenn der Schatten am

kürzesten ist, steht die Sonne im Süden, und der Schatten zeigt nach Norden. Aber nicht direkt in die Sonne sehen! Seeleute früherer Jahrhunderte, die zur Bestimmung der Schiffsposition oft die Sonne anpeilten, wurden nicht selten auf einem Auge blind.

23 Sonnenlicht und künstliches Licht

SITUATION: in einem Zimmer, das man vollständig verdunkeln kann – so dass nur noch ein schmaler Streifen Tageslicht hereinkommt, zum Beispiel durch die angelehnte Tür oder durch Vorhänge
ZUBEHÖR: CD, wobei die richtig silbrigen empfehlenswert sind, aber auch mit den grünlich oder blau schimmernden erzielst du gute Ergebnisse. Unbespielte CDs funktionieren etwas besser als bespielte.

(**1**) Jeder hat schon einmal bemerkt, dass das neue Licht aus Energiesparlampen (also zum Beispiel aus Leuchtstofflampen oder aus LEDs) recht kalt ist im Vergleich zum Sonnenlicht und sehr unnatürlich wirkt. Woran liegt das?

(**2**) Mit einer CD – ganz gleich, ob Daten-CD oder Musik-CD – kannst du sowohl Sonnenlicht als auch Kunstlicht zerlegen und so die Unterschiede wahrnehmen.

(**3**) Beginne mit dem Sonnenlicht, indem du in einen sonst ganz dunklen Raum einen Spalt Tageslicht einfallen lässt – zum Beispiel durch eine angelehnte Tür oder durch den Schlitz zwischen den Vorhängen. Es muss nicht direktes Sonnenlicht sein, auch diffuses Tageslicht oder Sonnenlicht, das von einer Wand reflektiert wird, reicht aus.

(**4**) Stell dich mit der CD in der Hand so, dass du im linken Teil der CD ein Spiegelbild des Spalts erkennen kannst. (Du siehst dir dabei die Unterseite der CD an, nicht die bedruckte Oberseite!) Halte die CD in bequemem „Leseabstand", als ob es ein Buch wäre. Dabei kannst du dich mit dem Rücken zum Spalt stellen, so dass sein Licht über deine Schulter fällt. Dreh die CD um die vertikale Achse ein wenig nach links – es erscheint ein helles Band: die Farben des Regenbogens, eine kontinuierliche Folge von Violett über Blau, Grün, bis hin zu Rot, alles in strahlender Reinheit. Drehst du die CD nach rechts, erscheint das Spektrum ebenfalls, allerdings ist die Farbenfolge seitenverkehrt. So oder so ist das Spektrum kontinuierlich, die Farben gehen lückenlos ineinander über. Ähnliche kontinuierliche Spektren senden auch brennende Kerzen oder konventionelle Glühbirnen aus.

(5) Wenn du nun aber durch einen Türspalt nicht Tageslicht, sondern Licht von einer Energiesparlampe hereinscheinen lässt und dieses betrachtest, erlebst du eine Überraschung. Das Spektrum ist nicht kontinuierlich, es besteht aus Balken, dazwischen ist es dunkel. Oft ist eine grünblaue Linie und eine ziegelrote zu erkennen – aus den beiden mischt sich das „weiße" Licht der Energiesparlampe. Dieses Licht beruht im Grund darauf, dass das Auge überlistet wird: Es meint, das gewohnte weiße Licht zu sehen, aber tatsächlich handelt es sich um ein Licht, dessen Struktur reduziert wurde. In Leuchtstofflampen wird meist Quecksilberdampf elektrisch angeregt – der dann ultraviolettes Licht aussendet. Dieses wiederum regt Leuchtstoffe an, mit denen die Innenseite der Lampe beschichtet ist, und die senden dann zum Beispiel teils rotes, teils grünblaues Licht aus, ein farbiges Gemisch, das sich insgesamt zu Weiß addiert. Die Reduktion des Leuchtstofflampenlichts fällt den meisten Menschen kaum auf, ähnlich wie auch nur wenige bemerken, dass gesampelte Musik aus dem iPod in ihrer Komplexität, um die Datenmenge zu reduzieren, drastisch gekürzt wurde. Im Alltag stört das kalte Energiesparlicht meist nicht, bei anspruchsvolleren Beleuchtungsaufgaben, wie zum Beispiel bei Filmaufnahmen, sind die ästhetischen Nachteile dieses Lichts, die niemandem, der Augen im Kopf hat, verborgen bleiben, jedoch so problematisch, dass hier weiterhin konventionelle Glühlampen gegenüber den Leuchtstofflampen oder LEDs den Vorzug erhalten.

(6) Dass das Licht der modernen elektronischen Beleuchtungen aus einigen wenigen Elementen zusammengesetzt wird, kannst du in manchen Situationen sogar ganz ohne Instrumente feststellen: Sitzt du schräg vor einem Beamer, wie er für Präsentationen verwendet wird, und zwar so, dass du die helle Projektionslinse im Blick hast, und blickst rasch auf, dann zerlegt sich für einen Moment das scheinbar weiße Licht des Beamers in seine Bestandteile: Du siehst eng beieinander ein grünes, ein rotes und ein blaues Feld. Diese drei addieren sich zu einem etwas schmutzigen Weiß. Manche High-End-Beamer fügen noch Gelb hinzu, um die Qualität der Bilder zu erhöhen. Das Ganze funktioniert am besten, wenn du den Blick wie absichtslos über die Beamerlinse streifen lässt.

(7) Doch zurück zur CD, mit der sich das Licht leichter zerlegen lässt: Abends kannst du mit dieser sogar feststellen, ob der Nachbar noch konventionelle Glühbirnen verwendet oder schon Leuchtstoff-

lampen – du musst nur das Licht, das aus seinen Fenstern kommt, mit der CD zerlegen. Zeigt sich ein kontinuierliches Spektrum, dann sind Glühbirnen in seiner Fassung, ist das Spektrum in Balken zerlegt, dann nutzt er Energiesparlampen. Chemikern gelingt es anhand der Balken sogar festzustellen, welches Fabrikat die Lampen haben, weil sie die Leuchtstoffe anhand des Spektrums unterscheiden können.

(**8**) Ähnlich wie wir aus dem Licht, das aus des Nachbarn Fenster herüberscheint, auf die Materialien seiner Lampen schließen können, untersuchen Astronomen das Sternenlicht, das auf die Erde niederscheint, und schließen aus seiner Struktur auf den Aufbau und auf das Alter von Sternen, Sternschnuppen und Kometen. Denn auch in kontinuierlichen Spektren zeigen sich, wenn man genauer hinsieht, charakteristische Unterschiede, die mit dem Aufbau der Sterne zusammenhängen.

24   Alpenglühen

SITUATION: in den Alpen am Abend

(**1**) „Wenn der Alpen Firn sich rötet
        Betet, freie Schweizer, betet!"
So singen die Schweizer, wenn sie ihre Nationalhymne anstimmen. Die purpurfarbene Naturerscheinung, die in den Alpen des Öfteren zu sehen ist, soll den Glauben festigen. In der Tat hat das Alpenglühen mit seinen unwirklich gesteigerten Farben etwas Ergreifendes.

(**2**) Man unterscheidet das Morgenglühen und das Abendglühen – beide haben dieselbe Ursache: Die abendliche, rote Sonne erleuchtet die Berggipfel. Sie, die Berge, die meist hell oder gar schneeweiß sind, wirken wie Leinwände, auf die das farbige Licht fällt. Das Alpenglühen war an der Wende zum 20. Jahrhundert ein viel untersuchtes Phänomen. Schon ein ganz normaler Sonnenuntergang hat ja etwas Feierliches, zeigt sich die Sonne doch in ihren prächtigsten Farben.

(3) Im Alpenglühen ist dieses Erlebnis ins Unwirkliche gesteigert, vielleicht, weil es eine Distanz gibt zwischen uns und dem Phänomen. Wir stehen nicht mitten in der Dämmerung, sondern beobachten das Phänomen aus einem dunklen Tal heraus: Es ist, als ob wir im Kino säßen – und der Kinoeffekt erhöht die Stimmung.

(4) Wer genauer hinsieht, erkennt auch den *Erdschatten*, der langsam die Berge hochwandert und schließlich, wenn er am Gipfel angekommen ist, das Alpenglühen auslöscht. Oder vielmehr weiterträgt, denn nun erglühen die Wolken!

25 Ein Sonnenwunder

Die Sonnenfrömmigkeit war in der ganzen antiken Welt verbreitet. Vor allem die unmittelbaren Nachfolger des Kaisers Augustus, der noch ganz der antiken Jupiter-Frömmigkeit ergeben war, förderten den Sonnenkult, so dass er in der Spätantike mehr und mehr zum Reichskult aufstieg. Im zweiten nachchristlichen Jahrhundert ließ der römische Kaiser Elagabal aus Syrien einen heiligen, schwarzen Stein, vermutlich einen vom Himmel gefallenen Meteoriten, nach Rom transportieren, um ihn im Heiligtum des Sonnengottes auszustellen. Die spätrömischen Kaiser förderten den Sonnenkult weiter, da die Sonne ihnen als idealer Reichsgott erschien. Sie war Symbol für die Allmacht des Kaisers. Sobald die Sonne am Horizont auftaucht, werden alle anderen Himmelslichter bedeutungslos – die Sterne werden unsichtbar, der Mond schwimmt im hellblauen Himmel nur noch wie eine zarte Wolke. Zudem scheint die Sonne überallhin, in die entlegensten Winkel: Sie sieht alles, darf aber selbst nicht angesehen werden, sonst blendet sie den Betrachter. Auch in ihrer Strenge ist sie ein Vorbild der Herrscher. Wie bei jedem großen Herrscher beobachtete man feinste Veränderungen der Sonne und jede kleine Geste. Ging die Sonne abends etwa blutrot unter, sprach man dem eine bestimmte Bedeutung zu, und wurde sie in einer Finsternis ganz oder teilweise verdeckt, so war das Anlass für Opferungen.

Vielleicht wäre auch heute noch der Sonnenkult in Europa verbreitet, hätte nicht Kaiser Konstantin der Große im dritten nachchristlichen Jahrhundert dem Christentum zu einem definitiven Sieg über die Sonnenfrömmigkeit verholfen. Paradoxerweise war Konstantin zeitlebens zugleich ein Sonnenanbeter. Seine berühmte Vision vor der Schlacht auf den Milvinischen Feldern war jedenfalls zunächst keine Christus-, sondern eine Sonnenvision.

Der Schilderung des Bischofs Eusebius nach zu urteilen, sagte Konstantin nämlich, „er habe … als der Tag sich schon neigte, mit eigenen Augen am Himmel über der Sonne das aus Licht gebildete Siegeszeichen des Kreuzes gesehen und dazu die Schrift: Durch dieses siege. Schrecken überkam bei diesem Anblick ihn und das ganze Heer, das ihm auf seinem Zug folgte und des Wunders ansichtig wurde." Erst in der Nacht brachte ein Traum das Zeichen in Verbindung mit Christus. Unbestritten ist, dass er eine höchst merkwürdige Sonnenerscheinung sah. Experten vermuten, er habe eine sogenannte Halo-Erscheinung erblickt. Bei einer solchen Erscheinung, die recht selten ist, zeigen sich für einige Minuten oder auch nur Sekunden neben der Sonne noch weitere, kleinere und manchmal in Regenbogenfarben leuchtende Sonnen. Auch ein strahlender Ring kann sich um die Sonne bilden. Aber selbst wenn es eine Halo-Erscheinung war – sie könnte zugleich ein göttliches Zeichen gewesen sein: sei es vom Sonnengott, sei es von Christus.

IV

DER MOND

IV DER MOND

Der Mond scheint ein wenig aus der Mode gekommen. Wenn wir ein leidenschaftliches Mondlob hören wollen, müssen wir uns ins 19. Jahrhundert zurückversetzen. Es war im Sommer 1881, als die österreichische Kaiserin Elisabeth („Sissi"), um dem Wiener Hoftreiben zu entgehen, an den Starnberger See reiste. Dort war sie geboren und aufgewachsen, und immer, wenn es die Verhältnisse in Wien erlaubten, kam sie dorthin zurück, um sich zu erholen. Quartier nahm sie in Feldafing, keine 200 Meter vom Seeufer entfernt, in unmittelbarer Nähe der Roseninsel.

Eines Abends erschien König Ludwig II. von Bayern und lud die Kaiserin, die er sehr verehrte, auf einen Besuch zu seiner Landvilla auf der Roseninsel ein. Der König erschien zu Ehren der Kaiserin in österreichischer Uniform, er war ein sehr großer, ausladender Mann. Außer Elisabeth wollte er niemanden sehen, er gestattete auch nicht, anderen vorgestellt zu werden; vielmehr hatte er bereits einen Kahn ans Ufer bringen lassen. Die Kaiserin bestand darauf, dass ihr afrikanischer Diener, Rudolf Rustimo, mitfahren müsse, schon allein, um Gerede zu vermeiden.

Die Kaiserin hatte zu Ludwig ein besonderes Verhältnis. Der König war bekannt für seine Liebe zur Kunst, für seine Bauleidenschaft, aber auch für seine Naturliebe. Da er eine gewisse Scheu vor Menschen hatte, die mit den Jahren noch zunahm, ging er überwiegend nur des Nachts aus; besonders in Vollmondnächten ließ er gern anspannen. Er interessierte sich für Astronomie, wobei es ihm offenbar peinlich war, dass er einem solch unnützen, wenig standesgemäßen Hobby nachging. Der Kaiserin aber vertraute er völlig, und so lenkte er, kaum dass die beiden auf den bequemen Sitzen im Boot Platz genommen hatten und der Diener mit einigen Schlägen auf den See hinausgerudert war, das Gespräch auf die Sterne.

Es war ein herrlicher Juniabend, der langsam überging in eine sternklare Nacht. Bald spiegelte sich das Heer der Sterne im See, bald in den Augenpaaren, die sich nach oben wandten, um die Wunder der Natur zu entdecken und zu verstehen. Rustimo lenkte das Boot um die Roseninsel. Sie war im Besitz des Königs, und er hatte dort einen ausgedehnten Rosengarten anlegen lassen, dessen weicher Duft weit auf den See hinauszog.

„Oh, meine Cousine, endlich Nacht, in der einzig die Seele Frieden findet. Kaum noch bin ich bei Tage unterwegs. Bei Tage kriechen die Geschäfte aus ihren Löchern. Sogleich kommen alle die Minister – und immer und immer wieder geht es nur um eines, um das Geld! Jetzt soll ich sogar mit dem Schlösserbauen aufhören!" Seine Worte unterstützte König Ludwig mit ruckartigen Gesten. Der König war mit seinen 1,93 Metern eine riesenhafte Gestalt, und er hatte in den letzten Jahren ungeheuer an Gewicht zugenommen: Das Boot geriet ins Wanken.

Die Kaiserin besänftigte ihn: „Lass uns die kostbaren Stunden nicht mit trüben Gedanken vergällen. Sehen wir lieber nach oben, zu den Sternen, zum Mond, der sein freundliches Licht ausgießt!"

„Ist nicht die Nacht noch viel schöner als der Tag?"

„Ja", sagte sie, „die Schönheit des Tages gleicht einer blond gelockten Frau, die glanzvoll wirkt, die Schönheit der Nacht aber ist wie eine dunkelhaarige Schöne, die das Herz rührt."

„Das ist großzügig von dir, dass du den Dunkelhaarigen den Vorzug lässt."

„Schönheit bedeutet nichts", sagte die Kaiserin sinnend. „Aber gestehe, dass der Tag dich niemals in eine so angenehme Träumerei wie jene versenkt hätte, der du beim Anblick der Nacht gerade eben verfallen schienst."

„Mit den Sternen und dem Mond kann man vertrauter werden als mit der Sonne", sagte der König. „Die Sonne ist eine Wohltäterin, und wie so oft bei Wohltätern, fehlt ihr nicht viel zur Tyrannei. Der Mond dagegen ... Sein Licht hat eine herrliche Zärtlichkeit! Kein Wunder, dass er zum Gestirn der Liebenden wurde."

„Oder auch zum Gestirn der Einbrecher, die im Mondlicht die Türen aufstemmen", versetzte die Kaiserin und blickte versonnen nach oben.

Der König fuhr unbeirrt fort: „Es ist ein Licht, in dem alles neu wird. Sieh hin, wie er jeden Baum, jedes Haus vergrößert, indem er einen samtschwarzen Schatten davorlegt."

„Ich gebe dir recht und fühle genauso", antwortete sie. „Ich liebe den Mond und die Sterne und möchte mich gern über die Sonne beklagen, die sie uns entzieht."

„Oft lasse ich nachts anspannen, um mit der Kutsche hinauszufahren, an versteckte Orte, wo man die Planeten, die Sternbilder betrachten kann. Noch schöner ist es im Winter, dann nehme ich den Schlitten – in der kalten Luft funkeln die Sterne noch prächtiger. Meine Minister nennen mich heimlich den ‚Roi-lune', den ‚Mondkönig'. Mögen sie spotten! Die Sterne eröffnen der Phantasie herrliche Räume! Sie sind das letzte Refugium der Monarchen, die am Tage Sklaven der Bürger sind."

„Wenn du so hinaufblickst, glaubst du nicht, dass auch dort Menschen leben, Menschen wie wir?", fragte die Kaiserin, indem sie träumend nach oben schaute.

„Gewiss", erwiderte der König, „daran kann gar kein Zweifel bestehen. Aber nur auf den Flügeln der Phantasie kann man hingelangen. So schrieb ein italienischer Poet, der Ariost, ein gar herrliches Stück, in dem der Held den Mond besucht. Dort kommt er in ein Tal, in dem sich, abgefüllt in Flaschen und säuberlich etikettiert, all das findet, was auf Erden verloren gegangen ist – zum Beispiel Demut, tiefer Glaube oder auch Verstand."

„Nun, ich denke, ehe wir uns hier um den Verstand plaudern, sollten wir uns stärken, meinst du nicht?", fragte die Kaiserin.

„So lass uns umkehren und an der Roseninsel anlegen! Sie ist ein Ort des Friedens. Ich habe einen Garten anlegen lassen, einen Sternengarten."

„Holst du dort den Mond vom Himmel wie die Zauberer alter Zeiten? Heißt du ihn dann sprechen und wahrsagen?"

„Wenn ich das könnte! Was würde ich ihn wohl alles fragen …", sinnierte der König und schüttelte lächelnd den Kopf: „Aber sieh selbst: Die Küste der kleinen Insel wird umkränzt von hohen, dunklen Bäumen. In der Mitte steht das Landhaus. Nun ließ ich nach Süden, zu den Alpen hin, eine Lücke in die Baumreihe schlagen. Dort sieht man die Berge – und darüber zieht, wie ein Schauspieler, des Nachts der Mond. Kann es eine erhabenere Kulisse für ihn geben? Auch im Westen, wo die Sonne untergeht, habe ich eine Lichtung in den Baumring schlagen lassen. Das wirkt wie eine Bühne, wie ein dunkler Bilderrahmen, der das kosmische Schauspiel erhöht. Wie bezaubernd ist es, dort den Sonnenuntergang zu beobachten, und welch herrlicher Anblick, wenn man bei aufsteigender Nacht die schmale neugeborene Mondsichel sieht!"

„Und wo stehen deine berühmten Rosen?"

„Die habe ich nach Osten, zum Sonnenaufgang hin, anlegen lassen. Entsprechen nicht das zarte Rosa der Blüten und ihr Duft der rosenfingrigen Dämmerung des neuen Tages?"

Das Boot näherte sich der Insel, ein zarter Hauch wehte vom Land herüber. Die Kaiserin blickte wieder zum Himmel und hing ihren Gedanken nach.

Das Firmament spiegelte sich im ruhigen Wasser und schien sich unter ihr fortzusetzen. Die Insel im See, auf die das Boot zusteuerte, rundete sich mit ihrem Spiegelbild im Wasser zu einem kleinen, von Laternen erleuchteten Planeten, der durch das Sternenall schwebte.

Entdecke den Begleiter der Erde!

26   Das Mondgesicht

SITUATION: in einer Mondnacht
ZUBEHÖR: ein Blatt Papier, ein Bleistift, ein Fernglas

(1) Im Gegensatz zu allen anderen Himmelskörpern scheint der Mond ein Gesicht zu haben. Versuche, dieses Gesicht zu zeichnen! Die dunklen Flecken wurden früher als Meere bezeichnet, und der Name hat sich erhalten. Heute wissen wir, dass es sich um riesige Basaltfelder handelt, die vor etwa drei Milliarden Jahren entstanden.

(2) Auffallend ist auch, was wir *nicht* sehen. Es gibt offenbar auf dem Mond keine Wolken. Gäbe es sie, müssten sie zumindest gelegentlich Teile der Mondoberfläche bedecken. Das lässt sich aber nicht beobachten. Auf den Mond scheint unbarmherzig und ohne Pause die Sonne.

(3) Die berühmten Mondkrater kann man mit bloßem Auge nicht sehen, mit einem Fernglas sind sie jedoch leicht zu entdecken, und zwar in allen Phasen außer Vollmond; je dünner die Mondsichel, desto sichtbarer sind die Krater an ihrem Rand. Früher nannte man die Krater neutraler „Ringwälle", und es war bis weit ins 20. Jahrhundert umstritten, woher diese Gebilde wohl rühren mögen. Die Forscher hielten sie überwiegend für erloschene Vulkankegel. Die Ansicht, es seien Einschlagskrater von Meteoriten, überzeugte deshalb nicht, weil viele meinten, wenn der Mond wirklich so oft von Meteoriten getroffen würde, dann müsste die Erde ebenso überall von Einschlagskratern bedeckt sein.

[Fig. 17]

(4) Heute wissen wir: Auch die Erde wurde sehr oft von Meteoriten getroffen. Nur ist sie zu zwei Dritteln von Wasser bedeckt – in dem einschlagende Meteoriten keine Spuren hinterlassen –, und die übrigen Einschlagskrater heilen in kurzer Frist wieder aus, weil die Erde, anders als der Mond, ihr Gesicht immer wieder erneuert. Sie verfügt über Mittel, auch tiefste Wunden wieder zu schließen. Was sind das für Mittel? Vor allem der Wasserkreislauf, der dafür sorgt, dass auf der Erde langfristig kein Stein auf dem anderen bleibt. Auch die großen Eiszeiten haben immer wieder die Landschaften umgebaut. Nicht zuletzt ist die Erde, anders als der Mond, geologisch höchst aktiv und ändert auch deshalb ihr Aussehen. Deshalb gibt es

nur wenige noch erkennbare Meteoritenkrater. Einer der berühmtesten liegt in Bayern – es ist das Nördlinger Ries.

27 Der Weg des Mondes

SITUATION: an klaren Tagen und Nächten

(1) Einst war der Mond ein Freund der Menschen, der half, die Zeit auf poetische und doch verbindliche Weise zu gliedern. Seine Phasen teilten das Jahr ein. Von Vollmond zu Vollmond vergehen 29 ½ Tage. Man sprach von Monden, vom Julimond oder vom Maienmond, so, wie wir heute von Monaten sprechen. Tatsächlich hängen die Worte „Mond" und „Monat" miteinander und auch mit den Worten „messen" und „Maß" zusammen. Aber unsere Monate sind vom Mondlauf entkoppelt, sie sind ein teils politisches, teils bürokratisches, teils sonnenastronomisches Konstrukt, während der Mond ein ganz natürliches Zeitmaß darstellt. Er ordnet die Zeit zwar nicht so präzise wie der papierene Monat, dafür verklärt er sie auf wunderbare Weise. Jedem Abend, jeder Nacht verleiht er einen eigenen Charakter, weil sein Glanz immer wieder anders und immer wieder neu erscheint. Früher war die Mondbeobachtung auch aus praktischen Gründen wichtig. So eignen sich Vollmondnächte eher für Nachtwanderungen und für die Jagd: nicht nur, weil der Jäger dann besser sehen kann, sondern auch, weil sich manche Tiere, zum Beispiel Wildschweine, ebenfalls besser orientieren können und daher in Vollmondnächten unterwegs sind.

(2) Die unterschiedlichen Phasen des Mondes, der Umstand, dass in seinem Kreis Flecken erkennbar sind, sein Verschwinden bei Neumond, jener Phase, in der der Mond nicht sichtbar ist, seine Wiedergeburt haben schon früh die Aufmerksamkeit der Menschen auf sich gezogen. Über den Mond gibt cs dahcr wcltwcit vicl mehr Mythen als über die Sonne, die Zahl der Mondgötter ist größer als die der Sonnengötter.

(3) Immer noch spielt der Mond für viele Menschen eine große Rolle, insgesamt aber ist er heute zu einem wenig beachteten Beiwerk unserer Welt geworden, und nur seine allerauffälligste Phase, der Vollmond, wird noch bestaunt. Versuchen wir also, den Mond wieder besser kennenzulernen – er wird unsere Aufmerksamkeit reich lohnen.

(4) Die ganz junge Mondsichel sichten wir immer in Horizontnähe kurz nach Sonnenuntergang am westlichen Himmel. Manchmal ist ihre helle Fläche durch das sogenannte aschgraue Licht zur vollen Kreisscheibe ergänzt (darauf kommen wir noch zurück). Nun wächst der Mond und entfernt sich dabei immer weiter von der Sonne. Nehmen wir die ausgestreckte Faust als Maß, können wir sagen: Jeden Abend steht der Mond zwei Fäuste weiter links. Bei Vollmond steht er der Sonne gegenüber, und zwar im Osten, er geht erst auf, wenn sie untergegangen ist. Und umgekehrt: Er geht unter, wenn die Sonne aufgeht. Die abnehmende Sichel ist wieder nur in Horizontnähe zu sehen, und zwar am östlichen Himmel vor Aufgang der Sonne. Bei sehr klarer Luft sind diese Phasen auch tagsüber sichtbar. Bei Neumond bleibt der Mond dann einige Tage unsichtbar.

(5) Bei uns wird die Mondsichel dann als zunehmend bezeichnet, wenn ihre Rundung einem geschriebenen deutschen *z* ähnelt, und abnehmend, wenn sie wie ein deutsches geschriebenes *a* aussieht. Die zunehmende Sichel steht links oberhalb der Sonne am Westhimmel, die abnehmende rechts oberhalb am Osthimmel. Stell dir die Sonne als Zielscheibe vor, dann ist die Sichel der Bogen und immer richtig ausgerichtet.

(6) Beobachte den Vollmond im Winter und im Sommer! Er steht im Sommer besonders tief, also näher am Horizont, im Winter steht er besonders hoch. Die erste sichtbare Mondsichel im Frühling steht besonders hoch, im Herbst steht sie besonders tief.

(7) Unter Muslimen ist das Beobachten der jungen Mondsichel, also das erste Sichten des Mondes nach einer Neumondphase, von höchster Bedeutung, denn sie bemessen die Monate streng nach dem Mond. Das bringt es mit sich, dass die Feiertage nicht wie bei uns mit bestimmten Jahreszeiten zusammenfallen, sondern wandern – weil die Mondmonate kürzer sind als unsere am Sonnenjahr ausgerichteten Monate. Um Anfang und Ende wichtiger Monate, insbesondere des Fastenmonats Ramadan, zu bestimmen, ist die Beobachtung der ersten auftauchenden Mondsichel (Hilal) entscheidend. Zeugen müssen sie erblicken, was nur bei klarem Himmel möglich ist. Ist sie gesichtet worden, dann beginnt bzw. endet das Fasten. Am Ende des Ramadan wird das Opferfest gefeiert, der höchste islamische Feiertag. Umstritten ist bis heute, ob statt einer wirklichen Sichtung, wie sie der Koran verlangt, auch astronomische Berechnungen eingesetzt werden können. Daher ist es für die verschiedenen muslimischen Verbände in Deutschland manchmal schwierig, sich auf ein einheitliches Datum für den Beginn und das Ende des Ramadan zu einigen. Die Sonne spielt im Leben der Muslime eine ebenso wichtige, ganz konkrete Rolle: So endet ein Tag mit dem Sonnenuntergang. Für Christen ist die Gestirnsbeobachtung hingegen nicht Teil ihrer frommen Pflicht, was an der oben erwähnten Konkurrenz des christlichen Gottes mit den antiken Astralgöttern liegt.

28 Mond und Wasser

SITUATION: am Meer

(1) Zwischen Mond und Wasser gibt es viele Beziehungen. Seit alten Zeiten glaubt man, der Mond bringe den Regen. Auch der Tau, so hieß es in früheren Epochen, fließe direkt vom Mond herab. Der Mond ernähre sich geradezu, meinten die spätantiken Philosophen und ihre Schüler, die Alchemisten, vom Wasser und sende es, geläutert, als Tau wieder auf die Erde zurück. Von diesen Bedingtheiten ist

in unserer heutigen Weltsicht das Wissen geblieben, dass der Mond durch seine Anziehungskraft die Gezeiten verursacht.

(2) Im Mittelmeer und an der Ostsee sind die Gezeiten schwach, an den Atlantikküsten dafür umso deutlicher. In den 24 Stunden des Tages kommt zweimal die Flut, und zweimal zieht sich das Meer wieder zurück: Es ist Ebbe. In machen Regionen der Tropen finden Ebbe und Flut nur einmal täglich statt.

(3) Die Gezeiten haben neben dem täglichen Gang auch einen monatlichen, der ebenfalls unmittelbar mit dem Stand des Mondes verbunden ist. Besonders auffällig und oft schon in den zwei, drei Wochen eines Sommerurlaubs zu beobachten sind die starken Fluten bei Vollmond und bei Neumond. Dann addieren sich die Kräfte von Sonne und Mond, und wir sprechen von einer Springflut oder Springtide. Schwach sind die Gezeiten hingegen bei Halbmond, wenn die Kräfte von Sonne und Mond einander entgegenwirken (Nippfluten oder Nipptiden) – so zumindest auf dem offenen Atlantik. An der Nordsee wie auch in anderen Meeren verspäten sich die Phänomene um einige Tage; in der fast überall von Festland umgebenen Ostsee (wie auch im Mittelmeer) sind sie kaum wahrnehmbar.

(4) Neben diesen Rhythmen gibt es weitere. Die beiden täglichen Fluten sind nicht gleich, sondern unterscheiden sich meist in ihrer Höhe. Und auch im Laufe des Jahres gibt es deutliche Unterschiede. An den europäischen Atlantikküsten sollen die höchsten Springfluten zur Zeit der Tagundnachtgleiche (20./21. März, 22. September) auftreten. Auch die Fluten um die Sommersonnenwende und um die Wintersonnenwende, also um den 21. Juni und den 21. Dezember, weisen Besonderheiten auf. An diesen Daten soll der Unterschied der beiden täglichen Fluten am kleinsten sein. Natürlich hängen die Fluthöhen und der Zeitpunkt ihres Eintritts zusätzlich von vielen anderen Bedingungen ab, vom Wetter, von der Form der Küsten usw.

(5) Der Einfluss des Monds auf die Gezeiten wurde erstmals von den griechischen Philosophen Seleukos und Poseidonios beschrieben, aufgefallen ist er den Meeresanwohnern sicher schon viel früher. Die Gezeiten und insbesondere ihre monatlichen und jährlichen Unterschiede haben nicht nur eine praktische Bedeutung, sie können auch als Beleg für die These dienen, dass sich die Erde mit dem Mond um die Sonne dreht. Außerdem liefern sie den Befürwortern der Astrologie – im Altertum ebenso wie heute – ein starkes Argument für ihre Wissenschaft. Wenn nämlich der Mond so sichtbar auf das Wasser wirkt, dann ist es naheliegend anzunehmen, dass auch die Sterne die irdischen Dinge beeinflussen.

(6) Auch bei vielen größeren Seen schwankt der Wasserstand in regelmäßigen Abständen. Das Wasser schwappt in ihnen hin und her, gleichsam wie in einem großen Gefäß. Die Schwankungen betragen meist nur wenige Zentimeter und bleiben daher meistens unbemerkt. Verursacht werden sie nicht vom Mond, sondern durch Winde oder auch durch leichte Erdstöße. Schon ein Ausflugsschiff auf einem See bewirkt Schwankungen des Wasserstandes, die man noch Stunden später nachweisen kann.

29   Mondfinsternisse selbst vorhersagen

SITUATION: sinnend
ZUBEHÖR: ein Kalender

(1) In dem Comic *Tim und Struppi und der Sonnentempel* werden die Helden von den Inkas gefangen genommen und sollen geopfert werden. Sie retten sich, weil Tim zufällig von einer Sonnenfinsternis erfahren hat, die er mit drohenden Worten ankündigt und die zum Schrecken der Inkas auch eintritt. Ähnliches findet sich in zahllosen Romanen. Die Geschichte ist wohl deshalb so beliebt, weil sie geeig-

net ist, die Überlegenheit der Europäer zu illustrieren. In Wirklichkeit sind Sonnenfinsternisse nicht gerade häufig, und zudem sind sie besonders *schwer* vorhersagbar. Man kann zwar relativ einfach vorhersagen, *wann* – irgendwo auf der Erde – eine Sonnenfinsternis sich ereignen wird – aber *wo*, das muss mühsam errechnet werden. Viel leichter zu prophezeien sind hingegen Mondfinsternisse. Man kann sie nämlich, wenn sie sich denn ereignen, nicht nur an ganz bestimmten Orten, sondern von der gesamten Nachtseite der Erde aus beobachten.

(2) Tatsächlich hat eine Mondfinsternis Europäer aus der Gewalt von Indianern gerettet. Auf seiner vierten Amerikareise kam Christoph Kolumbus nach Jamaika, wo die Indios begreiflicherweise wenig von den Spaniern hielten. Nicht nur, dass sie sich weigerten, Lebensmittel für die Verpflegung der Seeleute zu liefern, sie machten sogar Anstalten, sie zu überfallen und umzubringen. Kolumbus war in einer höchst bedrohlichen Situation, glücklicherweise hatte er, wie jeder Seemann der damaligen Zeit, den Sternkalender (die Ephemeriden, wie Fachleute sagen) des Nürnberger Mathematikers Regiomontanus dabei, und daraus ging hervor, dass sich in der Nacht vom 29. Februar auf den 1. März 1504 eine Mondfinsternis ereignen werde. Kolumbus rief die Häuptlinge zusammen und verkündete ihnen, dass sein Gott recht unzufrieden mit ihnen sei, weil sie es den Spaniern gegenüber an der nötigen „Gastfreundschaft" fehlen ließen. Und wenn sie ihr Verhalten nicht änderten, dann werde sein Gott zornig werden … Man glaube ihm nicht? Als Vorgeschmack werde in der folgenden Nacht der Mond verdunkelt werden. In der Nacht erschien der Mond völlig verdunkelt und rot wie Blut, und der listige Kolumbus sagte den schockierten Indios, er werde beten, auf dass sein Gott das Unheil, das sich mit der Verdunkelung ankündige, abwende. Kurz vor Ende der Finsternis ließ er sie wissen, dass sein Gott besänftigt sei. Langsam arbeitete sich der Mond wieder aus dem Erdschatten heraus. Die Indios brachten den Europäern eiligst üppige Nahrung.

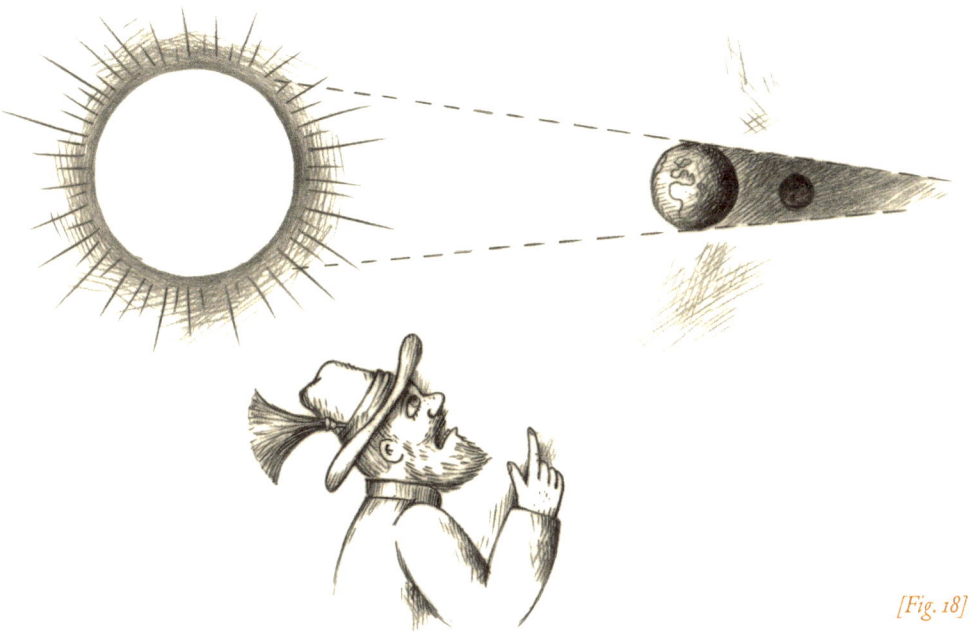

[Fig. 18]

(3) Wie können wir selbst eine Mondfinsternis vorhersagen? Bei einer Mondfinsternis steht die Erde dem Mond in der Sonne. Oder anders gesagt: Der Mond steht dann, von der Sonne aus gesehen, hinter der Erde, die Erde also genau zwischen Sonne und Mond. So weit klar? Das kann nur dann eintreten, wenn der Mond der Sonne genau gegenübersteht, deshalb ereignen sich Mondfinsternisse nur bei Vollmond. Die Erfahrung zeigt aber, dass uns keineswegs jeder Vollmond den Gefallen tut, sich nach Erscheinen auch noch höchst eindrucksvoll zu verfinstern! Wir müssen uns die Sache wohl doch genauer anschauen.

(4) Der Wiener Arzt und Astronom Theodor Egon von Oppolzer hat ebendies getan und berechnete mit seinen Assistenten 8.000 Sonnen- und 5.200 Mondfinsternisse. Sie füllten nicht weniger als 243

gebundene Manuskriptbände, die schließlich den berühmten Oppolzerschen *Canon der Finsternisse* (welch großartiger Titel!) ergaben.

(5) Glücklicherweise gibt es eine einfache Regel, die sogenannte Sarosperiode. Sie beruht auf der uralten Beobachtung, dass sich nach 18 Jahren und zehn Tagen die Finsternisse wiederholen. Das bedeutet nicht, dass sich Finsternisse *nur* alle 18 Jahre ereignen (tatsächlich ereignen sich in 18 Jahren 41 Sonnenfinsternisse und 29 Mondfinsternisse, die meisten davon sind aber nur partiell, nicht total), die Regel besagt vielmehr, dass man, wenn man eine Finsternis beobachtet hat, auf jeden Fall in 18 Jahren und zehn Tagen wieder eine ähnliche erwarten darf.

(6) Bei Sonnenfinsternissen weiß man zwar, *dass* sie sich wiederholen, aber es lässt sich, wenn man nur die Sarosperiode heranzieht, nicht sagen, *wo* sie sichtbar sind (vielleicht nur in Sibirien oder in Ägypten!). Mondfinsternisse haben hingegen die gute Eigenschaft, dass wir sie wirklich selbst vorhersagen können, denn *wenn* sie auftreten, dann sind sie überall dort auf Erden sichtbar, wo Nacht ist. Die nächste totale Sonnenfinsternis wird von Mitteleuropa aus erst wieder am 3. September 2081 beobachtbar sein. Mondfinsternisse hingegen sind viel häufiger beobachtbar, sozusagen alle paar Jahre. Wie berechnen wir sie? Wir müssen nur das genaue Datum der letzten Finsternisse kennen. Zum Beispiel ereignete sich in Deutschland am 21. Februar 2008 eine Finsternis – man kann also erwarten, dass es spätestens am 3. März 2026 erneut eine geben wird (und zuvor werden am Abend des 15. Juni 2011 und in den ersten Stunden des 28. September 2015 zwei weitere totale Mondfinsternisse beobachtbar sein – die zwei anderen Sarosperioden angehören). Die Sarosperiode gilt überall; sie hat einen Fehler von höchstens einem Tag.

30 Rechnen, um zu staunen: der Durchmesser des Mondes

SITUATION: während einer totalen Mondfinsternis

(1) Kann man von der Erde aus den Durchmesser des Mondes bestimmen oder zumindest schätzen? Das ist tatsächlich möglich, und zwar ohne höhere Mathematik und ohne Instrumente. Man braucht eine Mondfinsternis. Wer die genau genug beobachtet und das Richtige dabei denkt, kann aus ihr den Monddurchmesser abschätzen. Tatsächlich schaffte es der griechische Astronom Aristarch von Samos schon vor über 2.300 Jahren, den Monddurchmesser recht genau zu schätzen. Das gelang ihm im Verlaufe einer Mondfinsternis. Während sich also der Mond verdunkelte, ging Aristarch ein Licht auf – und was für eines!

(2) Er stellte fest, dass der Mond eine Stunde braucht, bis er sich nach dem ersten Kontakt mit dem Erdschatten völlig verdunkelt hat. Um einen Monddurchmesser in den Schatten zu bringen, ist also eine Stunde erforderlich.

(3) Dann zieht er weitere zwei Stunden durch den Erdschatten – und tritt dann wieder aus. Hieraus zog Aristarch den Schluss, dass der Erdschatten, also der Durchmesser der Erde, dreimal so groß ist wie der Monddurchmesser.

(4) Eine logische Überlegung! Sie beruht allerdings auf der Annahme, dass der Erdschatten ein Zylinder ist. Das ist aber eine Vereinfachung. Deshalb steckt ein kleiner Fehler im Resultat des Aristarch: In Wirklichkeit beträgt der Monddurchmesser nur ein Viertel des Erddurchmessers.

(5) Auch der Mondumfang ist nur ein Viertel des Erdumfangs. Der Erdumfang beträgt rund 40.000 Kilometer. Der Umfang des

Mondes entsprechend rund 10.000 Kilometer. Den Mond*durchmesser* erhältst du, indem du dies durch die Zahl π teilst (π = 3,14 ...). Macht 3.200 Kilometer Durchmesser, ungefähr. Besonders groß ist der Mond also nicht – verglichen mit der Erde. Würde er herabfallen, dann könnte man ihn vorläufig in der Sahara lagern.

(6) Bei allen Mondfinsternissen zeigt sich, dass der Erdschatten, der über den Mond zieht, kreisförmig ist. Der runde Erdschatten auf dem Mond ist nicht nur einer der ältesten, sondern auch immer noch der augenscheinlichste Beweise für die Kugelgestalt der Erde.

[Fig. 19]

31 Rechnen, um zu staunen: die Entfernung des Mondes

SITUATION: in einer sternklaren Nacht
ZUBEHÖR: eine Erbse und ein Zollstock

(1) Wie lange würde eine Reise zum Mond dauern? Um das herauszufinden, nehme ich eine Erbse. Wenn ich sie mit ausgestrecktem Arm vor den Mond halte, verdeckt sie ihn gerade. Ausgestreckter Arm – das sind (bei mir) ca. 60 Zentimeter.

(2) Ja und?, wird jetzt mancher fragen. Willst du uns sagen, dass der Mond nicht größer als eine Erbse ist?

(3) Die Erbse hat einen halben Zentimeter Durchmesser, antworte ich darauf. Sie verdeckt den Mond genau dann, wenn sie 60 Zentimeter oder 120-mal weiter von uns entfernt ist, als sie selbst breit ist.

(4) Auch der Mond ist dann, aufgrund des Strahlensatzes, 120-mal weiter von unserem Auge entfernt, als sein Durchmesser beträgt. Der Monddurchmesser beträgt 3.200 Kilometer, ganz grob. 3.200 mal 120 sind 384.000.

(5) Der Mond ist also ca. 384.000 Kilometer von uns entfernt. Ein Vielflieger, der im Jahr 30-mal von Frankfurt nach New York und wieder zurück (= 12.400 Kilometer) fliegt, legt eine Strecke zurück, die einer Reise zum Mond entspricht.

32 Der aschgraue Mond

SITUATION: im Westen nach Sonnenuntergang, ein, zwei Tage nach Neumond. Die Erscheinung ist auch im Osten kurz vor Sonnenaufgang ein, zwei Tage *vor* Neumond zu sehen.

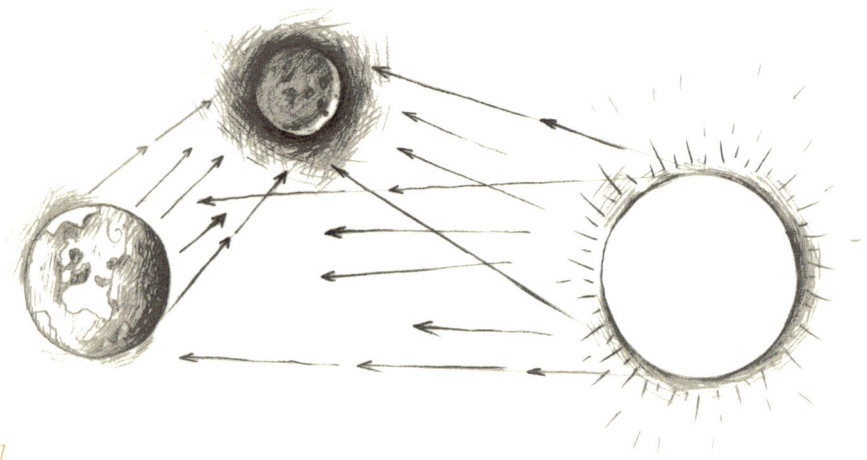

[Fig. 20]

(**1**) An einem schönen Tag im Mai sah ich einmal eine ganz ungewöhnliche Konstellation: Über dem Mond standen, kurz nach Sonnenuntergang, zwei Planeten, Venus und Jupiter; der Mond selbst hing als superdünne Sichel so unmittelbar über der Erde, dass es aussah, als könne man zu Fuß hingehen und ihn berühren. Er stand tief im Westen, und nur seine äußerste rechte Seite war erleuchtet. Die ganze Mondscheibe war sehr gut zu sehen, und zwar in einem wunderschönen, strahlenden *Grau*.

(**2**) Das Licht, welches den Mond bestrahlt, ist das Licht, das von der Erde auf den Mond reflektiert wird. Denn die Sonne sendet ihre Strahlen ja nicht nur auf den Mond, sie bescheint auch unsere Erde, nach dem Untergang freilich nur die westlich von uns gelegenen Gegenden – nämlich den atlantischen Ozean. Es ist also reflektiertes Erdlicht, Licht aus zweiter Hand, ein farbiger Erdenglanz, der den Mond erleuchtet!

(3) Vom Mond aus gesehen muss also zu dieser Zeit sozusagen „Vollerde" sein, das heißt, die Erde steht ganz im Sonnenlicht angestrahlt vor dem nachtschwarzen Himmel. Ist schon der vom Erdlicht angestrahlte Mond ein wunderbarer Anblick, so dürfte die im Sonnenlicht strahlende bläuliche Erde mit den weißen Wolkenwirbeln überwältigend aussehen, sie erscheint ja vom Mond aus gesehen viel größer, als wir den Mond sehen.

(4) Die Astronomen meinen, dass die Erde ein ziemlich heller Planet ist, er strahlt ungefähr 35 Prozent des von der Sonne gelieferten Lichts zurück. Genug jedenfalls, um den Mond anzuleuchten. Bedecken viele Wolken die der Sonne zugewandte Erdhälfte, dann ist die Rückstrahlung und damit das zum Mond gelangende Licht besonders intensiv.

V

DER SEE

V DER SEE

Ein Außerirdischer, der ohne weitere Ortskenntnis die Erde ansteuert, würde höchstwahrscheinlich im Wasser landen, denn es bedeckt die Erde zu über zwei Dritteln. Auch unsere Reise durch Kosmos und Provinz bringt uns zu einem Gewässer, zum Starnberger See. Abgesehen vom Bodensee ist er der wasserreichste und insofern größte deutsche See. Vor allem deshalb, weil er erstaunlich tief ist, nämlich über 120 Meter an einigen Stellen, er enthält fast drei Kubikkilometer Wasser. Unter den großen Seen dieser Welt ist der Starnberger See dennoch eher ein Fliegengewicht.

Der See erstreckt sich ziemlich genau in Nord-Süd-Richtung und ist etwa vier Kilometer breit und an die 20 Kilometer lang. So wurde es jedenfalls gemessen, im Empfinden aber schwankt der Raum des Sees. Mal scheint das Westufer in der nebligen Luft sehr weit weg zu sein, die Ufer rücken auseinander, die Alpen werden unsichtbar. Der See wirkt dann riesig und unüberschaubar, er scheint eher ein Meeresausläufer zu sein. Dann wieder sieht es aus, als sei das gegenüberliegende Ufer greifbar nahe, alles wirkt eng und klein wie in einer Spielzeuglandschaft.

Eingebettet ist der Starnberger See links und rechts von Hügeln, die oft von Kapellen oder auch Klöstern gekrönt sind. Wie die meisten Seen hat auch der Starnberger See ganz ungleiche Ufer. Das beliebteste Ufer ist das Nordufer; dort liegt Starnberg, und von dort eröffnet sich der direkte Blick über den See zu den Alpen. Hier entspringt auch die Würm aus dem See und schlängelt sich davon. Am Nordufer begegnen wir einem heiteren, geselligen, immer gut gelaunten See, plaudernden Wellen.

Einen anderen Charakter hat die gegenüberliegende Südseite mit

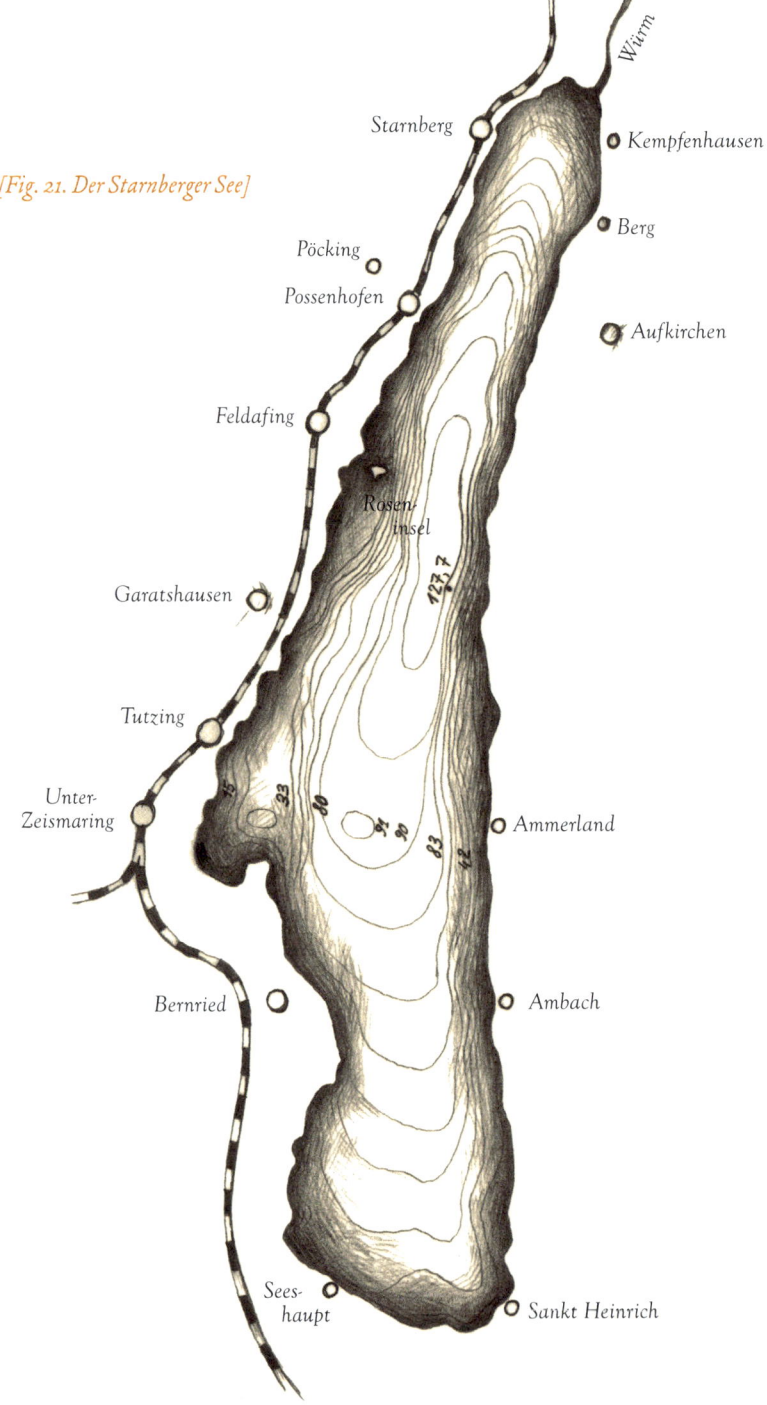

[Fig. 21. Der Starnberger See]

Würm

Starnberg

Kempfenhausen

Berg

Pöcking

Possenhofen

Aufkirchen

Feldafing

Rosen-
insel

123,7

Garatshausen

Tutzing

15

33

60

Unter-
Zeismaring

54

90

83

Ammerland

72

Bernried

Ambach

Sees-
haupt

Sankt Heinrich

110

dem Ort Seeshaupt. Das Dorf ist von verwunschen wirkenden kleinen Seen umgeben, den Osterseen. Vielfach miteinander vernetzt, liegen sie umrahmt von Röhricht und ausgedehnten Feuchtwiesen, über denen im Sommer ein heißer Dunst hängt. Auf ihnen perlen überall, wie Blutstropfen, dunkelrote Orchideen hervor. Hier lebt der See ein stilles, verschwiegenes Leben, hier ist er ganz für sich, er kümmert sich nicht um die Menschen, kommt ihnen nicht offenherzig und liebenswürdig mit Stegen und Wegen entgegen, sondern verhält sich eher tückisch und gefährlich. Im Schilf zwischen den Seen sprudeln merkwürdige Quellen, rasch verirrt sich der Wanderer im hohen Röhricht auf den Pfaden. Hier, am Alpenrand, fangen sich im Juli oder August oft die Gewitter, die dann über den See hinwegziehen. So hat der See zwei Seelen, eine archaische, wilde, verschlagene, die im Süden haust, und eine wohlerzogene, adrette, die im Norden ein angenehmes, gepflegtes Ambiente bietet.

Wie ein großer Spiegel ein Zimmer heller und höher erscheinen lässt, als es wirklich ist, so vergrößert der Starnberger See das Tal, in dem er sich niedergelassen hat, und macht es hell und weit. Im Märchen dient der Spiegel oft als Eingangstür in eine vollkommen andere, zugleich phantastische und gruselige Welt. Und auch unter der freundlich schimmernden, spiegelnden Wasseroberfläche des Starnberger Sees beginnt eine Welt, in der eigene Gesetze walten.

Hier existiert eine Lebensgemeinschaft, die von dem Landleben um sie herum weitgehend unabhängig ist. Sie ist autark und erzeugt ihre Lebensgrundlagen aus sich selbst. Dafür sind die Lebewesen im See in viel höherem Maße voneinander abhängig: Einmal im See, immer im See. Der See ist deshalb ein Lehrbuchbeispiel eines Ökosystems, und viele allgemeine Gesetze und Begriffe der Ökologie sind aus der Betrachtung von Seen entstanden. Was im weiten Land unübersichtlich ist, können die Forscher im See, der viel weniger Lebewesen beherbergt und vor allen Dingen eine klare Grenze hat, wesentlich besser untersuchen. In einem berühmten, in der Seenliteratur immer wieder zitierten Aufsatz mit dem Titel *Der See als Mikrokosmos* schreibt der amerikanische Naturforscher Stephen Forbes, dass die

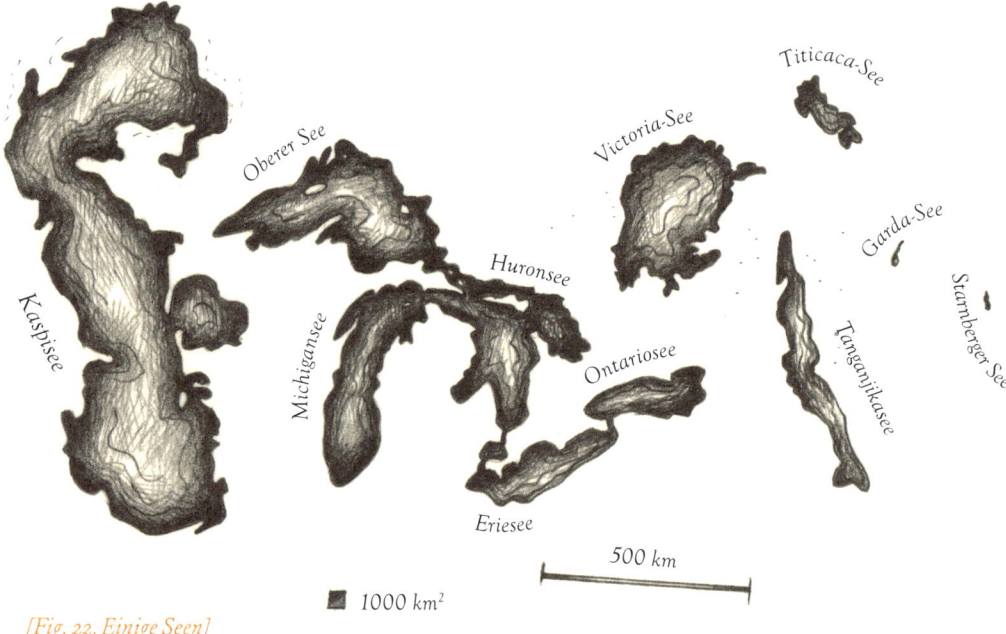

Oberer See
Titicaca-See
Victoria-See
Garda-See
Huronsee
Stamberger See
Kaspisee
Michigansee
Tanganjikasee
Ontariosee
Eriesee

500 km

■ 1000 km²

[Fig. 22. Einige Seen]

Welt in den Seen eine archaischere Welt und von den umgebenden
Uferwelten, in denen höhere Geschöpfe leben, weitgehend isoliert ist.
Selbst wenn alle Landtiere, so Forbes weiter, durch eine Katastrophe
vernichtet worden wären, würden es die Seebewohner erst nach langer Zeit merken: „Der See ist eine Welt für sich – ein Mikrokosmos, in
dem alle elementaren Kräfte des Lebens am Werk sind und das ganze
Schauspiel des Lebens sichtbar ist – aber in verkleinerter Form, so dass
es durchschaubar wird." Was Forbes hier, anhand seiner Erforschung
der Seen im Norden Amerikas, der Great Lakes, festgestellt hat, sind
seither Grundeinsichten der Ökologie: dass die Lebewesen in ihren Biotopen nicht voneinander isoliert leben, vielmehr zueinander
in Beziehung stehen, und zwar so weitgehend, dass wir kein einziges
dieser Wesen ganz verstehen können, wenn wir nicht die anderen kennen. Tatsächlich ist nicht übertrieben zu sagen, dass die Ökologie die
Hälfte ihrer Einsichten und Begriffe aus Seen gefischt hat. Auch am

Starnberger See, in Iffelstadt bei den Osterseen, forscht ein limnologisches –seenkundliches – Institut. Der See spendet nicht nur Erfrischung, auch geistige Nahrung haben die Menschen daraus an Land gezogen.

Was aber macht den See zu einer Welt für sich? Natürlich das Wasser. Wasser ist 775-mal schwerer als Luft (damit man es sich leichter merken kann: fast 777!) und trägt deshalb auch viel besser als Luft. Mit dem Ergebnis, dass Geschöpfe, die im Wasser leben, viel weniger Aufwand für ihre Stützorgane treiben. Nimm zum Beispiel eine Wasserpflanze, die im Wasser ihre Stängel erhebt und ihre Blätter ausbreitet, aus dem Wasser. Sie fällt total in sich zusammen, scheint sich in zerkochtes Gemüse zu verwandeln.

Wenn aber die Seen so abgeschlossene Welten sind, müsste dann nicht auch die Evolution in ihnen ein ganz besonderes Experimentierlabor vorfinden? Wir könnten der Evolution in den Seen geradezu bei der Arbeit zusehen – denn in ihnen leben nur wenige Wesen, und sie alle kommen aus den Seen nicht hinaus. Wäre es nicht möglich, dass in jedem See ganz eigene Geschöpfe leben? Und könnten wir an diesen Geschöpfen nicht ganz besonders gut das Wirken der Evolution beobachten? Leben im Starnberger See besondere Fische, Muscheln oder Wasserkäfer, die es hier und nur hier gibt?

Was Inseln auf dem Meer sind, das sind Seen auf dem Land – abgegrenzte, kleine Lebensräume, in denen sich etwas Besonderes entwickeln kann. Hätte Charles Darwin deswegen nicht einfach gemütlich am Starnberger See, ausgerüstet mit Bier und Brezel, seinen Studien nachgehen können, wären der Starnberger See und seine Geschwister im Voralpenland nicht schönere Musen der Evolutionstheorie gewesen als die rauen Inseln des Galapagos-Archipels?

Tatsächlich existieren Seen, die ihre eigene Evolution betreiben. Sie sind groß, alt und tief, und sie sind Schöpfer Tausender Arten – Schnecken, Muscheln und Fische in den schönsten Farben, die es nur dort gibt. Ein solcher Schöpfersee ist der Tanganjikasee in Afrika. Er hat so viele neue Fischarten hervorgebracht, dass man sie trotz intensiver Forschung noch längst nicht alle kennt. Darunter sind viele recht poetische Geschöpfe, sogenannte Buntbarsche, ganz zarte, farbenfrohe Fische, die auch hierzulande von vielen Aquarienbesitzern gehegt und geliebt werden. Seen *können* große Meister der Evolution sein. Vorausgesetzt, sie sind sehr groß und sehr tief – nur dann haben sie eine Chance, alt zu werden.

Die weitaus meisten Seen verlanden, ehe die Evolution Zeit gefunden hätte, etwas Anständiges hervorzubringen. Die Lebensgemeinschaft, die in ihnen existiert, ist zwar von der Umgebung isoliert. Aber meist nicht lange genug, als dass sie wirklich auffallend eigene Züge ausbilden könnte. Es reicht höchstens zu besonderen Verhaltensweisen – gewissermaßen zu einem Dialekt –, aber nicht zu ganz neuen Formen und Farben.

Diese Seen *hätten* also das Potenzial, nie gesehene Geschöpfe hervorzubringen, Tiere und Pflanzen mit neuartigen, erstaunlichen Eigenschaften. Aber sie leben zu kurz. Wieso das, wird man fragen, ein See ist schließlich keine Pfütze, die nach ein paar Stunden oder Tagen austrocknet? Was soll einem so riesigen Gewässer wie dem Starnberger See denn zustoßen? Da müssten sich ja die kompletten Alpen in ihn hineinstürzen, damit er verschwände.

Und genau das geschieht auch!

Sicher rutschen die Berge nicht mit einem Schlag in die Alpenseen, stückweise aber schon – in Form von Kieseln. Einer nach dem anderen rollen sie die Hänge hinab, werden auch von Seebesuchern hineingeworfen. So wie es heißt: Steter Tropfen höhlt den Stein, kann man ebenso gut sagen: Steter Stein füllt das Wasser. Sobald ein See von Gebirgsflüssen gespeist wird, gelangt mit dem Wasser auch die Gesteins- und Schlammfracht der Flüsse in ihn, die Mitgift des Gebirges. Damit aber nimmt er, indem er sein Lebenselement empfängt, zugleich kleine Todespillen auf, Steine und etwas Schlick, die ihn irgendwann umbringen werden. Weil der Starnberger See aber sehr tief ist, setzen ihm die Kiesel nicht so rasch zu. Auch hat er keine unmittelbaren Zuflüsse aus dem Gebirge, sondern bezieht sein Wasser aus tiefen Quellen und von den Osterseen, die ihm vorgelagert sind. Damit ernährt er sich höchst gesund und annähernd steinfrei – das sichert ihm eine

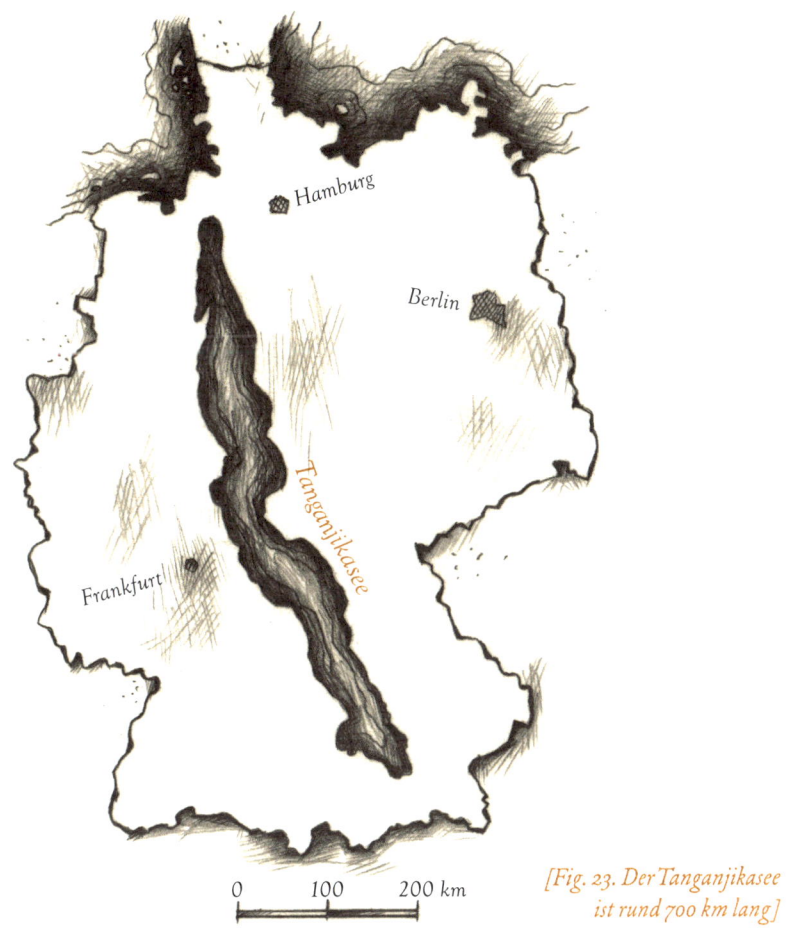

Hamburg

Berlin

Tanganjikasee

Frankfurt

0   100   200 km

[Fig. 23. Der Tanganjikasee
ist rund 700 km lang]

lange Lebenserwartung. Der nicht weit vom Starnberger See gelegene Chiemsee hingegen könnte, wie Forscher anhand der Geröllfrachten seiner Zuflüsse errechnet haben, schon in 8.500 Jahren verschwunden sein – aufgrund der zu ballaststoffreichen Kost, die er sich zuführt.

Selbst ein See, der nicht mit Steinen zu kämpfen hat, verliert jedes Jahr ein wenig an Tiefe und damit an Vitalität. Steine sind nicht die einzigen Sargnägel, auch die Leichen seiner Bewohner nehmen ihm die Luft. Jedem Tier, das in ihm lebt, ist er Wiege, Hochzeitssaal und Grab zugleich. Alle Pflanzen, die im See leben, ernähren sich wesentlich von einem Stoff, der zwar im Wasser gelöst ist, aber letztlich aus der Luft stammt und von dort auch immer weiter nachgeliefert wird: dem Kohlendioxid. Die Pflanzen nehmen es im Rahmen ihrer Photosynthese auf, verarbeiten es zu Blättern, Blüten und Samen und geben dabei Sauerstoff ab. Und wenn die Pflanze schließlich abstirbt, sinkt ein kleiner Teil dieses Kohlenstoffs auf den Seegrund. Die Pflanze wird abgebaut, aber nicht ganz, ein kleiner Rest bleibt im See. Zugleich erobern Pflanzen von den Ufern aus den See: Er verlandet, je mehr Pflanzen oder Algen in ihm leben, desto schneller. Er überzieht sich nach und nach mit einer Haut aus Pflanzen und Rasen, unter denen noch das Wasser steht, wird zum Sumpf, dann vielleicht zu einem Moor, bis er verschwunden ist, bis Wald oder Heide auf ihm wachsen. Viele Moore und Heideflächen in Norddeutschland waren früher große Seen.

Bei Flüssen ist das anders! Die transportieren alles ab, was in sie eingetragen wird. Sie schlucken nicht nur, sie verdauen auch. Sie haben sowohl die Kraft zur biologischen Selbstreinigung als auch die Fähigkeit, Steine, Sand und Schlamm, an denen alle Seen mit der Zeit ersticken, wegzuschieben. Deshalb können Flüsse erstaunlich alt werden. Manche sind älter als große Meere, älter als viele Gebirge. Weil sie sich immer wandeln, weil immer wieder neues Wasser durch sie durchfließt, vermögen sie sich lange zu erhalten. Der Rhein zum Beispiel ist einige Millionen Jahre alt, viel älter als jeder See in Deutschland! Der Amazonas schließlich, der mit weitem Abstand größte Fluss der Welt, ist vermutlich auch der älteste. Er floss bereits, als die Dinosaurier noch die Erde bevölkerten. Deshalb beherbergt der Amazonas auch eine ganz enorme Vielfalt an Fischarten, über 3.000 ungefähr; das sind zehn Prozent aller Fischarten überhaupt.

Länder versanken im Meer, andere stiegen empor, während der Amazonas floss. Arten entstanden und starben wieder aus, er floss weiter. Der Amazonas ist älter als die Anden, jenes vermeintlich steinalte Gebirgsmassiv an der Westseite Südamerikas. Der Aufstieg der Anden versperrte dem Amazonas den Weg in den Stillen Ozean, in den er ursprünglich seine Wassermassen entlud. Erst staute er sich vor den plötzlich aufragenden Felsmassen – raste gegen die Absperrung an, durchbrach sie hier und da –, aber schließlich gab er auf und änderte seine Richtung! So flexibel können Flüsse sein! Könnte es einen schöneren Beweis geben für die kreative Kraft des Wassers, das immer wieder überraschende Lösungen findet! Heute entspringt der Amazonas in den Anden und trägt sein Wasser in den atlantischen Ozean. Dass er aber einmal umgekehrt geflossen ist, wissen wir, weil erstens sein Oberlauf breiter ist als sein Unterlauf, und zweitens, weil in seinem Oberlauf Tierarten leben, die aus dem Meer stammen, wie zum Beispiel Delfine oder Meereskrokodile. Diese Tiere gelangten einst aus dem Stillen Ozean in den Fluss – und wurden später mit ihm vom Meer abgeschnitten.

Verglichen mit Flüssen sind Seen fast immer relativ jung. Ist ein See über eine Million Jahre alt, gilt er schon als Langzeitsee und stellt eine Ausnahmeerscheinung dar. In Deutschland gibt es keinen einzigen See, der so alt wäre. Die Voralpenseen, zu denen auch der Starnberger See gehört, entstanden, wie die meisten Seen auf unserer Erde, alle nach der letzten Eiszeit – sie sind also nur etwa 10.000 Jahre alt. Und sie haben noch eine ähnlich lange Lebensspanne vor sich. Zu kurz, um große Werke der Evolution zuzulassen.

Jeder See schenkt den Menschen und Tieren in seiner Umgebung viel: Wärme, wenn es kalt ist, und Erfrischung, wenn es heiß ist. Er bereichert unser Leben durch ungezählte Geschöpfe, die ohne ihn nicht existieren würden, er bereichert uns durch Geheimnisse, Geschichten und Einsichten. Was geben wir ihm? Lange Zeit, noch bis weit in die Neuzeit hinein, haben die Menschen dem Starnberger See geopfert, um ihm zu danken und ihn milde zu stimmen. An der Nordostseite der Roseninsel fand man einen Opferplatz der sogenannten Urnenfelderzeit (3.000 Jahre vor heute). Dort wurden zahlreiche schön verzierte bronzene Haarnadeln im Wasser entdeckt – typische Weihegaben von Frauen. Hinter solchen Opfern stand oft auch Sorge oder gar Angst. Den Anwohnern galt der See sicher nicht nur als freundlicher Spender von allerlei Gütern, sie sahen ihn auch als eine abgründige

Macht, die jeden Einzelnen bedrohte: Und schließlich konnte man im See ertrinken. Besonders gefährdet sind Kinder, die im Uferbereich spielen – insbesondere bei Seen mit einem Kiesgrund. Durch Rutschungen am Seegrund können Strömungen entstehen, die selbst gute Schwimmer, erst recht aber kleine Kinder in die Tiefe reißen. Möglicherweise waren die Opfergaben vor allem Gaben junger Mütter, die dem See einen kleinen Schatz – die Haarnadel – darbrachten, damit er ihnen das Kind ließ.

Heute hat niemand mehr Angst vor dem See. Daher finden wir wenig dabei, dem See anstelle kleiner Schätze unsere Abwässer zuzuleiten. Besonders übel für den See war die Erfindung der modernen Waschmittel. Die Waschmittel waren schwer abbaubar, sie enthielten zudem Phosphate. In der Landwirtschaft wurde immer mehr Kunstdünger eingesetzt, der mit dem Regen in den See gelangte. Durch diese Belastungen veränderte sich der See seit den 1950er-Jahren; von einem artenreichen, nährstoffarmen Alpensee wandelte er sich immer mehr zu einem gut gedüngten, aber artenarmen, sogenannten eutrophen Gewässer. An manchen Stellen färbte sich sein Wasser rot – eine Farbe, die von überhandnehmenden Algen herrührte und anzeigte, dass der See schwer krank war. Er wurde zum mahnenden Spiegel unserer Gesellschaft.

1976 wurde eine Ringkanalisation fertiggestellt, seither muss der Starnberger See keine Abwässer mehr schlucken. Seine Pflanzen- und Tierwelt hat sich seitdem langsam, aber stetig erholt. 1979, auf dem Höhepunkt der Nährstoffbelastung und kurz nach Inbetriebnahme der Ringkanalisation, wurden im Starnberger See 22 Gewässerpflanzenarten nachgewiesen. Heute sind es wieder 35. Die Maßnahmen zum Schutz des Sees greifen. Sein Wasser spiegelt nicht nur die Berge und den weißblauen Himmel, sondern auch einen großen Erfolg der deutschen Umweltpolitik.

V DER SEE

Entdecke das Wasser!

33   Spiegelungen I

SITUATION: an einem See oder am Wattenmeer bei möglichst windstillem Wetter

(1) Wer meint, dass Fata Morganas nur in der Wüste zu sehen sind, der irrt. Gerade große Seen zeigen die ganze Palette möglicher Spiegelungen. Es kommt nur auf die richtige Wetterlage an. Am intensivsten wurden solche Spiegelungen von Alfred Forel, einem der Gründer der Limnologie, studiert, und zwar am Genfer See, einem südwestlichen Verwandten des Starnberger Sees. Forel entdeckte, dass man bei bestimmten Wetterlagen ganze Dörfer beobachten kann, die über dem See zu schweben scheinen: Phänomene, die man in Wüsten erwartet hätte, aber nicht am Ufer eines Gewässers. Ich selbst habe ähnlich seltsame Fata Morganas beobachtet, allerdings nicht am Starnberger See, sondern im Wattenmeer. Dort sah ich gespiegelte Boote, zerrissene, auseinanderlaufende Spiegelungen, Bilder, die sich langsam verschoben.

(2) Wasserspiegelungen haben ein Eigenleben. Wir können nicht über sie verfügen wie über unsere Badezimmerspiegel. Die vermeintliche Insel dort drüben sieht der eine, der andere aber nicht — offenbar hat also nur der eine die Fähigkeit, das „Geisterreich" zu schauen. So legt es sich der Mythos zurecht. Naturwissenschaftlich gesehen sind die flüchtigen Spiegelungen am Wasser zum einen vom Wetter abhängig — ruhiger See und ruhige Luft —, zum anderen aber auch vom Winkel, unter dem der Beobachter auf das Wasser blickt. Ein kleiner Mensch kann unter Umständen eine Spiegelung sehen, die ein größerer nicht erkennt oder nur erkennen würde, wenn er sich hinkniete.

34 Spiegelungen II

SITUATION: an einem schattigen Ort am Wasser

(1) Die Art und Weise, wie das Wasser die Dinge spiegelt, ist lebendig und nuanciert, oft auch rätselhaft. Zu den merkwürdigen Aspekten, die es da zu beobachten gibt, zählt, dass Spiegelungen schräger oder horizontaler Linien bei Weitem nicht so klar sind wie die Spiegelungen von Vertikalen. Eine Baumgruppe am Seeufer löst sich beispielsweise in überlange Streifen auf, von den schiefen und horizontalen Ästen nimmt das Wasser, wie es scheint, keine Notiz.

(2) Blicken wir in einen schattigen Brunnen, dann sehen wir auch bei völliger Windstille feinste Wasserbewegungen, obgleich im Wasser gar kein schwimmendes Tier erkennbar ist. Sind es die winzigen Schwimmbewegungen mikroskopisch kleiner Tiere, die das sensible Wasser aufnimmt und sichtbar macht? Schon beim leisesten Windhauch kräuselt sich das Wasser, unser in ihm sich spiegelndes Bild schwankt hin und her, windet sich schlangenhaft und zerfließt.

(3) Wenn wir auch nicht mehr glauben, dass Seen einen Eingang ins Totenreich darstellen oder gar die Seelen der Toten beherbergen, so können wir gleichwohl erleben, dass ein längeres Ins-Wasser-Schauen uns fast in einen Traumzustand versetzt. Ein Effekt der surrealen, so gar nicht geometrisch-klaren Art und Weise, in der das Wasser die Welt spiegelt oder vielmehr neu sehen lässt? Oder berauscht uns das somnambule Plätschern oder Rauschen des Wassers?

[Fig. 24]

35 Blütenartige Wirbel

SITUATION: an Regenpfützen; in der Küche
ZUBEHÖR: gut gereinigter, flacher Porzellanteller, Leitungswasser, blaue Tintenpatronen aus dem Füllfederhalter, Einwegspritze (aus der Apotheke), Balsamico-Essig

(1) Vor einigen Jahren besuchte ich das Institut für Strömungs-wissenschaft in Herrischried, mitten im Schwarzwald. Die Art Wis-senschaft, die an dem anthroposophischen Institut betrieben wird, unterscheidet sich von der sonstigen Wasserforschung. Für die For-scher besitzt das Wasser eine eigene Lebendigkeit, die sich in seinen Bewegungen und seinen Formen ausdrückt. Diese Bewegungen und die Formen gilt es zu studieren. Das Team in Herrischried sieht seine ästhetische Wasserforschung in der Nachfolge Goethes. Man versetzt das Wasser in Bewegung, weil die Wissenschaftler der Ansicht sind, Bewegung sei das Wesen des Wassers.

(2) Um ein Phänomen kümmert man sich in Herrischried wie um ein ganz besonders seltenes und schönes Haustier – die Schlierenwirbel, die sich im Wasser bilden, wenn ein Tropfen hineingefallen ist. Sie werden in Herrischried mit einem komplizierten optischen Apparat sichtbar gemacht und als Bild zehnfach vergrößert an die Wand projiziert. Die Wirbel in dem ansonsten abgedunkelten Raum zu sehen hat auf mich einen tiefen Eindruck gemacht. Sie sind von beeindruckender Schönheit und Anmut, es ist verblüffend, dass schlichtes Wasser zu solchen Formbildungen fähig ist, die einem prächtigen Ornament gleichkommen. Die Forscher nutzen diese Wirbel als Indikatoren, die die Wassergüte anzeigen: Je reichhaltiger sie ausgebildet sind, desto qualitativ hochwertiger ist das getestete Wasser.

(3) Seit ich jene Wirbel erblickt hatte, war es mein Wunsch, einmal etwas Ähnliches ganz ohne Apparate zu sehen. Und bei einem Spaziergang an einem regnerischen Tag entdeckte ich tatsächlich, dass die Regentropfen, die in eine milchig-trübe Pfütze am Wege fielen (der Weg war mit hellem Kalksplit gestreut), genau solche Muster bildeten, so schön, dass ich mich von dem Anblick gar nicht losreißen konnte. Es sah aus wie Blumen, die aufblühten und sich innerhalb von ein, zwei Sekunden in nichts auflösten. Bei späteren Spaziergängen im Regen suchte ich immer wieder nach der Erscheinung, aber vergeblich, nur jene eine Pfütze am Rande des Weges war offenbar willens, mir diese Schönheiten zu zeigen.

(4) Nach vielen Experimenten und einem Tipp aus Herrischried fand ich immerhin heraus, dass man ähnliche Wirbel mit einfachen Utensilien in der Küche hervorbringen kann.

(5) Nimm einen gut gereinigten Porzellanteller und gieß eine dünne (ein bis zwei Millimeter, mit der Schichtdicke musst du experimentieren) Schicht Wasser hinein. Warte ein wenig, bis sich die Oberfläche beruhigt hat. Schraub nun eine angebrochene Tintenpatrone aus dem Füllfederhalter, halte sie ruhig etwa 10 bis 20 Zentimeter über den Teller und lass einen Tropfen Tinte in das Wasser fallen. Es bildet sich ein erster Wirbel. Er ist noch nicht besonders reich strukturiert. Wenn du weitere Tropfen hineinfallen lässt, wird der Wirbel hübscher.

(6) Variiere diese Versuche, indem du statt Tinte Tropfen von Balsamico-Essig verwendest, die du mit einer Einwegspritze auf den Teller fallen lässt. Sie breiten sich etwas schneller aus und ergeben ähnliche Figuren. Diesen Versuch kannst du abwandeln: Ändere die Schichtdicke des verwendeten Wassers oder gib eine winzige Menge Spülmittel in das Wasser. Lös etwas Salz im Wasser auf – oder Zucker. Du erhältst andere Wirbel. Du kannst den ganzen Versuch auch umkehren, indem du Wassertropfen in eine dünne Schicht Balsamico-Essig (oder in eine dünne Schicht Tinte) tropfst. Oder lass ein paar Tropfen Wasser vom Tellerrand in eine dünne Schicht Balsamico-Essig laufen. Du erblickst ziemlich merkwürdige Prozesse an der Grenzschicht zwischen den Flüssigkeiten.

(7) Ein anderer, sehr anmutiger Versuch funktioniert so: Fülle ein hohes Glas mit Leitungswasser, warte, bis sich das Wasser wieder beruhigt hat und lass einen Tropfen Tinte hineinfallen. Langsam sinkt er nach unten und bildet dabei oft einen hübschen Ringwirbel.

36   Wirbelstraßen

ZUBEHÖR: derselbe flache Teller wie beim vorigen Versuch, zusätzlich noch ein dünner Stab (z. B. ein chinesisches Essstäbchen)
SITUATION: in der Küche

(1) Du kannst, nachdem du einige Tropfen beobachtet hast, den Teller vorsichtig hin- und herschwenken – so verteilt sich die Tinte ein wenig im Wasser, ohne sich gleich zu stark mit ihm zu vermischen. Drückst du nun einen Stab durch die Wasseroberfläche bis zum Grund

und ziehst ihn durch die entstandenen breiten blauen Flecken, dann erblickst du ein neues, hübsch anzusehendes Phänomen.

(2) Kleine Wirbel scheinen aus dem Stab hervorzuquellen, abwechselnd links und rechts, wie Fußspuren. Siehst du dir das rasch verblühende Phänomen genauer an, stellst du fest, dass auf einen rechtsdrehenden Wirbel ein linksdrehender folgt.

(3) Man könnte erwarten, dass hinter dem Stab nur ein ungeordnetes Strömen zu beobachten ist. Stattdessen produziert das Wasser eine ganz neuartige, unerwartete und doch vollkommene Gestalt. „Erstaune mich!", sagte einst ein berühmter russischer Ballettimpresario zu einem Tänzer, der sich bei ihm vorstellte. Gibt es etwas Erstaunlicheres als die Bewegungsfülle des Wassers?

37 Fraktale Muster im Schlick und in der Zahnpasta

SITUATION: in der Küche
ZUBEHÖR: Zahnpasta, zwei Vorderdeckel von CD-Hüllen, einige Tropfen Wasser

(1) Fließt Wasser langsam von feinem Schlick ab, dann bilden sich seltsame, baumartige Verzweigungen. Bei Ebbe in den Prielen im Wattenmeer an der Nordseeküste sind sie besonders gut zu beobachten. Du erblickst sie aber auch manchmal an Bächen oder Flüssen, sofern diese über feines Sediment fließen.

(2) Ähnliche Muster kannst du auch mit ein paar Tropfen Wasser und weißer Zahnpasta hervorbringen. Die Zahnpasta ersetzt dabei den Schlick. Nimm zwei CD-Deckel (du kannst sie leicht von der CD-Hülle abmontieren) und leg sie probeweise mit der jeweiligen Vorderseite aufeinander. Sie liegen dann nicht ganz aufeinander. Der kleine Abstand ist nützlich für unser Vorhaben.

(3) Bring jetzt einen Klecks weiße Zahnpasta auf eine der Außenseiten auf, tropfe zwei Tropfen Wasser daneben und lege den anderen CD-Deckel darauf. Drückst du nun auf die Stelle, unter welcher der Klecks sich befindet, dann bilden sich, wenn du loslässt und die beiden Deckel sich langsam wieder trennen, wunderschöne fraktale, bäumchenartige Muster. An den Grenzen zwischen Zahnpasta und Wasser sind sie unendlich fein und ändern sich mit jedem Daumendruck. Leg die beiden CD-Deckel wieder auseinander. Zumindest die gröberen Verzweigungen der Zahnpasta erhalten sich, du kannst sie sogar trocknen.

38   Ein Miniaquarium

SITUATION: an einem Fenster
ZUBEHÖR: ein leeres, gereinigtes Gurkenglas

(1) In Deutschland wurde das Aquarium um die Mitte des 19. Jahrhunderts populär, damals besetzte man es noch mit heimischen Pflanzen und Tieren. Erst später kamen tropische Fische in Mode, die sich auch heute in vielen Aquarien tummeln. Für unser bescheidenes Zwischendurch-Aquarium reicht ein gereinigtes Gurkenglas oder eine Glasvase.

(2) Für das Aquarium brauchst du nicht unbedingt Fische, für den Anfang reicht das Unscheinbarste, das du in einem Teich findest. Das ist jene grasgrüne, schleimige Masse, die an vielen Wasserpflanzen klebt, wenn du sie herausziehst.

(3) Es handelt sich um Wasserfäden, eine primitive, doch in ihrer Weise vollkommene Pflanzenart. Wasserfäden haben keine Wurzeln,

keine Blüten, nicht einmal Blätter und auch keine spezialisierten Zellen – jede Zelle macht das, was die anderen Zellen auch tun.

(4) Gib einige Wasserfäden zusammen mit Seewasser in dein Aquarium. Die grüne Masse sinkt erst einmal auf den Grund. Wenn du dann das Aquarium bzw. Gurkenglas ins pralle Sonnenlicht stellst, steigt sie auf: An den Wasserfäden bilden sich Gasbläschen, die diese Pflanzenwolle nach oben tragen. Diese Bläschen sind Sauerstoff, den der Wasserfaden produziert.

(5) Lass dein Glas eine Weile stehen. Bald beginnt darin ein reiches Leben: Wasserflöhe tauchen auf, der Wasserfaden breitet sich aus, und kleine Schnecken zeigen sich. Offenbar waren in den Wasserfäden noch die verschiedensten Keime und Eier versteckt. Auch wenn du nichts weiter tust, das Gurkenglas nur ein paar Wochen im Licht stehen lässt, wirst du immer wieder etwas Neues entdecken.

39 Vertrautes neu sehen: Warum kann ich im See überhaupt schwimmen?

SITUATION: beim Schwimmen in einem See

(1) Die einfachste Antwort auf die Frage, warum ich im See schwimmen kann, besteht darin, dass mich nichts und niemand daran hindert. Aber gerade das ist merkwürdig. Ist es nicht seltsam, dass ich mich als Schwimmer in einem See frei bewegen kann, ohne mich laufend in irgendwelchen Pflanzen zu verheddern? In einem Wald können wir uns nicht so frei bewegen. Hier müssen wir laufend den Baumstämmen ausweichen oder verheddern uns in Brombeersträuchern. Verglichen mit den robusten, stachelbewehrten, oft holzigen Pflanzen an Land sind die Wasserpflanzen von äußerst bescheidener Beschaffenheit. Woran liegt das? Ist nicht das Wasser Ursprung allen

Lebens, und sollten wir daher nicht erwarten, dass es eine viel größere Masse und Vielfalt auch an pflanzlichem Leben birgt als das Land? Gerade das ist aber nicht der Fall – warum?

(2) Wasser schirmt die Sonneneinstrahlung wirkungsvoller ab als die Luft. Was du unter anderem daran erkennst, dass tiefes Wasser dunkel wirkt und du einen Seeboden, der in einer Tiefe von wenigen Metern liegt, schon nicht mehr erblicken kannst. Landboden sieht man dagegen vom Flugzeug aus noch aus Dutzenden Kilometern Höhe, ja, sogar vom Weltall aus! Die Luft nimmt also nur einen Bruchteil des Lichts hinweg, welchen das Wasser verschlingt. Das genau ist für Pflanzen die entscheidende Einschränkung – im See fehlt ihnen das Licht. Zudem benötigen Pflanzen, um gedeihen zu können, mineralische Nährstoffe, und die sind nur in der Nähe des Gewässergrundes verfügbar. Sie befinden sich in einem Dilemma: unten am Grund haben sie Nährstoffe, doch es fehlt das Licht; oben ist Licht, doch Nährstoffe sind knapp. Reines Wasser ist zu nährstoffarm: Wer eine Pflanze in einer Vase, ganz ohne Nährstoffe und Humus aufziehen will, erntet nur kümmerliche Erträge.

(3) Die Masse aller Pflanzen an Land ist insgesamt weitaus größer als die Masse aller Lebewesen im Meer und in den Seen. Und weil sich alle Tiere von Pflanzen ernähren, gilt für sie dasselbe. Insgesamt ist das Leben an Land weitaus dichter und intensiver als das Leben im Wasser. Alle Geschöpfe, die im Meer pro Quadratmeter während eines Jahres heranwachsen, wiegen zusammen nicht mehr als 20 bis 30 Gramm. Es sind überwiegend Mikroorganismen. Anders die Geschöpfe an Land: Schon in kargen Gegenden bringen sie pro Quadratmeter ein Kilogramm auf die Waage – im Durchschnitt sind es sechs Kilogramm pro Quadratmeter! Stellenweise können es sogar 100 Kilogramm sein! An Land „brummt das Leben" also wesentlich kräftiger als im Wasser, wo es vielerorts eher auf dem letzten Loch pfeift! Nur an den Rändern der tiefen Seen und an den Rändern der Meere gibt es relativ viel Leben. Die Nähe von Küste und Boden

versorgt die Lebewesen hier mit Nährstoffen. Aber die tiefen, offenen Ozeane sind Wüsten! Und genau das ist der eigentliche Grund, weshalb wir in Meeren und in Seen schwimmen können, wie es uns Spaß macht, in jede Richtung, die uns gefällt. Deshalb sind Seen und Meere blau und normalerweise nicht grün, wie eigentlich zu erwarten wäre. Manche meinen, dass es in den Meeren und Gewässern noch unerschöpfliche Nahrungsreserven zu entdecken gibt, die eine wachsende, hungrige Menschheit ernähren könnten. Wohl eine vergebliche Hoffnung!

40   Wärmendes Wasser

SITUATION: an einem Fluss oder See im Spätherbst oder Winter, morgens nach einem Temperatursturz

(1) Normalerweise kühlt Wasser ab, uns friert rasch, wenn wir nass werden. Das Wasser entzieht, indem es verdunstet, unserem Körper Wärme. Im Sommer ist das Wasser meist kälter als die umgebende Luft, weil es wesentlich länger braucht, um sich aufzuheizen. Dafür speichert es die Wärme aber auch viel länger als die Luft! Im Herbst und im Winter kann ein Fluss oder auch ein See daher wie eine Heizung wirken, die die Kälte mildert.

(2) Diesen Sachverhalt erkennst du indirekt daran, dass an vielen großen Seen oder auch Flüssen in Europa meist wärmeliebende Pflanzen, zum Beispiel Obst und Wein angebaut werden. Manchmal kannst du die wärmende Wirkung von Flüssen und Seen auch direkt beobachten. Wenn im späten Oktober oder im November die Lufttemperatur in der Nacht stark gefallen ist, dampfen Flüsse und Seen häufig. Wann aber dampft das Wasser? Nur dann, wenn es deutlich wärmer ist als die Umgebung! Von Oktober an verliert das Wasser seine Sommerwärme — und mildert damit die Kälte. Der Wasserdampf in der Luft wirkt

ganz ähnlich. Ohne die mildernde, ausgleichende Wirkung des Wassers wäre die Erde abwechselnd eiskalt und brütend heiß.

(3) Dampfende Seen oder Flüsse im Winter wirken unvergleichlich schön; oft ist in den Nächten auch Raureif gefallen, zwischen den weiß überhauchten Bäumen erscheint uns das Wasser wie ein Lebewesen, das in der Kälte atmet.

41 Rechnen, um zu staunen: die Süßwasservorräte der Erde

SITUATION: vor einer Flasche Wasser

(1) Seen machen nur einen relativ kleinen Teil der Landoberfläche aus: insgesamt nicht mehr als 1,8 Prozent. In Ländern jedoch, die von der Eiszeit geprägt sind, wie zum Beispiel in Finnland, ist der Anteil der Seen höher, er beträgt dort zwölf Prozent.

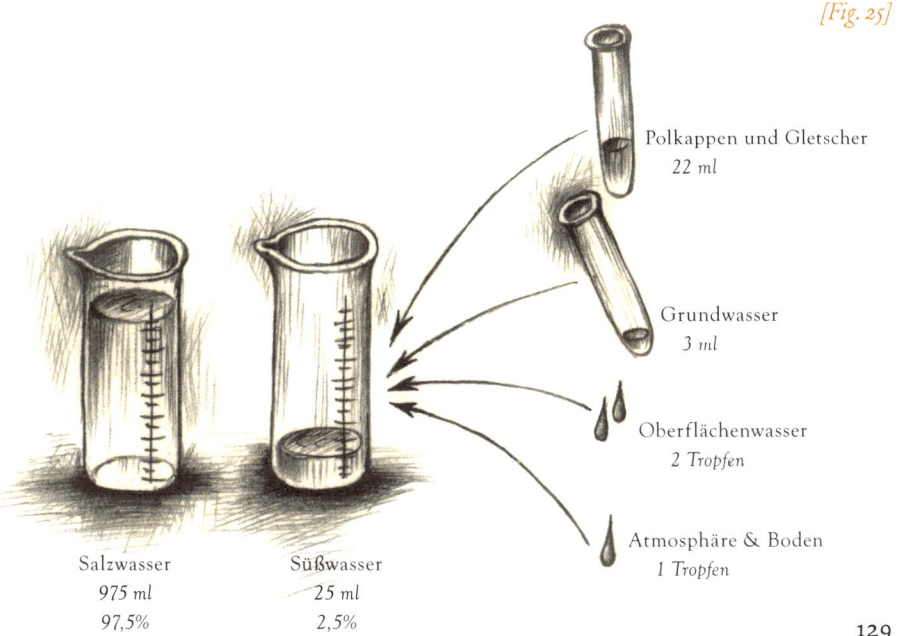

[Fig. 25]

Polkappen und Gletscher
22 ml

Grundwasser
3 ml

Oberflächenwasser
2 Tropfen

Atmosphäre & Boden
1 Tropfen

Salzwasser
975 ml
97,5%

Süßwasser
25 ml
2,5%

(2) Der größte Teil des auf der Erde vorhandenen Wassers ist Salzwasser – dieses macht 97 Prozent aus. Angenommen, das gesamte Wasser der Welt wäre ein Liter, dann würde der Anteil des Süßwassers daran nur einen kleinen Schluck betragen. Und dieser Schluck wäre eigentlich gar keiner, sondern eher ein nasser Eiswürfel – denn der größte Teil des Süßwassers auf Erden ist in Gletschern und Eisschilden gespeichert. Das in Flüssen und Seen vorhandene Wasser würde gerade mal zwei Tropfen ausmachen. Unser Bild macht anschaulich klar, dass trinkbares Wasser auf der Erde sehr knapp ist.

42 Rechnen, um zu staunen: unser Wasserverbrauch und der Starnberger See

SITUATION: am Seeufer

(1) Der Starnberger See, der wasserreichste See Deutschlands, enthält knapp drei Kubikkilometer Wasser, das sind drei Milliarden Kubikmeter Wasser. Nehmen wir nun einmal an, ganz Deutschland hätte nur diese eine Trinkwasserquelle. Wie lange könnten wir davon leben? Derzeit verbraucht jeder in Deutschland im Durchschnitt 115 Liter oder 115 Kilogramm pro Tag. In den USA ist es fast das Dreifache, in Dubai mehr als das Vierfache! In Indien hingegen müssen die Menschen mit 25 Liter pro Tag auskommen.

(2) Bleiben wir in Deutschland. Aufs Jahr gerechnet, braucht jeder von uns 41.975 Liter oder knapp 42 Kubikmeter beziehungsweise 42 Tonnen. Nicht gerade wenig! Und Deutschland hat etwas mehr als 82 Millionen Einwohner. Die verbrauchen im Jahr: 3,444 Milliarden Kubikmeter, also 3,444 Kubikkilometer. Dies ist mehr als der Wasserinhalt des Starnberger Sees!

130

VI

DIE ROSENINSEL

VI DIE ROSENINSEL

Wie ein Gemälde hat jede Insel einen Rahmen, anbrandende Wellen fassen sie wie ein Kleinod ein. Jede Insel strahlt eine besondere Aura aus, die auf dem Festland viel seltener spürbar ist, weil sich das Besondere eines Ortes dort leicht im Kontinuum der Gegenden verliert, wo ein Hügel aussieht wie der nächste. Das Besondere einer Insel kann sich so weit steigern, dass auf manchen Inseln Lebewesen existieren, die es nur dort gibt, sogenannte Endemiten. So etwas finden wir auf der Roseninsel nicht, dazu liegt sie viel zu nahe am Ufer. Dennoch ist sie ein einzigartiger Flecken Land. Sie beherbergt einen Garten mit einigen Tausend Rosenstöcken, die zur Blütezeit im Juni ihren Duft über den See bis zum Ufer schicken.

Inseln gibt es auf der Erde ungezählt viele, wobei sich der Inselreichtum in zwei Regionen der Erde, um Kanada im Norden und um Australien/Indonesien im Süden, zu verdichten scheint. Die Geographen unterscheiden Kontinente und Inseln. Aber warum eigentlich? Schließlich sind auch die Kontinente vom Meer umflossen. Es gibt überhaupt *nur* Inseln – größere und kleinere! Und das ist ein Glück! Nicht nur für jeden, der Inseln als Orte der Ruhe schätzt, sondern für das Leben überhaupt.

Die Roseninsel im Starnberger See ist ein königliches Idyll; geprägt von den Wittelsbachern. Der bayerische König Max II. hatte sie von einer Fischerfamilie gekauft und dort eine Landvilla und einen Park mit Rosengarten errichten lassen. Ludwig II. übernahm die Insel aus der Erbmasse seines Vaters und machte sie zu einem bevorzugten Aufenthaltsort. Der überaus menschenscheue Monarch hasste München und liebte seine Schlösser, die er entweder mitten in Seen oder wenigstens auf Berggipfeln errichtete. Auf der Roseninsel traf er sich mit Richard Wagner, hier begegnete er seiner Cousine, der Kaiserin Elisabeth von Österreich.

Nach Ludwigs mysteriösem Tod – er ertrank, von einem Psychiater verfolgt, an der Ostküste des Starnberger Sees – verwilderten Anwesen und Park. Die Roseninsel war von da an nur noch vorübergehend bewohnt. Erst um das Jahr 2000 begann man, Landhaus und Insel wieder herzurichten und touristisch zu erschließen. Es wurden Hunderte Rosenstöcke gepflanzt – jene alten, stark duftenden Arten, die im 19. Jahrhundert schon dort gestanden hatten. Bei Ostwind duften sie zum Ufer herüber.

Inseln machen glücklich, gerade weil es auf ihnen so wenig gibt. Sie stimulieren die Kreativität.

Das gilt auch für die Pflanzen und Tiere, die es auf Inseln verschlägt. Sie werden nicht, wie am Festland, von den anderen in eine bestimmte Rolle gedrängt, sondern können sich gewissermaßen nochmals neu erfinden. Und das tun sie auch! Das, was für uns hastige Inselbesucher eine vorübergehende, oft beglückende Erfahrung ist, ist für die gestrandeten Tiere und die Pflanzen der Start in ein neues Leben. Sie nehmen andere Gewohnheiten an, ernähren sich anders, tun andere Dinge und werden schließlich neu. Das funktioniert freilich nur, wenn die Gesellschaft, welche die Lebewesen auf der Insel vorfinden, sich deutlich unterscheidet von der Szene auf dem Festland, woher sie kamen – und wenn ihnen Zeit gelassen wird, sich über viele Generationen hinweg ungestört einzuleben. Solche Bedingungen gibt es in Reinkultur nur auf Inseln, die sehr weit von jedem Ufer entfernt sind. Die Lebensgemeinschaften, die sich hier bilden, sind einzigartig, sie bestehen aus den Nachkommen von Schiffbrüchigen und Gestrandeten. Pflanzen kamen mit dem Wind, Tiere wurden vielleicht von Stürmen verfrachtet oder trieben auf Treibholz an. Eine fast unglaubliche Kette von Zufällen ist notwendig, damit auch nur ein Paar Eidechsen auf einer entlegenen Insel im weiten Ozean landet. Vielleicht überlebt dieses Paar und zeugt Nachkommen, die nach und nach die Insel besiedeln und ein neues Eidechsenreich gründen. Ein dichterisch veranlagter Nachkomme jener Eidechsen könnte dann eines Tages im Rückblick auf die zwei Pioniere ein Heldenepos verfassen, das jedem großen Mythos der Weltliteratur an Abenteuerlichkeit und Wunder gleichkäme. Da Eidechsen und auch andere Inseltiere wenig Neigung zur Dichtung verspüren, bleiben die ungeheuren Geschichten, die hinter jeder auf Inseln zu findenden Tierart stehen, leider unbesungen. Touristen, die etwa auf einer der Kanarischen Inseln eine Eidechse über eine Mauer huschen sehen, ahnen nicht, dass sie den Nachfahren eines Robinson-Odysseus erblicken.

Ein Geschöpf, das auf einer Insel strandet, muss versuchen, sich neu zu erfinden, sich an neue Speisen, an neue Wohnorte, an neue Gefahren zu gewöhnen, oder es stirbt einen frühen und einsamen Tod. Inseln sind daher nicht nur psychologisch, sondern auch biologisch höchst kreative Orte: Oasen der Erneuerung in einem Ozean des Konformismus.

Je weiter eine Insel vom Festland entfernt liegt, je älter sie ist, desto spezieller sind die auf ihr lebenden Tiere und Pflanzen. Auf manchen Inseln ist die Zahl der Wesen, die es *nur dort* und nirgendwo sonst auf der Welt gibt, größer als die Zahl der Tier- und Pflanzenarten, die auch anderswo zu finden sind. Tatsächlich befindet sich jede zehnte der Stätten, die von der UNESCO als Weltnaturerbe ausgezeichnet wurde, auf einer Insel oder ist gar eine Insel. Um die biologische Vielfalt zu fördern, gibt es kein besseres Mittel, als die zur Verfügung stehende Landmasse bunt zu zerreißen und in größeren oder kleineren Stücken über den Ozean zu zerstreuen. Genau dies hat Mutter Erde mit ihren Landmassen getan – vor 200 bis 300 Millionen Jahren in der Zeit des Perm.

Damals gab es ein einziges, zusammenhängendes Riesenland, das die Geologen „Pangäa" getauft haben – Allerde. Allerde umfasste die gesamte Landmasse, es war ein zusammenhängendes Land, rings umspült vom Ozean. Eine großartige Sache! Die Lebewesen sahen sich in dem Riesenland allerdings schrankenloser Konkurrenz ausgesetzt, bei der nur die zum Zuge kommen konnten, die robust, aggressiv und geländegängig waren.

Die Erde vor 250 Millionen Jahren

[Fig. 26]

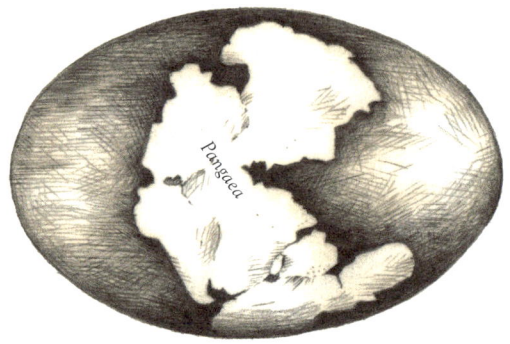

... vor 200 Millionen Jahren

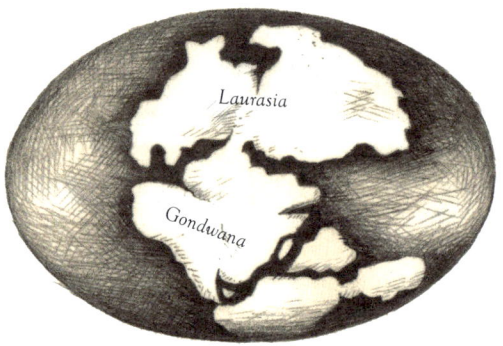

und vor 65 Millionen Jahren

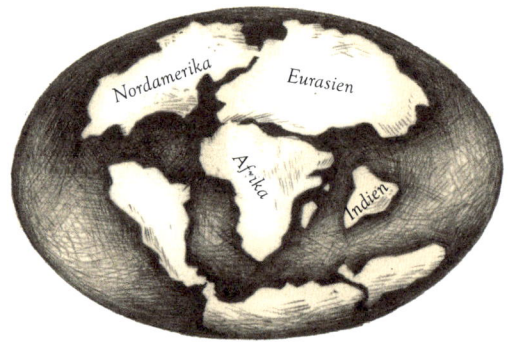

Die Allerde-Zeit währte nicht lange, der gewaltige Kontinent brach entzwei, die Antarktis und Australien, zunächst noch verbunden, lösten sich ab, Europa und Afrika trennten sich, Nordamerika und Europa brachen auseinander, Südamerika riss sich von Afrika los und trieb davon. Das, was wir heute als gewohntes Gesicht der Erde kennen, sind die verstreuten Fetzen der Allerde. Dass die Teile einst zusammengehörten, zeigen verschiedene geologische Formationen, die sich wie Textzeilen eines zerrissenen Papiers aneinanderfügen lassen.

Die Aufspaltung geschah nicht auf einmal, sondern schrittweise. In den Rissen entstanden neue Meere, die sich immer mehr vergrößerten. Wie schwimmende Inseln entfernten sich die Landmassen voneinander, bis sie außer Sichtweite waren – und sie nahmen dabei, wie Noahs Arche, als Fracht unzählige Geschöpfe mit, die sich von nun an separat entwickelten. Für die biologische Vielfalt war es höchst positiv, dass das Land so häufig von Meeren durchdrungen ist: Denn wo es natürliche Grenzen gibt, da können auch die überleben, die bei schrankenloser Konkurrenz wenige oder keine Chance hätten. „Ein Talent bildet sich im Stillen, doch ein Charakter nur im Strome der Welt", sagte Heinrich von Kleist, und diese Worte des Dichters kann man durchaus auch auf die Evolution der Lebewesen beziehen. Eine einzige große Landmasse verschärft den Konkurrenzdruck, ähnlich wie die nach dem Fall der Berliner Mauer entstandene globalisierte Marktwirtschaft. Alle stehen mit allen in Konkurrenz. In einer solchen Situation setzen sich „Charaktere" durch, die sozusagen wetterfest sind und im Konkurrenzkampf erfolgreich. Abgelegene Inseln bieten hingegen Schutzräume für die originellen Talente.

Sicher wäre es übersichtlicher, wenn sich alles Land auf einem Fleck des Globus befände, wie es zur Zeit des Perms einmal war. Der Geographieunterricht wäre vermutlich viel einfacher! Nun ist die riesige, vom Wasser umgebene Urinsel aber nach und nach in sechs kleinere Inseln zerrissen worden – die Kontinente Asien (mit Europa), Afrika, Nord- und Südamerika, Australien und die Antarktis – und in Tausende noch kleinere Inseln, die jene großen bisweilen wie Girlanden umrahmen, und aus der Welt ist jenes riesige Archipel geworden, das wir heute als Antlitz der Erde kennen. Das macht die Sache zwar komplizierter, aber dieses Auf-die-Spitze-Treiben des Inselprinzips hatte für die Artenvielfalt Vorteile. Nur deshalb konnte in Australien eine so vielfältige Beuteltierfauna bewahrt werden, nur deshalb ist die Säugetierwelt Südamerikas so einzigartig, und nur deshalb leben dort so viele Vogelarten.

Als erste größere Großinseln – Kontinente genannt – lösten sich die Antarktis und Australien von Pangäa. Eine Weile hingen sie noch zusammen. Die Antarktis trieb mit ihrer gesamten Flora und Fauna in Richtung Südpol, wo die lebendige Fracht des Landes bald erfror und vom Leichentuch des Eises bedeckt wurde. Einem Zipfel Land jedoch gelang es, sich von der in verhängnisvoller Richtung treibenden antarktischen Scholle abzukoppeln, das Steuer in Richtung Äquator herumzureißen und so seine Bewohner vor der drohenden Vereisung zu retten. Aus diesem Landzipfel wurde Australien. An Bord waren viele recht urtümliche Wesen. „Down under" durch Isolation geschützt, konnten sich einige dieser Geschöpfe bis in die Gegenwart erhalten. Deshalb gibt es heute noch in Australien Schnabeltiere, die als Kloakentiere Übergangsgeschöpfe zwischen den Reptilien und den Säugetieren sind. Auch Beuteltiere konnten sich nur in Australien erhalten. Ähnliche Besonderheiten wie Australien weisen auch andere früh verinselte Kontinente auf, vor allem Südamerika und der Minikontinent Madagaskar.

Weil der ursprüngliche Entwurf für die Eine Welt, die Allerde, zerrissen wurde und die Landschnipsel sich überall auf dem Ozean verteilten, haben wir heute eine so ungeheuer große Artenvielfalt. Sie ist aber gefährdet: Die Meere trennen nicht länger. Inzwischen wurden alle Kontinente und noch die entlegensten Inseln von Menschen besiedelt, die nicht allein kamen, sondern meistens ihre Nutzpflanzen und ihre Tiere, auch viele Insekten mitbrachten oder einschleppten. Das Resultat ist, dass die biologischen Wunder und auch kulturelle Besonderheiten, welche die universelle Verinselung mit sich gebracht hatte, verschwinden.

Der britische Naturforscher Alfred Wallace zeigte schon im 19. Jahrhundert die menschlichen Naturzerstörungen am Beispiel der Insel St. Helena auf, jener extrem einsamen Insel, auf die einst Napoleon von den Siegermächten verfrachtet wurde. Keine andere Insel der Erde ist so isoliert, so sehr Insel wie St. Helena. Als die Entdecker der Insel, portugiesische Seeleute unter dem Befehl von João da Nova, die Insel am 21. Mai 1502 betraten, da fanden sie einen Garten Eden vor, reich bewaldet, ohne räuberische Tiere, sogar ohne giftige Insekten. Da der 21. Mai nach dem römischen Heiligenkalender dem heiligen Konstantin geweiht ist, tauften sie die Insel St. Helena, nach Helena, der christlichen Mutter des römischen Kaisers Konstantin. Die Seeleute fanden in einem Tal Süßwasser, sie entdeckten Bäume, die essbare Früchte trugen, sowie Ebenholzbäume. Nach einer kurzen Rast setzten die Portugiesen ihre Fahrt fort, ließen aber, dem damaligen Brauch entsprechend, ein paar Ziegen auf der Insel zurück, damit zukünftige Ankömmlinge Schlachtvieh vorfänden.

Den Ziegen ging es auf St. Helena gut, sie vermehrten sich kräftig und fraßen die Insel kahl. Ungezählte einzigartige Pflanzen verschwanden auf Nimmerwiedersehen in ihren Mägen. Ganze Seiten aus dem Buch der Evolution wurden von ihnen ausgerissen, gekaut und verdaut. Der Wald wuchs nicht mehr nach – die Ziegen fraßen jeden jungen Schössling –, der Regen spülte den entblößten Boden weg. Von den besonderen Arten, die die Insel einst beheimatete, existieren heute nur noch einige wenige, die sich in unzugänglichen Hanglagen halten.

Nicht nur die Tiere und Pflanzen verschwinden durch die Nebenwirkungen der Globalisierung – auch kulturelle Schöpfungen, die sich Jahrtausende erhalten konnten, sind heute bedroht. So ist die Sprachenvielfalt genau in den Weltgegenden am größten, wo es die meisten Inseln gibt. Zur Vielfalt der derzeit etwa 7.000 verschiedenen Sprachen tragen die Inseln gewaltig bei, mehr als die homogenisierten Kontinente.

Inseln sind Orte des Schutzes, Orte der Rettung. An ihnen stranden die, die die Hoffnung schon aufgegeben hatten. Damit sind wir,

nach unserem Ausflug über den weiten Ozean, wieder auf der Roseninsel angekommen. Sie bot Ludwig II., dem verträumten Märchenkö-
nig, ein Asyl. Hier, im Turmzimmer seiner Villa, fand er sein Gleichgewicht.

Und die Roseninsel war vielleicht auch das Letzte, was er sah, als
er auf der gegenüberliegenden Seeseite, von einer „Fangkommission"
unter der Leitung eines Psychiaters gejagt, im See zusammenbrach.

Entdecke das Land!

43   Die Küstenlinie messen

SITUATION: am Strand

(1)   Die Roseninsel besitzt eine Küste, die sie vom See trennt. Wie lang ist diese Küste? Wir könnten die Länge abschreiten – und wenn wir dabei immer gleich große Schritte machten, kämen wir zu einem halbwegs reproduzierbaren Ergebnis. Nun hat aber eine Küste unzählige Einbuchtungen und Verästelungen – die kleiner sind als das Maß, das verwandt wurde. Ihnen können wir nur gerecht werden, indem wir ein kleineres Maß wählen. Wie wirkt sich nun die Wahl des Maßstabs auf das Ergebnis aus? Sehen wir uns dazu ein Modell der Roseninsel an. (Fig. 27)

(2)   Wir haben dieses Modell mit drei verschiedenen Maßstäben abgemessen: einmal mit einem 100 Meter langen Maßstab – sozusagen mit Riesenschritten –, mit einem 50 Meter langen Maßstab und mit einem 25 Meter langen Maßstab.

(3)   Zähl die Maßstäbe, die wir in den drei Abbildungen (siehe Fig. 27) nebeneinandergelegt haben, und vergleiche die Resultate. Ist es nicht merkwürdig, dass sich die Küste verlängert, wenn man sie mit kleineren Maßstäben misst? Was käme wohl heraus, wenn man mit Zentimeter- oder Millimeter-Maßstäben mäße?

(4)   Nun könntest du denken, dies ist ja nur ein Modell, in der wissenschaftlichen Geographie wird es wohl irgendein Verfahren geben, wie man ganz genau die Länge einer Küste ermitteln kann. Aber es gibt keines!

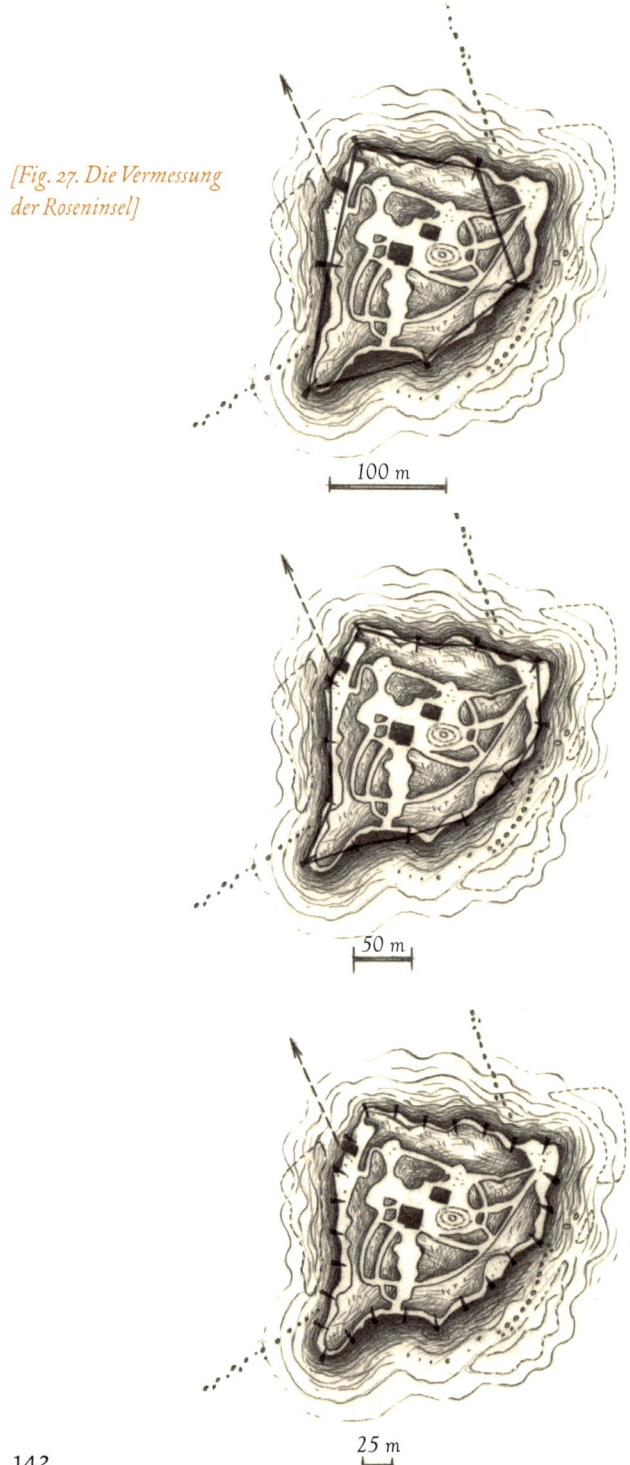

[Fig. 27. Die Vermessung der Roseninsel]

100 m

50 m

25 m

(5) Albrecht Penck, ein österreichischer Geograph, beschäftigte sich schon 1894 mit der Länge von Küsten und geriet mehr und mehr in Zweifel, ob sich diese scheinbar so klare Linie überhaupt objektiv messen lasse. Penck untersuchte nicht die Roseninsel, sondern die Küstenlänge einer damals noch österreichischen Halbinsel in der Adria. Dazu standen ihm sechs Karten mit jeweils unterschiedlichen Maßstäben zur Verfügung. Er maß nun die Küstenlänge auf den sechs Karten nach und stellte fest, dass sie auf der gröbsten Karte (mit einem Maßstab von 1:15.000.000) 105 Kilometer betrug, auf der genauesten (mit einem Maßstab von 1:75.000) jedoch 223,81 Kilometer, also mehr als das Doppelte! Und er hob hervor, dass selbst die genaueste Karte sehr viele Einzelheiten des Küstenzuges nicht abbilde: Steht man an der Küste, schrieb er, „so sieht man, wie der Spiegel des Meeres in einer äußerst verwickelten Linie abschneidet am stark zerklüfteten, vielfach unterwaschenen Felsen, und man bemerkt, wie die Grenzlinie zwischen Wasser und Land bei jeder Welle eine andere wird. Leicht vergewissert man sich an solchen Orten von der Aussichtslosigkeit, die wirkliche Länge einer der wichtigsten Linien auf der Erdoberfläche jemals zu bestimmen …“

(6) Wir können die Küstenlänge nur relativ genau bestimmen, aber nicht *absolut* genau. Wie lang die Küstenlinie der Roseninsel „in Wirklichkeit“ ist, das können wir nicht wissen. Wir wissen nur, wie lang sie ist, wenn wir sie auf eine bestimmte Art messen. Bei zerklüfteten Küsten können je nach Messverfahren sehr verschiedene Werte herauskommen.

(7) Du kannst sogar mit Fug und Recht daran zweifeln, ob es eine Küstenlinie überhaupt gibt! Jeder Besucher der Insel, der barfuß zwischen Wasser und Kies herumspaziert, verändert sie. Und nach einem kräftigen Regen oder Sturm sieht sie ohnehin schon wieder ganz anders aus. Wir können allenfalls einen Küsten*streifen* ausmachen, aber Linien gibt es in der Natur nicht – sie existieren nur in der Phantasie der Menschen. Die Küstenlinie ist eine Vereinfachung. Und das, ob-

wohl die Grenze zwischen Wasser und Land die klarste landschaftliche Grenze ist, die es überhaupt gibt! Alle anderen Grenzen sind viel unschärfer.

(8) Die Naturwissenschaften beruhen auf dem Vereinfachen – und das ist gut und richtig. Man darf nur nicht das Vereinfachte für die Sache selbst halten. Vorsicht also beim Umgang mit Landkarten! So gerade, wie auf der Karte dargestellt, sind die Wege nicht. Landkarten verleiten fast immer dazu, Distanzen zu unterschätzen. Der wirkliche Weg ist immer länger und mühsamer als der Weg auf der Karte.

44 Land und Wasser

SITUATION: auf einer Insel

(1) Die Roseninsel ist mit ihren zweieinhalb Hektar winzig – wenn man sie mit dem Starnberger See vergleicht, der eine Fläche von 56,35 Quadratkilometern beziehungsweise 5.636 Hektar hat! Die Roseninsel hat nicht einmal ein Tausendstel der Gesamtfläche des Sees. Aber sie hat zumindest eines *mehr* als der See: Auf ihr wachsen die Pflanzen wesentlich üppiger als im Wasser. Die biologische Produktivität ist an Land größer als im Wasser – wie wir bereits festgestellt haben.

(2) Aber noch eines ist auffallend: Es gibt an Land auch deutlich mehr Pflanzen*arten*. Auch dann, wenn wir die künstlich angepflanzten nicht mitzählen! Im See leben, wie wir uns schon auf der vorigen Station unserer Reise bewusst machten, gerade mal rund 30 verschiedene Arten Wasserpflanzen. Auf der Insel aber kann schon ein Laie am Wegesrand 50 oder mehr wild wachsende Pflanzenarten unterscheiden – Gräser, Moose, Flechten, Farne, Blütenpflanzen, Sträucher und Bäume –, selbst wenn er sie nicht alle benennen kann. Dieses Ergebnis

[Fig. 28.
Eine Armleuchteralge]

lässt sich verallgemeinern. Es gehört zu den merkwürdigen Ergebnissen biologischer Artenzählung, dass es im Wasser insgesamt deutlich weniger Arten gibt als an Land. Verantwortlich hierfür ist vor allem die Vielfalt der Blütenpflanzen und die damit zusammenhängende enorme Vielfalt der Insekten. Betrachtet man dagegen lediglich die Wirbeltiere, dann liegen Wasser und Land gleichauf: Jede zweite Wirbeltierart ist ein Fisch.

45 Inselendemiten

SITUATION: im Baumarkt

(1) Auch der Durchschnittskonsument, der sich, wie er meint, für Pflanzen und Tiere nicht interessiert, sondern nur für das billigste Angebot, nutzt die oft berückend schöne biologische Vielfalt, die durch die Inseln in die Welt kommt. Denn er kauft zum Beispiel im Gartencenter des Baumarktes Strauchmargeriten, um seine Terrasse zu schmücken. Vielleicht mit einem Gedanken an die fähigen Gärtner, die solch hübsche Pflanzen züchten können. Inseln waren hier die Gärtner, die Strauchmargeriten sind eines der vielen schönen Extras der Evolution, die wir den Inseln verdanken. Die Margeritenbüsche stammen von den Kanarischen Inseln. Dort – und nur dort – wurde aus einer gewöhnlichen Margerite, deren Same ein Sturm über das Meer trug, im Laufe der Jahrtausende ein blühender Busch. Der sangesfreudige Kanarienvogel stammt ebenfalls dorther. Und auch die Kokospalme, das Inselsymbol schlechthin, entwickelte sich auf Inseln – ihre Heimat ist der südostasiatische Pazifik.

(2) Manche Baumärkte bieten Zierfische an. Sie sind ebenfalls Inselprodukte. Denn Seen und Flüsse können wir durchaus als flüssige Inseln in einem Meer von Sand, Erde und Gestein ansehen. Sehr alte Binnengewässer, wie der Malawisee oder der Tanganjikasee können, wie bereits gesagt, eine Welt eigener Geschöpfe hervorbringen. Viele der bunt schillernden Zierfische, die in Baumärkten angeboten werden, sind endemische Arten aus isolierten tropischen Gewässern.

46 Rechnen, um zu staunen:
Wie viel Erde braucht der Mensch?

SITUATION: sinnend

(1) Der russische Schriftsteller Leo Tolstoi veröffentlichte 1885 eine Erzählung, in der Steppenbewohner einem habgierigen Bauern das Angebot machen, er dürfe so viel Erde in Besitz nehmen, wie er von Sonnenaufgang bis Sonnenuntergang zu Fuß umschreiten könne. Der Bauer geht darauf ein, er steht mit dem Morgengrauen auf, schreitet rüstig aus, marschiert, beschleunigt um die Mittagszeit seinen Schritt, rennt am Ende, als die Sonne sich schon neigt, immer schneller, am Ziel bricht er vor Erschöpfung zusammen. Er ist tot. Sein Knecht beerdigt ihn, und dazu braucht er, wie die Erzählung sagt, nur „sechs Ellen" Erde.

(2) Wie viel Erde benötigen wir Menschen? Das kommt darauf an, wie wir wirtschaften. Jäger und Sammler benötigen sehr viel Raum: etwa 20 bis 100 Hektar pro Person. Die auf die Jäger- und Sammlergesellschaften folgenden Ackerbauern, die Brandrodung betrieben, brauchten nur ein Zehntel davon. In sehr fruchtbaren Gegenden, wie zum Beispiel im alten Mesopotamien, benötigten die dortigen sesshaften Bauern noch deutlich weniger.

(3) Heute leben über 6,8 Milliarden Menschen auf der Erde; rund 1,5 Milliarden Hektar werden landwirtschaftlich genutzt. Damit stehen, wenn wir einen Durchschnittswert bilden, für die Versorgung jedes Menschen knapp ein Viertel Hektar ertragreiches und intensiv bewirtschaftetes Kulturland zur Verfügung. Das ist nicht allzu viel; zudem ist die Fläche ungleich verteilt. Würde die gesamte landwirtschaftliche Produktivität auf das Niveau angehoben, das in westlichen Ländern erreicht ist, dann könnte man, so meinen manche Experten, mit der derzeit unter den Pflug genommenen Fläche vielleicht 7,5 Milliarden Menschen ernähren. Die meisten Demografen schätzen, dass die Weltbevölkerung gegen Ende des 21. Jahrhunderts zehn Milliarden betragen wird. Wird es möglich sein, die landwirtschaftliche Produktivität so weit zu steigern?

(4) In vielen Gegenden schrumpft infolge von Versalzung oder Erosion die Fruchtbarkeit des Ackerlandes. Kann man neues schaffen? Das ist nur auf Kosten bestehender Ökosysteme möglich, zum Beispiel durch Brandrodungen, wie sie etwa in Amazonien und anderswo in Lateinamerika täglich stattfinden. Die dort üblichen Rodungen haben seit 1975 bereits ca. 20 Prozent des Regenwaldes vernichtet. In den letzten 30 Jahren wurde in Amazonien eine Fläche, die doppelt so groß ist wie die Bundesrepublik Deutschland, gerodet. Dort werden nun zum Beispiel Sojabohnen angebaut, die als Futtermittel auch hierzulande in der Rinder- und Schweinemast verwendet werden.

(5) Eine beliebige Produktivitätssteigerung der schon bestehenden Anbaumethoden ist ebenfalls wenig wahrscheinlich. Die Erde *kann* nicht beliebig viele Menschen ernähren. Das heißt – theoretisch könnte die Erde durchaus noch mehr Menschen ernähren, als sie es jetzt tut, aber dann ist eben kein Platz mehr für irgendwelche anderen Geschöpfe. Und wie frei und wie lebenswert das Leben inmitten von zehn Milliarden Menschen sein wird, bleibt eine offene Frage.

VII

DIE BÄUME

VII   DIE BÄUME

Die Bäume der Roseninsel sind überwiegend im 19. Jahrhundert gepflanzt worden, als der König den Park anlegen ließ. Neben einheimischen Arten wurden auch Urweltbäume gepflanzt, etwa die anmutige Sumpfzypresse, die heute in Deutschland nicht mehr natürlich vorkommt, aber einst gewaltige Wälder bildete – im Zeitalter des Tertiär, als sich gerade aus diesem Baum die Braunkohlelagerstätten bildeten. Ludwig II. liebte Bäume, denen er gelegentlich auch einige Gedichtzeilen widmete. Ist es überhaupt vorstellbar, dass jemand Bäume ablehnt? Ich denke, nichts in der Natur und auf der Welt erfreut sich einer so einhelligen Wertschätzung wie Bäume. Alle Menschen lieben Bäume! Seit jeher stellten Bäume für die Menschen eine Nahrungsquelle dar, aber auch Schutz. Und so ist es bis heute.

Daraus ist eine unendliche Lobliteratur über Bäume erwachsen. Jeder Mensch hat schon einmal einen Baum gelobt. Bäume sind und bleiben unsere Hoffnung. Das meiste Gute über Bäume ist schon gesagt – daher stelle ich im Folgenden, nach der Art der alten Redner, eine Liste von Gemeinplätzen zusammen, die jeder zurate ziehen kann, der für ein Baumlob nach Ideen sucht.

BÄUME SIND GRÜNE LUNGEN

Das gängigste Baumlob unserer Zeit besteht darin, dass Bäume „grüne Lungen" sind. Gemeint sind damit viele Dinge. Zuerst einmal wandeln Bäume, indem sie im Sonnenschein Photosynthese betreiben, Kohlendioxid zunächst in Traubenzucker, dann in Holz, Blätter, Harz, Blüten usw. um. Bei der Photosynthese wird Sauerstoff frei, Kohlenstoff wird gebunden. Aber wie viel?

Nehmen wir im Wald einen auf dem Boden liegenden Ast in die Hand: Der wiegt vielleicht ein Kilogramm. Davon ist mindestens die Hälfte Wasser. Die andere Hälfte ist „organische Trockenmasse", der größte Teil davon Cellulose. Sie enthält zu 44 Prozent Kohlenstoff, das wären bei unserem Beispielast 220 Gramm. Um diesen Ast wachsen zu lassen, hat der Baum rund 800 Gramm Kohlendioxid (dieses Gas enthält zu 27,3 Prozent Kohlenstoff) aus der Luft aufgenommen und knapp 600 Gramm frischen Sauerstoff produziert. 800 Gramm entsprechen in etwa der CO_2-Menge, die ein Mensch am Tag ausatmet – diese ist in dem Ast also gespeichert.

Leider produzieren wir am Tag weitaus mehr CO_2 als nur 800 Gramm durch Atmung. Wir fahren ja auch noch Auto, fliegen hin und wieder mit dem Flugzeug, nutzen warmes Wasser usw. All das beruht auf Verbrennungsprozessen, all das verbraucht Sauerstoff und erzeugt CO_2. Durch unser Leben in der geheizten, durchtechnisierten Welt kommen am Tag durchschnittlich 35 Kilo Kohlendioxid pro Person in Deutschland zustande. Um diese Menge zu kompensieren, müssten sich unsere Bäume ganz schön viele Äste wachsen lassen. Unsere deutschen Wälder reichen längst nicht aus, die CO_2-Emissionen aller Deutschen zu kompensieren – dafür würden mindestens 820.000 Quadratkilometer Wald benötigt. Deutschland hat aber nur eine Fläche von 357.000 Quadratkilometern, und davon ist nur noch knapp ein Drittel bewaldet.

Bäume speichern also CO_2 und produzieren Sauerstoff – sie tun aber noch mehr. Bäume halten den Wind auf – und geben damit den vom Wind getragenen Partikeln Gelegenheit, sich abzusetzen. Auch auf den Blättern können sich Staubpartikel absetzen – je nachdem, wie sehr sich die Blätter als Staubfänger eignen. Blätter mit einer fiedrigen, welligen Struktur, wie sie zum Beispiel die Hainbuche hat, filtern mehr Staub aus der Luft als Bäume mit glatten Blättern. An manchen Bäumen, insbesondere an Linden, deren Blätter häufig klebrig sind, ist der zurückgehaltene Staub als schwarzer Belag erkennbar.

Nicht richtig ist allerdings, was auf vielen Webseiten steht, dass Bäume gleich im Tonnenmaßstab den Staub aus der Luft holen. Ein

Baum bringt es im Jahr vielleicht auf ein Kilo. Dazu kommt, dass Bäume auch selbst Staub produzieren – nämlich Blütenstaub. Gerade Fichten tun dies reichlich. Im Frühjahr ist ihr Blütenstaub nach Regenfällen oftmals als schwefelgelbe Ränder in Pfützen zu sehen.

Das Thema *Bäume sind grüne Lungen* ist damit natürlich nicht erschöpft! Bäume befeuchten auch die Luft. Ein erwachsener Baum kann am Tag 60 bis 70 Liter aus den Wurzeln in die Blätter transportieren, an heißen Tagen sind es sogar bis 400 Liter! Dieses Wasser wird über die Blätter verdunstet. Dabei entfaltet es einen kühlenden Effekt, denn Wasser, das verdunstet, nimmt Wärme aus der Umgebung auf. Jeder Waldspaziergänger verspürt die wohltuende Wirkung der Bäume: Es ist kühl, und zugleich ist die Luft reiner als in der Stadt.

Bäume sind Holz

Materia, wovon unser Wort „Materie" abgeleitet ist, heißt so viel wie Holz, und es erinnert nicht zufällig an das Wort „mater" für Mutter. Denn Holz kann noch austreiben, wenn es abgeschnitten und scheinbar tot ist. Die Triebe gelten als Kinder des Holzes.

Auf Holz ist der Mensch angewiesen wie auf kaum einen anderen Stoff – und das gilt heute mehr denn je. Eine schöne Würdigung dieser Abhängigkeit findet sich bereits bei Wolf Helmhard von Hohberg, der 1682 in einem Ratgeber für Gutsherren schrieb: „Hätten wir das Holz nicht, dann hätten wir auch kein Feuer; dann müssten wir alle Speisen roh essen und im Winter erfrieren; wir hätten keine Häuser, hätten weder Kalk noch Ziegel, kein Glas, keine Metalle. Wir hätten weder Tische noch Türen, weder Sessel noch andere Hausgeräte."

Holz ist also Energiequelle, Baumaterial und Rohstoff in einem. Vor allem als Energiequelle ist es heute wieder wichtig.

Wie viel Holz produziert ein Baum pro Jahr? Das kommt auf das Alter des Baums, auf den Standort, das Wetter und die Baumsorte an. Bei einer gut 100-jährigen Buche wächst rund 70 Kilogramm lebendiges Holz pro Jahr zu, insgesamt, also ober- und unterirdisch. Dafür hat sie 56 Kilogramm CO_2 aus der Luft geholt.

Außer Holz liefern Bäume noch weitere Werkstoffe – Kiefern zum Beispiel das Harz, aus dem durch Destillation Terpentinöl gewonnen wird, Birken den Grundstoff für Pech, den ersten Thermoklebstoff, den die Menschen kannten. Die Eiche lieferte lange Jahrhunderte mit den Eichengallen den Grundstoff für die Tinte. Heute noch werden Staatsverträge mit dieser Tinte unterschrieben.

BÄUME SIND ALCHEMISTEN

Als Pflanze hat der Baum das Schicksal, dass er nicht weglaufen kann. Er muss alle Probleme dort lösen, wo er steht. Ihm bleibt also nur die chemische Kriegsführung. Um sich gegen Insekten zu wappnen, entwickeln Bäume im Zuge ihres sogenannten sekundären Stoffwechsels eine unendliche Fülle chemischer Abwehrstrategien. So kommt es, dass manche Bäume bzw. Sträucher, wie zum Beispiel die Eibe, hochgiftig sind. Aber die Dosis macht das Gift! Viele der unangenehmen Stoffe, die Bäume zur Abwehr einsetzen, sind in geringer Dosierung wirksame Medikamente. Aus Eiben wird heute das Krebsmedikament Taxol gewonnen.

Der griechische Arzt Hippokrates von Kos empfahl gegen Fieber einen Aufguss der Weidenrinde. Bis weit in die Neuzeit nahmen Kräuterfrauen sie von den bei uns häufigen Silberweiden – bis das Absammeln unter Strafe gestellt wurde, weil die Weidenzweige nach dem Willen der adligen Landesherren für das Korbflechten genutzt werden sollten.

Der wirksame Stoff in der Weidenrinde ist die Salicylsäure – abgeleitet von lateinisch „salix" für Weide. Aus diesem bitteren Ausgangsstoff stellte Felix Hoffmann 1897 die Acetylsalicylsäure her, die von der Bayer AG unter dem Namen Aspirin weltweit vermarktet wurde. Sie gilt als das berühmteste Medikament der Geschichte, auch deshalb, weil neben ihrer bekannten Hauptwirkung mit der Zeit noch weitere positive Effekte entdeckt wurden. Heute wird Aspirin auch zur Vorbeugung von Schlaganfällen eingesetzt.

Aber das Aspirin ist nur ein Beispiel! Blicken wir über Europa hinaus, finden wir unzählige Baumsorten, die heilende Stoffe enthalten – angefangen beim Ginkgo, der in Dutzenden Präparaten, besonders solchen gegen Gedächtnisschwäche enthalten ist, bis hin zum indischen Niembaum, der selbst in sehr trockenen Gebieten wächst und dessen Wirkstoffe, die noch nicht vollständig erforscht worden sind, gegen 40 Krankheiten helfen sollen. Und nicht zu vergessen jene Bäume, die Genussmittel liefern, wie den Kaffeebaum, den Kakaobaum, den Zimtbaum und so weiter!

Ursprünglich war die Botanik ein Teil der Medizin, denn die weitaus meisten wirksamen Heilmittel stammten von Pflanzen. Erst der Alchemist Paracelsus führte mineralische Arzneistoffe ein, also Präparate, die aus chemischen Grundstoffen hergestellt werden. In Deutschland sind heute noch rund ein Drittel aller Medikamente pflanzlichen Ursprungs oder enthalten Stoffe aus Pflanzen. Anderswo, etwa in Lateinamerika, ist der Prozentsatz höher; in Afrika sind es sogar 80 Prozent.

BÄUME SIND GASTHÄUSER

In Bäumen kann man wohnen. Menschen tun das nur ausnahmsweise. Vögel, Fledermäuse und unzählige Insekten und Spinnen aber verbringen dort ihr ganzes Leben oder große Teile davon. Den Vögeln sieht man das unmittelbar an – ihre Füße sind so geformt, dass sie sich an Zweigen gut festhalten können. Zahllose Insekten sind an Bäume angepasst, manche so sehr, dass sie aussehen wie ein Stück Rinde oder wie ein Blatt. Auch eine ganze Reihe von Säugetieren hat sich perfekt an die Architektur der Bäume angepasst – wie zum Beispiel der Baummarder oder das Eichhörnchen. So haben die Bäume nach Meinung der Biologen zur hohen Artenvielfalt an Land (im Vergleich zum Meer) viel beigetragen. Aus einem flachen Stück Land machen sie gewissermaßen eine unübersichtliche, labyrinthische Stadt mit unzähligen Nischen, Schutzräumen und Spezialisierungschancen. Sie enthomogenisieren den Raum und geben ihm eine unendliche Vielfalt. Wächst ein Baum, dann wachsen auch tausenderlei

Winkel in allen Größenordnungen – von den mikroskopischen Runzeln der Rinde bis zu den großen Astgabelungen. Jeden Tag werden es mehr! Und jeder Winkel ist ein potenzielles Versteck oder auch ein Wohnort, eine neue Lebensmöglichkeit. Kein Wunder also, dass der Wald sich so gut zum Versteckspielen eignet. In diesem vielfältigen Lebensraum bieten die Bäume den Wesen, die in ihnen und um sie herum wohnen, auch Nahrung – mit Früchten, die sie abwerfen, mit ihren Blättern und sogar mit ihrem Holz.

Im Meer gibt es keine Pflanzen, die mit Bäumen vergleichbar wären. Dort sind alle Pflanzen verhältnismäßig klein, Holz existiert nicht. Nur ein einziges Lebewesen im Meer vollbringt eine den Bäumen vergleichbare Leistung, das sind die Korallen. Auch sie bringen durch ihr schieres Wachstum eine eigene Welt hervor, die mit ihren Höhlen und Spalten eine einzigartige Architektur aufweist – ähnlich der von Ästen, Moosen und Blättern geprägten Waldwelt. Nicht zufällig sind Korallenriffe sehr artenreich. Auch sie erschaffen aus dem überall durchschaubaren Meer, das kaum Rückzugsmöglichkeiten bietet, eine Stadt mit ungezählten Winkeln und Gassen. Hier kann Vielfalt entstehen. Allerdings gibt es viel weniger Riffe im Meer als Wälder an Land.

BÄUME BIETEN SCHUTZ

Dies ist wahrscheinlich die banalste unter allen Baumansichten. Man kann sie von oben nach unten durchdeklinieren:

Sonne: Bäume werfen Schatten und kühlen tagsüber. Die Platane, ein beliebter Stadtbaum, soll in der Antike eigens aufgrund des schönen, dichten Schattens ihrer großen Blätter nach Rom eingeführt worden sein.

Blitz: Die alte Weisheit *Eichen sollst du weichen, Buchen sollst du suchen* ist wenig hilfreich. Der Blitz hat keine botanischen Vorlieben. Er schlägt gern in Bäume ein, die hoch genug sind. Bei Eichen sind die Folgen eines Blitzeinschlags nur besser sichtbar. Eichen besitzen eine rissige Rinde. Der im Gewitter auf ihnen liegende Wasserfilm ist daher, so erklären es die Förster, nicht durchgängig, und der Blitz bahnt seinen Weg durchs Holz, das explosionsartig aufsplittert, und hinterlässt sichtbare Narben. Buchen mit ihrer glatten Rinde leiten den Blitz über einen kontinuierlichen Wasserfilm geräuschlos, aber nicht weniger gefährlich in den Boden.

Kälte: Im Winter ist es in einem Wald meistens deutlich *wärmer* als im Umland. Jeder einzelne Baum stellt im Winter eine Wärmeinsel dar. Was den Bäumen im Zuge der Klimadebatte manchmal zur Last gelegt wird.

Lawinen: Im Gebirge bieten Wälder Schutz vor Lawinen; ihre sogenannte Rottenstruktur hält Lawinen auf.

Menschen: Immer wieder werden auch die deutschen Wälder als Menschenschützer gewürdigt. Als Caesar nach seinem zweiten Brückenschlag über den Rhein bei Andernach im Jahre 53 v. Chr. die Sweben angreifen wollte, zogen die sich in die Wälder zurück – dorthin wollte Caesar ihnen nicht folgen.

Boden: Bäume halten den Erdboden mit ihren Wurzeln fest – wo Wald gerodet wird, ist die Gefahr groß, dass sich der Boden schnell und unwiderbringlich auf und davon macht. Und er kommt nicht wieder. In solchen gefährdeten Gebieten, zum Beispiel in Amazonien, haben heftige Regenfälle ernste Konsequenzen: Ohne Bäume fehlt der Puffer, der Regen fließt nicht nach und nach ab, sondern auf einmal. Bodenabtragung und Hochwasser sind die Folgen.

BÄUME SIND TEMPEL, RATHÄUSER UND KIRCHEN

Dass Bäume als Stätten der Götterverehrung dienen, ist ein alter Brauch. Der römische Offizier und Gelehrte Plinius der Ältere schreibt im 12. Band seiner *Naturgeschichte*, der wie der folgende den Bäumen gewidmet ist, dass die Wälder als Tempel der hoheren Mächte angesehen wurden: „Nach uralter Sitte weiht man jetzt noch auf dem einfachen Land einen besonders schönen Baum der Gottheit."

Mit krassen Fällen von Baumkult wurden die Römer bei ihren Eroberungen Germaniens konfrontiert – das nach ihren Schilderungen weitgehend von dunklen Urwäldern bedeckt war. Verschiedene römische Schriftsteller berichten von „heiligen Hainen", an denen die Germanen ihren Göttern opfern. Als der römische Feldherr Germanicus 15 n. Chr. jenes Schlachtfeld besuchte, auf dem Varus und seine Legionen von Arminius vernichtend geschlagen worden waren, fand er, wie Tacitus berichtet, Schädel der Legionäre an den Bäumen aufgehängt und sah in den benachbarten Hainen die Altäre, an denen die Cherusker ihren Göttern römische Offiziere geopfert hatten.

Weil gerade die alten, hohen Bäume den Germanen heilig waren, dienten sie später den Missionaren als willkommene Objekte, um die Überlegenheit des christlichen Gottes zu demonstrieren. So schlug der heilige Bonifatius die Donar-Eiche, die bei Geismar in Hessen stand, angeblich eigenhändig nieder. Sie fiel und zersplitterte in vier Teile. Bonifatius ließ daraus eine dem Petrus geweihte Kapelle errichten. Auch anderswo vergriffen sich christliche Missionare an Bäumen, noch im 19. Jahrhundert wurden in Indien Bäume gefällt, um die dortigen „Heiden" zu bekehren.

Christentum und Baumkult können aber auch am selben Strang ziehen, wie man besonders in Bayern sieht, wo an außergewöhnlichen eindrucksvollen Bäumen gern kleine Altäre errichtet werden.

Bäume spenden Trost

Harald Sioli, der 2004 verstorbene große Limnologe und Amazonasforscher, schreibt in seinen Erinnerungen über eine Nacht am einsamen Rio Arapuins, einem Nebenfluss des Amazonas: „Wir hatten uns zur Nachtruhe in unsere Hängematten zwischen den Bäumen eines lichten Waldrands oberhalb des Flussufers zurückgezogen. Während die Begleiter schon schliefen, lag ich noch da und nahm die ruhige Weite des Raums und des großen Walds mit wachen Sinnen in mich auf. Da hatte ich auf einmal das tiefe, unerschütterliche Gefühl des Vertrauens, dass, wenn ich jetzt stürbe, mir gar nichts zustoßen würde: Ich war ein Teil des großen Waldes. Es war ein Gefühl vollkommenen Geborgenseins."

Die Trostmacht der Bäume hat in der ganzen Natur nicht ihresgleichen. Sie teilt sich jedem mit, der sich ihnen nähert. Nicht nur in dem gewaltigen Ausnahmewald des Amazonas. Jeder, der von seinem Fenster aus auf Bäume sieht, empfängt etwas davon. Der Baum in der Straße verbessert nicht nur das Mikroklima. Der Baum durchbricht die Gleichförmigkeit. Wir sehen mit einem Blick, ob es Frühling, Sommer, Herbst oder Winter ist. Er ist eine Art Naturuhr. Vor allem kommt im Baum ein starker Lebenswillen zum Ausdruck. Grün ist nicht umsonst die Farbe der Hoffnung! Nach jedem Winter treibt der Baum, der ganz kahl war, wieder aus. Was darin liegt, macht man sich selten bewusst. Es wirkt trotzdem. Und wenn der Baum gefällt wird, dann leiden viele Leute. Das ist für viele arg.

BÄUME SIND LEHRMEISTER

Wer mit Bäumen umgeht, lernt. Vor allem lernt er, in großen Zeiträumen zu denken. Auch die wichtigste Lehre, die gegenwärtig umweltpolitische Diskussionen bestimmt, die Lehre von der Nachhaltigkeit, entsprang dem Umgang mit Bäumen.

Der Forstwirt Hannß Carl von Carlowitz erhob 1713 in seiner *Sylvicultura oeconomica*, einem gewaltigen und höchst spannenden Werk über die Waldwirtschaft, erstmals die Forderung, nur so viel Holz zu entnehmen, wie nachwachsen könne, also schlicht gesagt: keinen Raubbau zu betreiben. Das ist bis heute der Kern der Nachhaltigkeitsidee geblieben.

Entdecke den Wald!

47   Den Baumgeräuschen lauschen

SITUATION: an einem windigen Tag im Sommer; an einem Baum

Im Wind sind Bäume wie Instrumente, die angerührt werden. Jeder Baum tönt anders. Die Linde flüstert weich, wenn sie vom Wind bewegt wird, die Schwarzpappel klingt härter, bisweilen erinnert ihr Rauschen an Meeresbrausen. Die Tanne hingegen raunt im Wind eher, als dass sie rauscht.

48   Höhe und Volumen schätzen

SITUATION: vor einem Baum
ZUBEHÖR: ein Zollstock, ein gerader Ast

(1) Wie stellst du fest, wie hoch ein Baum ist? Du kannst versuchen, hinaufzuklettern und den Baum dabei abmessen. Oder du stellst dir vor, der Baum kippt um, merkst dir die Stelle, wohin sein Wipfel fallen würde, und schreitest dann seine Länge ab. Die erste Methode liefert genaue Ergebnisse, ist aber gefährlich und aufwendig, die zweite ist beides nicht, doch ihre Resultate sind meistens unbrauchbar.

(2) Förster und Holzfäller haben in ihren Mußestunden im tiefen Wald zahlreiche mehr oder weniger komplizierte Messmethoden ersonnen, die Genauigkeit und Mühelosigkeit verbinden. Das alte *Lehrbuch der Holzmeßkunde* von Udo Müller verzeichnet nicht weniger als

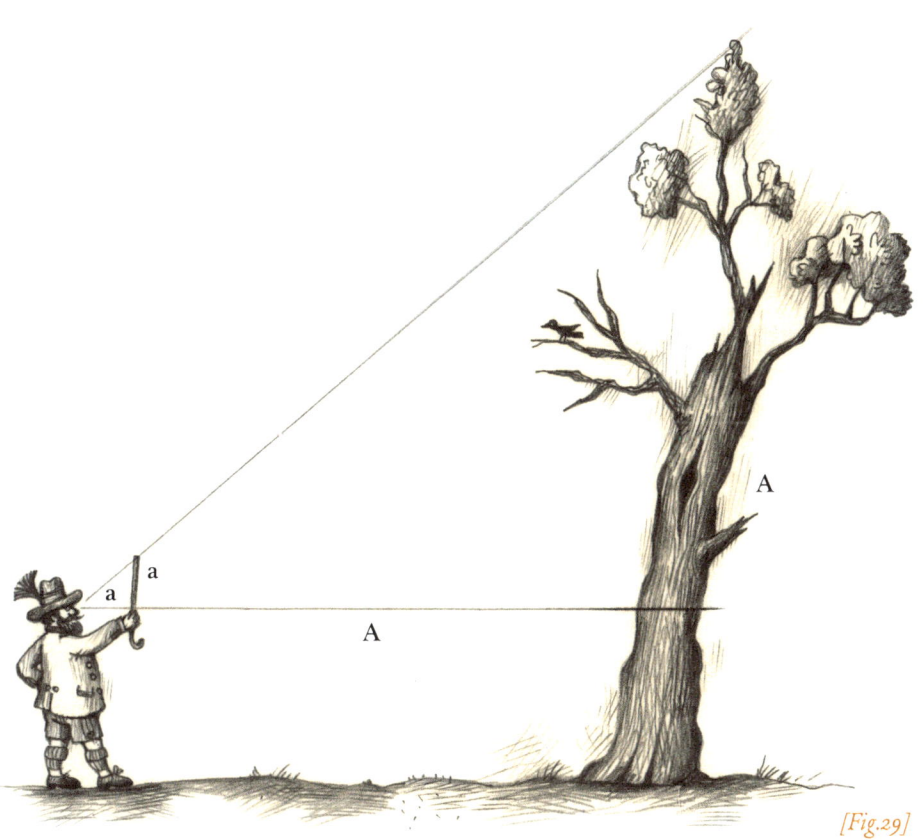

[Fig.29]

48 unterschiedliche Verfahren der Höhenmessung! Einige möchte ich hier nennen. Den gesuchten Wert erhält man meistens, indem man etwas anderes misst, das leicht zur Hand ist und das mit dem gesuchten Wert in einem Zusammenhang steht. Die Verfahren sind also umwegig und damit typisch für die Messverfahren der Naturwissenschaft.

(3) Die älteste Methode: Du kannst die Höhe eines Baumes (oder eines Gebäudes) schätzen, indem du auf den Schatten achtest. Dazu benötigst du den Vergleichsschatten von einem Objekt, dessen Höhe bekannt ist. Du nimmst beispielsweise einen Zollstock, stellst ihn senkrecht in die Sonne und misst seinen Schatten. Der Schatten des Zollstockes verhält sich zu seiner Höhe wie der Schatten des Baums oder Gebäudes zu *dessen* Höhe. Mit dieser Methode soll der Philosoph Thales in Ägypten die Höhe der Pyramiden geschätzt haben.

(4) Für ein anderes Verfahren benötigst du einen etwa 80 Zenti-meter langen, relativ geraden Ast, den du vorher vermessen hast. An seinem einem Ende bringst du eine Markierung an, die den zehnten Teil der Länge des Stockes abteilt. Jetzt hältst du den Stock senkrecht vor Augen und gehst so lange auf den Baum zu oder von ihm weg, bis der gesamte Stock den Baum gerade verdeckt. Du schaust über die Marke hinweg auf den Stamm des Baums: Merk dir die Stelle B, sie teilt ein Zehntel der Gesamthöhe des Baumes ab. Dieses Zehntel ver-misst du, multiplizierst den gefundenen Wert mit zehn und kommst so auf die Gesamtlänge des Baumes.

(5) Du kannst dir auch im Wald einen Ast suchen, der halbwegs gerade ist (z. B. ein Ast von einem Haselstrauch), und ihn so kürzen, dass er, wenn du ihn mit dem ausgestreckten Arm hältst, von der Hand gerade zum Auge reicht. Nun hältst du den Stock mit ausge-strecktem Arm senkrecht und peilst über das obere und das unte-re Ende den Baum an. Der Stock und die gedachten Linien zwischen dem einen Stockende und dem peilenden Auge sowie zwischen dem anderen Stockende und dem Auge schließen dann ein gleichschenk-liges Dreieck ein. Du gehst vor und zurück, bis die Länge des Bau-mes der Länge des Stabs entspricht. Dann ist der eigene Abstand vom Baum gleich seiner Höhe (Fig. 29).

(6) Wenn du die Höhe ermittelt hast, kannst du das Volumen des Baums und damit seinen aktuellen Wert auf dem Holzmarkt er-rechnen. Die genaueste Art, dies zu tun, wäre, den Baum abzusägen, ihn in einem großen Schwimmbad unter Wasser zu tauchen und zu messen, wie viel Wasser er verdrängt. Wir könnten den ganzen Baum auch verpacken und dann aus der Fläche des verbrauchten Verpa-ckungsmaterials sein Volumen berechnen. Da beides nicht geht, müs-sen wir etwas tun, was Naturwissenschaftler sehr oft machen. Wir ver-einfachen das Problem und machen es dadurch lösbar. Wir vergessen für einen Moment, wie unglaublich kompliziert der Baum gewachsen ist, und führen ihn auf eine einfache geometrische Form zurück, deren

Rauminhalt sich leicht bestimmen lässt. Wir erstellen ein *Modell*, das sich leichter mathematisch behandeln lässt. Man kann einen Baumstamm als Kegel idealisieren. Das ist nicht so abwegig, wie es zunächst klingt. Kinder malen Bäume oft als braune Kegel, von deren Seiten dünne Ästchen mit ein paar Blättern abstehen. Irgendwie ist der Baum ja auch ein Kegel, denn sein Stamm läuft nach oben hin spitz zu. Und das meiste Holz dürfte sich im Stamm des Baumes, nicht aber in den Ästen befinden.

(7) Stellen wir uns also den Baum so vor, wie ein Kind ihn malt. Dann können wir das Problem leicht lösen, denn der Rauminhalt eines Kegels lässt sich aus Höhe und Grundfläche berechnen. Die Formel dafür lautet: $\frac{1}{3} \cdot r^2 \cdot \pi \cdot h$ (r ist dabei der halbe Durchmesser, also der Radius; π ist die Zahl pi = 3,14...; h ist die Höhe).

(8) Den Durchmesser und damit den Radius eines Baums erhältst du, indem du ihm ein Maßband umlegst und den Umfang, den du gemessen hast, durch π teilst (immer wieder pi!). Dann kannst du mit der Formel das Volumen des Baums berechnen. Das Ergebnis sind dann soundso viel Kubikzentimeter, die du auf das professionale Maß Kubikmeter umrechnest. Der Forstmann sagt Festmeter dazu.

(9) Wie viel der Förster für den Festmeter Holz bekommt, das ist sehr unterschiedlich. Oft liegt der Preis unter 100 Euro, was wenig ist, wenn man bedenkt, dass eine Buche hierzulande etwa hundert Jahre wachsen muss, damit am Ende zwei oder drei Kubikmeter (Festmeter) Holz verkauft werden können. Nur bei ganz exklusiven Hölzern und tadellos gewachsenen Stämmen liegt der Holzpreis bei einigen Hundert oder gar bei einigen Tausend Euro pro Festmeter.

49 Vanilleduft des Holzes

SITUATION: in der Küche

(1) Holz duftet oft intensiv. Manche Hölzer werden sogar ihres Duftes wegen gehandelt, wie das Sandelholz, das Rosenholz oder das Zedernholz.

(2) Sammle ein paar junge Weidenzweige und gib sie in einen zuvor auf 120 Grad erhitzten Ofen. Sie duften intensiv – nach Vanille! Auch Zeitungspapier, das man im Sommer ins Sonnenlicht legt, duftet ähnlich.

(3) Künstliches Vanillin wird technisch aus Ligninsulfonsäure gewonnen, das bei der Papierherstellung als Abfallstoff anfällt. Das Lignin, aus dem das (trockene) Holz zum Teil (20 bis 30 Prozent) besteht, ist ein dreidimensionales Netzwerk, in dem überall Vanillinmoleküle verbaut sind. Die übrigen ca. 70 Prozent des Holzes bestehen aus Cellulose und Halbcellulosen, die ihrerseits aus Traubenzuckermolekülen aufgebaut sind. Chemisch betrachtet könnte man sagen, dass Holz aus Duft und Zucker besteht.

50 Atmende Blätter

SITUATION: von draußen nach drinnen
ZUBEHÖR: Wasserglas, etwas Creme, ein kleiner Teller; eine verschließbare Styroporkiste (z. B. Picknickbox), ca. zwei bis vier Kilogramm Baumblätter – von blattreichen Bäumen wie Weide oder Esche –, Thermoskanne, Thermometer, Wattebausch

(1) Tagsüber nehmen die Pflanzen CO_2 auf und atmen Sauerstoff aus. Was aber geschieht nachts? Das kannst du untersuchen, indem du

[Fig. 30]

in ein Wasserglas zum Beispiel etwas frisch abgeschnittenes Gras legst und das Glas mit einem kleinen Teller verschließt, wobei du die Fuge mit etwas Creme oder Vaseline abdichtest. Stell das Glas dann in einen dunklen Keller. Am nächsten Tag führst du in das Glas ein brennendes Streichholz ein – es erlischt. Die lebenden Grashalme haben allen Sauerstoff verbraucht. Ohne Licht atmen sie offenbar genauso wie Tiere und Menschen. Sie nehmen Sauerstoff auf und geben Kohlendioxid ab.

(2) Die Atmung, wie sie Tiere, Menschen und bei Nacht eben auch die Pflanzen vollziehen, ist ein Verbrennungsprozess. Tiere und Menschen sind warm – weil sie atmen und solange sie atmen. Von einer Erwärmung ist aber bei den Grashalmen nichts zu bemerken. Auch in der Natur fühlen sich die Blätter der Bäume bei Nacht nicht warm an.

(3) Und doch erwärmen sich die Pflanzen, wenn sie „atmen wie wir", und wir können diese Wärme spürbar machen. Dazu sammelst du zwei bis vier Kilogramm frisch gepflückte Blätter eines Baums (z.B. Weide oder Esche) und stopfst sie in eine mit Deckel verschließbare Styroporkiste (z.B. eine Picknickbox oder eine Transportverpackung). Nach 15 bis 20 Stunden öffnest du die Box: Die Blätter sind spürbar warm. Diese Wärme ist etwas ganz anderes als die Hitze, die sich manchmal in Heuhaufen entwickelt – es ist ihre Atmungswärme. Denn die Blätter leben ja noch – wie zu sehen, sie sind noch lange nicht welk! Hier *spürst* du wirklich, dass auch Pflanzen atmende, lebende Wesen sind!

(4) Fühlbar wird die Wärme in der Box deshalb, weil wir ihr die Möglichkeit nehmen zu entweichen. Du kannst das auch mit einer Thermoskanne zeigen, in die du eine Handvoll Blätter gibst. Du verschließt die Kanne mit einem Wattepfropf, durch den du ein Thermometer einführst, und kannst die Wärmeentwicklung gut beobachten.

(5) Der Biologe Hans Molisch, der diese Versuche zuerst beschrieben hat, erzählt, wie er selbst als kleiner Junge (in der zweiten Hälfte des 19. Jahrhunderts) erstmals das Phänomen der Wärmebildung von Pflanzen entdeckte: „Eines Tages wurden vom Felde ganze Fuhren von frisch gebrochenen Maiskolben heimgebracht und in einem Schuppen auf einem großen Haufen zusammengeschichtet. Als man einen Tag später die Kolben von den Blättern befreite und ich dabei mithalf, spürte ich deutlich, wie sich namentlich die in der Tiefe des Haufens liegenden Kolben heiß oder warm anfühlten. Sie atmeten, entwickelten Wärme, und da sie in hoher Schicht übereinanderlagen und sich gegenseitig deckten, konnte die Wärme nicht ausstrahlen und wurde schon mit der bloßen Hand fühlbar."

51 Fluoreszierende Säfte

SITUATION: in der Küche
ZUBEHÖR: ein Zweig von der Esche, ein Glas Wasser

Manche Dinge, die beleuchtet werden, zeigen nicht nur diese oder jene Farbe, sondern sie leuchten geradezu. Sie fluoreszieren.

Man kann fluoreszierende Stoffe synthetisieren – aber merkwürdigerweise werden sie auch von einigen Bäumen produziert. Wenn du von einem jüngeren Eschenzweig mit dem Messer einige Schnitzer abschabst und in ein Glas Wasser tauchst, dann siehst du im direkten Sonnenlicht sofort Schlieren, die sehr schön fluoreszieren. Noch deutlicher ist das Resultat, wenn du das Glas auf dunklen Untergrund stellst. Je stärker das Licht und je dunkler der Untergrund, desto deutlicher die Fluoreszenz. Sie wird durch einen Stoff namens Fraxin verursacht.

52 Pilze

SITUATION: im Spätsommer oder Herbst
ZUBEHÖR: Pilzkappen, Papier

(1) Pilze steigern den Zauber des Waldes – ihr plötzliches Auftreten, oft in Ringen oder in Straßen, ihre oft skurrilen Formen und ihr Duft tragen wesentlich zur Waldatmosphäre bei.

(2) Viele Speisepilze kommen nur unter ganz bestimmten Bäumen vor. Ein Beispiel ist der Birkenröhrling, der stets unter Birken wächst. Pilze leben nämlich oft in einer Lebensgemeinschaft mit bestimmten Baumwurzeln, in die sie hineinwachsen. Der oben sichtbare Teil des Pilzes ist nur der Fruchtkörper, im Boden verzweigt sich der größere, eigentliche Teil des Pilzes, das Myzel. Dieses Myzel um-

[Fig. 31. Der spitzkegelige Kahlkopf]

schlingt nun oft die Wurzeln von Pflanzen, darunter auch Baumwurzeln. Der Baum versorgt den Pilz mit Zucker, der Pilz hilft, indem er
dem Baum die Aufnahme von Wasser und von Nährstoffen erleichtert.
Die Symbiose trägt den schwierigen Namen Mykorrhizia – sie ist für
viele Waldbäume lebenswichtig.

(3) Pilze sammeln ist wahrscheinlich die einzige Form des
Sammlertums, das sich von prähistorischen Zeiten bis heute ungebro-

chener Wertschätzung erfreut. Pilzvereine und Naturfreundevereine bieten im Herbst Pilzwanderungen an; und dies ist die schönste Art, Pilze und den Wald kennen zu lernen. Die meisten Sammler suchen Speisepilze – außerdem aber, sagen die Experten von den Pilzvereinen, interessieren sich immer mehr Menschen für Rauschpilze, wie zum Beispiel den Fliegenpilz oder die Psilocybe-Arten (Fig. 31). Auch dieser Gebrauch der Pilze ist uralt. Ungefährlich ist er nicht.

(4) Hier ein Pilzversuch, der harmlos ist: Sammle im Wald ein paar Pilze, schneide den Stiel knapp unter dem Hut ab und leg den Hut mit den Lamellen oder Röhren nach unten auf ein Blatt Papier. Nach einem Tag hebst du vorsichtig den Hut vom Papier ab: Du siehst ein aus Sporen gebildetes genaues Abbild der Lamellen oder Röhren. Manchmal sind einzelne Stellen von einem leisen Luftzug verblasen, aber das tut dem Gesamteindruck keinen Abbruch. Um die Fehlstellen zu verhindern, kannst du eine Schüssel über die Pilze stülpen. Die Sporenbilder, die du erhältst, sind nicht nur ausnehmend schön, sie dienen dem fortgeschrittenen Pilzkenner auch zur Identifikation einzelner Pilze, zum Beispiel schon erwähnter Psilocybe-Arten.

53   Ein Baumwunder

SITUATION: zwischen den Jahren 2008/09 in Augsburg

Von Bäumen werden viele Wunder berichtet. Eines habe ich selbst erlebt. Wir besitzen einen Orangenbaum. Er ist aus einem Orangenkern hervorgegangen, der beim Saftpressen im Sieb hängen blieb. Mittlerweile ist der Baum über 20 Jahre alt. Er steht in einem großen Pflanzkübel, im Sommer im Garten, im Winter im Haus, und erfreut uns durch seine Schönheit und durch seine Blätter. Nur geblüht hat er in all den Jahren nicht ein einziges Mal. Wir hatten ihn durch vielerlei

Methoden dazu bewegen wollen, keine hat gewirkt, und so gaben wir irgendwann die Hoffnung auf.

Aber im Winter 2008/09 geschah es – an dem Baum wurde etwas sichtbar, eine kleine, winzige Knospe. Eine einzige Knospe! Zum ersten Mal! Weihnachten kam heran, wir packten unsere Koffer, um mit den Kindern auf die lange Reise zu den Großeltern im Norden zu fahren – die Knospe wurde größer, aber sie öffnete sich nicht. Weihnachten war vorbei, mit schweren Koffern standen wir in der klirrenden bayrischen Winterkälte wieder vor unserer Tür. Gleich eilten wir ins Wohnzimmer – und *in diesem Moment* öffnete der Baum die Blüte!

Und zwei, drei Tage später warf er sie ab. Wir hoben die Blüte auf, stellten sie in ein Wasserglas, sie duftete noch tagelang. Als wir sie aus dem Glas herausnehmen wollten, zerfiel sie. Eine Weile blieb noch ein intensiver Duft.

VIII

DIE MENSCHEN

VIII   DIE MENSCHEN

Mit dem Menschen setzen wir unsere Reise von oben nach unten fort, denn in unseren Breiten ist der Mensch dasjenige Geschöpf, das zwischen Himmel und Erde nach dem Baum kommt, jedenfalls, wenn es der Größe nach geht.

Ich sitze an einem der kleinen Kiesstrände der Roseninsel und beobachte Menschen. In meinem Blickfeld sind, auf den Bänken sitzend oder am Wasser, viele Sorten Menschen: Alte und junge, schöne und weniger schöne, im Dirndl, in der Lederhose, in schlammgrauen Anzügen, mit Mütze, mit Kappe, mit Hut, Japaner, Bayern, Amerikaner, Russen – ein Anthropologe kann hier seelenruhig seine Studien machen. Von Fährmann Pöhlus auf die Insel gefahren, wandeln die meisten auf den Spuren des sagenhaften Bayernkönigs Ludwig II. und der Kaiserin Elisabeth („Sissi") von Österreich, seiner Seelenfreundin.

Der Vorzug der Roseninsel für jemanden, der ein Lob des Menschen singen will, liegt zum einen darin, dass die Leute sich hier im Sommer auch in Bikini bzw. Badehose zeigen, dass sie nicht nur sitzen und stehen, sondern auch schwimmen oder sich auf einem Badetuch ausstrecken. Nur nackte Menschen sind hier nicht zu erblicken, dafür ist der Englische Garten in München zuständig, wo an heißen Wochenenden Hunderte Nacktsonnenbader lagern. Amerikanische Reisegruppen kommen regelmäßig vorbei, um dieses aus ihrer Sicht ungeheuerliche Spektakel zu bestaunen.

Vergleicht man den nackten oder halbnackten Menschen, wie er an Seeufern oder im Freibad zu besichtigen ist, mit Tieren, dann fällt auf, was alles am Menschen fehlt. Er kann weichlich und schwabbelig wie eine riesige Made aussehen und wirkt in seiner Nacktheit oft ein wenig embryonal. Er hat, anders als selbst die Rindviecher, keine Hörner, mit denen er drohen könnte. Ihm fehlt das Fell, er ist den Unbillen der Witterung schutzlos ausgesetzt. Seine Zähne sind unbedeutend.

Es gibt eine Richtung in der Anthropologie, die den Menschen vor allem als Mängelwesen beschreibt. Seine Leiblichkeit sei, so heißt es, gegenüber der Leiblichkeit der Tiere nur mangelhaft ausgebildet. Er läuft langsamer als viele andere Tiere, auch seine Sinne sind, verglichen mit anderen Säugetieren, eher schwach. Erst recht fehlen ihm mächtige Organe, mit denen er andere Tiere in Furcht und Schrecken versetzen könnte. Daher müsse er seine vielen Mängel durch Technik kompensieren, er müsse sich eine zweite Natur erfinden, um durchzukommen. Allerdings stellt sich die Frage: Woher soll der Mensch denn die Fähigkeit haben, sich eine solche zweite Natur aufzubauen, wenn er so mangelhaft strukturiert ist? Gibt es nicht doch etwas Außergewöhnliches am Menschen? Etwas, das kein Tier besitzt?

Heutzutage sieht man als Besonderheit des Menschen sein ziemlich großes Gehirn (sein „Großhirn") an. Zweifellos ist das menschliche Hirn ein Wunderwerk ohnegleichen in der Natur. Aber es ist nicht nötig, im Inneren des Menschen zu suchen, schon seine äußere Erscheinung steckt voller spektakulärer Gaben.

Fangen wir bei etwas ganz Kleinem an, beim Daumen. Er steht für den Menschen, ein Abdruck des Daumens ist unverwechselbar und ersetzt die Unterschrift. Der Daumen ist in jeder Hinsicht der wichtigste Finger. Wer einmal versucht hat, mit einem verstauchten Daumen zu essen oder auch eine Reparatur an einem Fahrrad durchzuführen, wird zustimmen: Ohne ihn geht gar nichts. Dank Daumen können wir einem Objekt eine beliebige Stellung geben, wir können es von jeder Seite betasten, in jeder Stellung festhalten und zugleich äußerst fein den Druck regulieren. Menschenaffen und Halbaffen haben auch Daumen. Ihre Daumen sind aber nicht mit unserem zu vergleichen, sie sind nämlich kürzer, nicht so beweglich und auch schwächer. Mit ihrem kurzen, unentwickelten Daumen können die Affen nicht viel anfangen. Wenn sie etwas von allen Seiten betasten wollen, müssen sie es im Handinnern hin- und herwälzen.

„Was für geschickte und für wie viel Künste geeignete Dienerinnen aber hat die Natur dem Menschen erst in seinen Händen geschenkt", schwärmt der römische Philosoph und Politiker Cicero in seiner Schrift *Über die Natur der Götter*. Die menschliche Hand ist eines seiner Argumente für die Güte der Götter.

Tatsächlich ist die menschliche Hand unvergleichlich. Sie ist in höchsten Maße sensibel; so ist es beispielsweise möglich, mit den Fingern Schichtdicken von Papier zu unterscheiden, die im Bereich von Bruchteilen von Millimetern liegen. Stoffe, aber auch Holzsorten werden deshalb mit der Hand geprüft. Die Punkte der Blindenschrift haben eine Breite von 1,2 bis 2,1 Millimeter und eine Höhe von 0,5 bis 0,1 Millimeter − sie können von entsprechend geschulten Menschen gleichwohl problemlos gelesen werden. Die Präzision, mit der die tastenden Finger feinste Unterschiede wahrnehmen, ist geradezu unglaublich! *Unsere Hände haben Augen.*

Und zugleich kann sich die Hand schnell und dennoch extrem präzise bewegen. Es gibt Tastaturvirtuosen, die bis zu 16 Buchstaben pro Sekunde in den Computer tippen können, fünf oder sechs kann jeder, der ein wenig übt und sich auf das Zehnfingersystem einlässt! Mit einem geeigneten Stift sind die meisten Menschen in der Lage, das Wort *Hallo!* auf ein Reiskorn zu schreiben (probiere es aus!).

Übertroffen werden die Schnelligkeit und die Präzision der Hand vielleicht noch durch ihre Vielseitigkeit. Die Hand der Halbaffen ist und bleibt eine Klammerzange, die Hand des Orang-Utans ist ein Aufhängehaken, die des Gorillas zur Hälfte ein Lauforgan − die menschliche Hand ist dies alles zugleich, und sie kann noch viel mehr. Sie ist Schöpfkelle, Trichter, Hammer, Haken, Ring, Zange, Harke und kann doch auch Pinzette sein. Und für weitere ungezählte Funktionen der Hand gibt es nicht einmal ein Wort, geschweige denn einen technischen Ersatz! Ein Wunderwerk der Evolution, bedeutender als jede Maschine!

Und zugleich ist die Hand ein Medium der Zärtlichkeit, das im gesamten Tierreich seinesgleichen sucht! Eine Katzenmutter leckt ihre Jungen, wir Menschen können unsere Kinder in die Arme nehmen, wir können sie streicheln. Kein Tier kann Liebe und Zärtlichkeit so intensiv zeigen wie der Mensch mit seiner Hand. Von der gütigen Hand, mit der ein anderer Mensch uns berührt, können geradezu magische, heilende Kräfte ausgehen.

Umso merkwürdiger ist es freilich, dass genau dieselbe Hand auch in der Lage ist zu schlagen. So klein sie daherkommt, so wenig Gewicht sie zu haben scheint – ein Karatekämpfer oder ein Boxer kann sein ganzes Körpergewicht in die Hand hineinlegen, die Hand geradezu mit Kraft aufladen. Jeder Mensch, der in der Lage ist, mit seiner Hand andere zu streicheln, kann mit derselben Hand auch andere töten. So sind die Hand und ihre Fähigkeiten ebenso paradox und zwiespältig wie der Mensch selbst.

Mit der Hand ist der Mensch fähig, künstliche Umwelten – Äcker, Ställe, Hütten, Häuser, Schlösser oder auch Autos und Flugzeuge – zu schaffen. Er ist nicht mehr an eine bestimmte ökologische Nische gefesselt, sondern errichtet sich eine eigene nach seinen Wünschen. Er ersetzt die wilden Tiere, die ihm gefährlich oder lästig sind, durch gezähmte, die das tun, was er will. Auf zufällig existierende Höhlen ist er nicht mehr angewiesen; stattdessen baut er sich künstliche Behausungen, wo und wie es ihm gefällt: „Wir nutzen die Ebenen wie die Berge, uns gehören die Flüsse und Seen, wir säen Getreide und pflanzen Bäume; wir leiten Wasser auf unsere Äcker, um sie fruchtbar zu machen, wir dämmen Flüsse ein, bestimmen ihren Lauf und leiten sie ab; durch unsere Hände schaffen wir uns in der Natur eine zweite Natur", stellt Cicero in seinem enthusiastischen Loblied auf die Hand fest. Mit den Händen, nicht mit den Füßen entflieht der Mensch seinem angestammten Biotop und wandelt jede Gegend so um, dass sie für ihn bewohnbar wird.

Die Hand konnte sich nur deshalb so prächtig entwickeln, weil die Menschen gelernt haben, aufrecht zu gehen – die Arbeit des Tragens und Fortbewegens wurde von vier auf zwei Glieder verlagert, auf die Füße. Sie sind die Verlierer der neuen Haltung des Menschen und sind auch, verglichen mit den Füßen der Affen, weitaus unbeholfener und klobiger, nicht unbedingt schön. Aber was sich bei den Füßen zu-

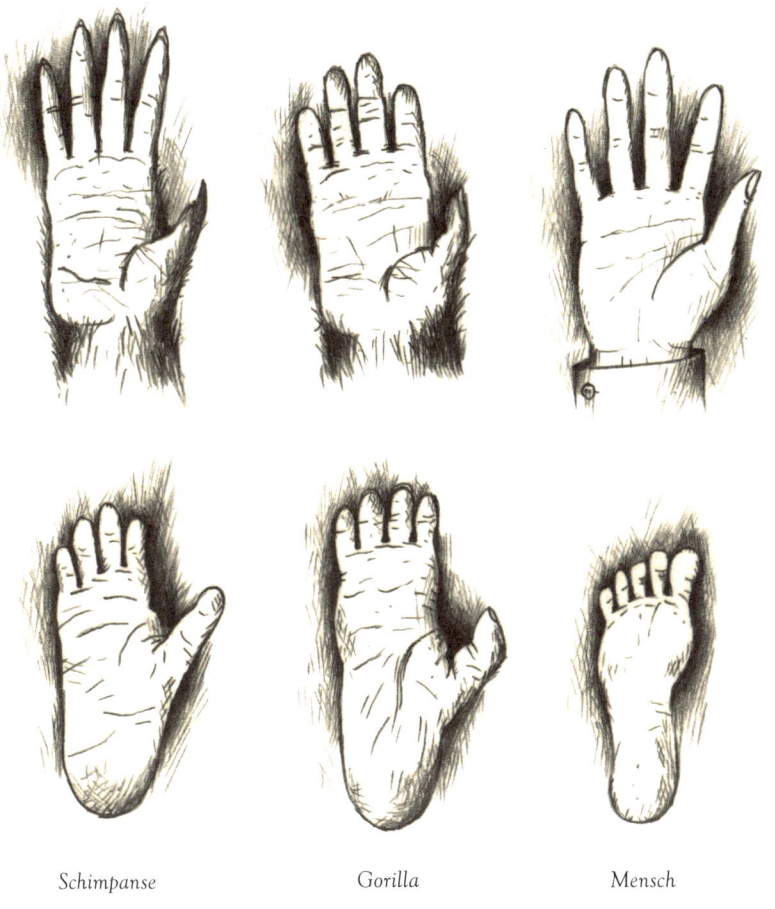

Schimpanse   Gorilla   Mensch

[Fig. 32]

rückbildete, kam der Hand zugute: Die vordere Gliedmaße wurde für neue Aufgaben frei.

Es gab noch einen zweiten Gewinner des aufrechten Gangs: die Stimme des Menschen. Wie die Hand wurde auch der Mund durch die Aufrichtung entlastet und war damit frei, differenzierte Laute zu formen. Anders als die Tiermäuler muss sich der menschliche Mund nicht mehr damit beschäftigen, Dinge zu ergreifen und zu transportieren. Er steckt nicht mittendrin im Schlamassel, sondern ist weit vom Erdboden entfernt. Die Zunge wird weder zum Streicheln noch zum Umwickeln und Abreißen gebraucht. Dies alles erledigt nun die

Hand. Der Abstand zu den Dingen, der Abstand zur Welt wird gesteigert. Die menschliche Stimme entsteht, sie ist in der ganzen Natur so einzigartig wie die menschliche Hand. Mit seiner Stimme kann der Mensch Abwesendes anwesend machen, er kann mit Lauten und Geräuschen Situationen herbeizaubern, die gar nicht da sind. So wie die menschliche Hand das Werkzeug der Werkzeuge ist, ist die menschliche Stimme nicht einstimmig und starr, sondern in sich vielstimmig und verwandlungsfähig. Und sie ist zugleich, wie die Hand, mit Kraft geladen, kann beängstigend laut werden.

Der gesprochene Laut und die zeigende Hand arbeiten in der Entwicklung der Sprache zusammen; und mit der Sprache hat der Mensch ein eigenes, mächtiges Instrument entwickelt, um Erfahrungen rasch weiterzugeben. Die Schrift erweitert die Reichweite der Sprache über Raum und Zeit hinweg – auch sie ist wieder ein Werk der menschlichen Hand.

Weder Hand noch Stimme sind passive Befehlsempfänger des Gehirns. Über die Schulung von Handfertigkeiten kann auch das Gehirn entwickelt werden, wie Pädagogen, die mit behinderten Menschen arbeiten, seit Langem wissen. Es ist gut möglich, dass die vielseitigen Hände auch im Verlauf der Evolution des Menschen einiges zur Entwicklung unseres Hirns beigetragen haben. Vielleicht verdanken wir unseren Verstand, wie der Grieche Anaxagoras annahm, tatsächlich unseren Händen.

Seit dem 18. Jahrhundert hat der technische Fortschritt, der durch die Verbindung handwerklicher und intellektueller Fähigkeiten in den Naturwissenschaften eintrat, unsere künstlichen Welten perfektioniert – zunächst nur in Europa, inzwischen auch in anderen Teilen der Welt.

Zumindest dem Menschen und auch einigen Pflanzen und Tieren, die ihn begleiten, brachte die wissenschaftlich-technische Zivilisation wirklichen Fortschritt. Denken wir nur daran, wie das Leben einer *Frau* in Mitteleuropa noch vor 200 Jahren aussah! Zwischen 15 und 45 Jahren waren die meisten Frauen entweder schwanger oder stillten einen Säugling. In manchen Ländern des Südens ist es heute noch so. An nichts kann man den *Segen* von Naturwissenschaft und Technik besser festmachen als an der Geschichte des weiblichen Geschlechts.

Unsere künstlichen Menschenwelten sind nicht per se verdammenswert, in ihnen stecken viele Errungenschaften, die wir erhalten müssen. Ob das machbar sein wird bei einer wachsenden Weltbevölkerung und bei immer mehr Menschen, die unsere Technologien und unseren Lebensstil übernehmen? Inzwischen sind wir 6,8 Milliarden, bis 2050 werden es vermutlich über neun Milliarden sein, die auf dieser Erde leben. Diese riesige Menge Menschen lebt von einem künstlichen Biotop namens Landwirtschaft. Mehr als die Hälfte der gesamten eisfreien Landfläche weltweit wird inzwischen von Menschen genutzt — als Kulturland für den Ackerbau, als Viehweide, für systematischen Holzanbau, Bergbau, für Straßen und als Siedlungsfläche. Hier in Mitteleuropa liegt der Anteil sogar noch weitaus höher. In Bayern wird die Hälfte der Landesfläche für Landwirtschaft genutzt, zehn Prozent für Siedlungen und Verkehr. Es ist klar, dass da für andere Lebewesen immer weniger Platz bleibt, bei uns und anderswo auf der Welt.

Der durch den Menschen verursachte Artenschwund ist nach Ansicht von Biologen nur noch vergleichbar mit jenem sogenannten Faunenschnitt vor 65 Millionen Jahren, als ein Meteorit in der Nähe von Yukatan auf die Erde prallte und das damalige Leben, einschließlich der Dinosaurier, zu großen Teilen vernichtete. Heute sind, so die neuesten Schätzungen, 23 Prozent aller Säugetiere, 12 Prozent aller Vögel, 25 Prozent aller Nadelbäume und 32 Prozent aller Amphibien akut von der Auslöschung bedroht. Seit Beginn der industriellen Fischerei sind die Fischpopulationen um 90 Prozent zurückgegangen!

Auch die Zahl der Nutztiere zeigt, wie rücksichtslos die künstlichen Welten des Menschen auf Kosten der natürlichen Welt gewachsen sind: 1,5 Milliarden Rinder und Büffel grasen weltweit und mehr als 1,7 Milliarden Ziegen und Schafe; das Gewicht der Nutztiere übertrifft inzwischen das Gesamtgewicht *aller* wild lebenden Tiere und *aller* wildlebenden Fische (wenn man von den wirbellosen Tieren und den Mikroorganismen absieht). Stellen wir uns das einmal bildlich vor: eine riesige Waage, in der einen Waagschale die menschlichen Nutztiere – vor allem Rinder, Ziegen und Schafe – und in der anderen Waagschale alle Krokodile, Löwen, Elefanten, Vögel, alle Wale, alle Haifische und so weiter bis hinunter zu den winzigsten Spitzmäusen, den kleinen Blindschleichen und den kleinsten, durchsichtigen Buntbarschen aus den afrikanischen Seen – und die Menschentiere wären dennoch schwerer!

Wir dürfen nicht zulassen, dass weiterhin immer mehr natürliche Arten verschwinden oder auf minimale Populationen zurückgedrängt werden. Andernfalls zerstören wir nicht nur die wichtigste Quelle für Inspiration, für Schönheit und für Wissen, sondern auch die Grundlagen unserer eigenen physischen Existenz.

Als Charles Darwin Material für sein Buch *Ausdruck der Gemütsbewegungen bei den Menschen und den Tieren* sammelte, sandte er Fragebögen an Missionare in allen Teilen der Welt, um die Verbreitung von Mimik und Gebärden zu untersuchen. Seine Nachforschungen galten auch dem Achselzucken als der Gebärde des Nichtwissens. Es ist vielleicht die menschlichste unter allen Gebärden. Darwin erfuhr von seinen Korrespondenzpartnern, dass sie weltweit verbreitet ist. Die Gebärde ist stumm – demonstrativ wird der Mund verschlossen. Man weiß nichts zu raten, nichts zu sagen. Aber man zeigt seine Hände vor, die Handflächen sind nach oben gekehrt. Eigentlich eine optimistische Geste.

Auf die menschlichen Hände wird es ankommen. Sie werden viel Neues zu bauen und zu erfinden haben in diesem Jahrhundert. Wir brauchen Technologien, die weit besser in die natürlichen Kreisläufe integriert sind als die bisherigen, wir benötigen neue Technologie für effizienten Naturschutz.

Andererseits ist es wichtig, dass wir lernen, unsere Hände gelegentlich ruhen zu lassen. Nicht immer und überall müssen wir uns an der Welt zu schaffen machen. Es muss Naturräume geben, die unbetreten, ungepflügt, unbegangen bleiben. Hände weg! Ohne Verzicht auf manche Segnungen unserer Wohlstandsgesellschaft wird es nicht gehen.

Historiker späterer Generationen werden uns nicht an unseren großartigen technologischen Leistungen messen, eher wird in Betracht kommen, in welchem Maße es uns gelungen ist, unser Naturerbe zu pflegen und weiterzugeben. Verachtet man uns eines zukünftigen Tages vielleicht als diejenige Generation, die billigend oder gleichgültig zugesehen hat, wie die Hälfte der biologischen Vielfalt auf unserem Planeten vernichtet worden ist?

Sehen wir uns nochmals die Roseninsel an. Sie ist ein Park mit einer wunderbaren Vielfalt an Bäumen, an Sträuchern und Blumen. Ausblicke nach Westen, nach Süden und nach Osten erlauben einen vollendeten Naturgenuss wie im Theater. Ihre natürliche Schönheit wurde durch die besonnene, langsame Arbeit der Gärtner um ein Vielfaches gesteigert. Namensgeber der Insel ist die Rose, die im Frühjahr und im Herbst in tausenderlei Gestalten im Garten der Insel duftet – auch sie ein Menschenwerk, auch sie eine über Hunderte von Generationen langsam erzielte Veredelung der Natur. So geht es also auch: Unter den gärtnernden Händen gedeihen Rosen und Kräutergärten, entsteht eine zweite Natur, in der die erste aufgehoben und erhöht wird.

Entdecke Menschenspuren!

54 Fingerabdrücke sichtbar machen I

SITUATION: auf der Spur des Täters
ZUBEHÖR: feines Mehl (Typ 405), feiner Pinsel, eine Hochglanzillustrierte mit vielen bunten Annoncen

(1) Menschen laufen an den meisten Stellen auf dieser Erde so zahlreich herum, dass man es normalerweise kaum vermeiden kann, sie zu sehen. Auch Spuren von Menschen sind meist sehr einfach zu finden. Die weitaus häufigsten Menschenspuren sind Fingerabdrücke, weil Menschen es nicht lassen können, alles anzufassen. Der Fingerabdruck ist sogar noch charakteristischer als die DNA: Denn zwei Menschen (Zwillinge) können die gleiche DNA haben, ihre Fingerabdrücke sind trotzdem verschieden.

(2) Fahre dir mit den Fingerspitzen über die Stirn oder durch die Haare und drücke die Finger dann kräftig auf eine möglichst dunkle Zone in einer Hochglanzillustrierten.

(3) Nimm jetzt mit dem Pinsel etwas Mehl aus der Mehltüte und stäube es aus kurzem Abstand vorsichtig über den Fingerabdruck. Nicht mit dem Pinsel direkt auf dem Papier fuhrwerken! Puste über einem Waschbecken die Mehlschicht vom Papier. Der Fingerabdruck wird sichtbar.

(4) Professionelle Ermittler arbeiten mit besonderen Pinseln und besonderen Pulvern. Oft verwenden sie magnetische Pulver, die mit einem Magneten aus ihrem Behältnis herausgehoben werden – das Pulver hängt sich dabei an den Magneten und bildet eine Art Bart.

Dieser Bart wird als Pinsel eingesetzt. Auf diese Weise werden dank der zarten Behandlung die Spuren geschont, darüber hinaus lässt sich überschüssiges Pulver mit dem Magneten leicht wieder einsammeln. Verwandt werden schwarze Pulver für helle Oberflächen und weiße Pulver für dunkle. Auf bunten und gemusterten Flächen kommen fluoreszierende Farben zum Einsatz. Noch ein Tipp: Durch Anhauchen kannst du alte Spuren wieder auffrischen.

55 Fingerabdrücke sichtbar machen II

SITUATION: auf der Spur des Täters
ZUBEHÖR: gereinigtes Gurkenglas oder Marmeladenglas, Sekundenkleber

(1) Sekundenkleber (Cyanacrylat), den du im Baumarkt erhältst, kannst du ebenfalls bei der Spurensuche einsetzen. Auch dieses Verfahren wird in der kriminalistischen Praxis häufig verwandt.

[Fig. 33]

(2) Du reinigst das Gurkenglas und bringst darin einige Fingerabdrücke an: Die ist am einfachsten, wenn du mit den Fingern die Innenseite berührst.

(3) Dann gibst du eine Portion Sekundenkleber (etwa ein Teelöffel) in das Glas und verschließt es.

(4) Nach ein bis zwei Stunden machen die Dämpfe des Sekundenklebers die Fingerabdrücke im Glas sichtbar. Der Sekundenkleber schlägt sich auf ihnen nieder und wird fest. Die hellweißen Spuren sind wischfest und in allen Einzelheiten erkennbar.

(5) Ähnlich kannst du auch Fingerabdrücke auf anderen Objekten „entwickeln“. Dazu legst du einfach den Spurenträger, der allerdings eine nicht saugende Oberfläche haben muss (also z. B. Plastik oder Metall oder Glas), in das Gurkenglas und tropfst den Sekundenkleber daneben.

(6) Um die Prozedur zu beschleunigen, kannst du das Glas erwärmen, indem du es kurz in heißes Wasser stellst.

(7) Mit diesem Verfahren arbeiten auch professionelle Ermittler. Statt des Gurkenglases benutzen sie eigene Kammern, in die sie die Spurenträger hineinstellen. Daneben befindet sich ein kleines Aluminiumtöpfchen (ähnlich den Alutöpfchen der Teelichter), das auf einer eingebauten Heizplatte vorsichtig erwärmt werden kann. Dieses wird dann mit Sekundenkleber beschickt. Ist der Spurenträger sehr groß – zum Beispiel eine Tür –, dann wird um ihn herum eine Art Zelt aufgebaut und darin Sekundenkleberdampf erzeugt.

(8) Ich frage mich, wer wohl zuerst auf die Idee gekommen ist, Sekundenkleber in dieser Weise einzusetzen. War es ein Polizist, der sich ärgerte, dass auf den Fliesen und Armaturen seines Badezimmers, in dem er einige Reparaturen mit Sekundenkleber ausgeführt hatte, plötzlich Fingerabdrücke sichtbar wurden? Vermutlich war die Sache, wie so viele geniale technische Anwendungen, zunächst einmal eine lästige Panne, bis jemand auf die Idee kam, sich dieses Phänomen zunutze zu machen.

56   Wischspuren

SITUATION: im Dunkeln
ZUBEHÖR: Taschenlampe oder LED-Leuchte

(1) Wenn nachts ein Auto langsam eine dunkle Straße entlangfährt, sieht der Beobachter, der die Szene vom Bürgersteig aus verfolgt, im Licht der Scheinwerfer plötzlich viele Unebenheiten und Hubbel auf der Straße, die tagsüber ganz eben schien. Im Streiflicht werfen auch winzige Unebenheiten einen Schatten und erhalten dadurch stärkeres Profil. Dieses Phänomen kannst du bei der Spurensuche nutzen.

(2) Nimm eine Taschenlampe oder LED-Leuchte und leuchte damit in einem dunklen Raum seitlich über eine verstaubte Fläche. Der Staub erscheint nun wie eine dünne Schicht frisch gefallener Pulverschnee. Hier und da erkennst du Spuren – Spuren einer Hand oder eines Ärmels oder sogar Pfotenspuren der Katze.

(3) Diesen Effekt machen sich Kriminaltechniker zunutze. Gegenstände werden mit einer besonders starken Lampe von der Seite her angestrahlt. Verwendung finden dabei oft sogenannte Tatortlampen, mit denen man die Lichtstarken dosieren und die Wellenlängen einstellen kann. Mit ihnen werden auch feinste Spuren sichtbar, die sonst nicht erkennbar wären. Ich hatte bei einem Besuch der Augsburger Kripo Gelegenheit, die unglaubliche Wirkung einer solchen Lampe mit eigenen Augen zu sehen: Auf einem scheinbar frisch ge-

putzten Fußboden machte sie ganz deutlich zahlreiche Fußspuren sichtbar.

(4) Auch die Tatsache, dass irgendwo *keine* Spuren erkennbar sind, wo man welche erwarten würde, ist oft belangvoll. So erzählte mir ein Kripokommissar aus Niedersachsen folgende Geschichte: „Ich kam zu einem Ehepaar, in dessen Haus eingebrochen worden war. Neben vielen anderen Gegenständen behaupteten die Leute auch, ihnen sei ein DVD-Player gestohlen worden, der auf dem Fernseher stand. Mit meiner Taschenlampe leuchtete ich schräg über die Fläche, aber im Staub auf dem Fernseher waren nicht die geringsten Spuren zu entdecken. Das kommt häufiger vor: Wenn irgendwo ein Einbruch stattgefunden hat, vermissen die Bestohlenen manche Dinge, die sie nie besessen haben."

57 Fährtenlesen im Tau

SITUATION: auf einem Rasen an einem frühen Morgen nach einer sternklaren Nacht

(1) Wir stellen uns oft vor, dass „Naturvölker" über geradezu magische Gaben des Spurenlesens verfügen. Alexander von Humboldt, den die Fähigkeiten seiner indianischen Führer in Südamerika aufs Höchste erstaunten, meinte sogar, die Indianer hätten die Gabe, Fußspuren zu *riechen*! Tatsächlich aber orientieren sich Indianer und alle anderen Fährtenleser fast ausschließlich an optischen Zeichen; dabei nutzen sie bestimmte Situationen aus, die die Spurensuche vereinfachen.

(2) Wenn Tau gefallen ist, was meist in klaren, windstillen Nächten geschieht, werden Spuren in besonderem Maße sichtbar. Gerade auf Wiesen kannst du dann gut sehen, wo kurz zuvor jemand entlang-

gegangen ist. Auch frisch betaute Fußballplätze oder Golfplätze eignen sich bestens zur Beobachtung dieses Phänomens. Je nach Blickwinkel ist der Tau deutlich oder weniger deutlich sehen; Spuren zeichnen sich darin oft sehr klar ab, selbst Spuren kleiner Tiere.

(3) Ältere Reiseschriftsteller, die damals noch das Glück hatten, in fernen Ländern gemeinsam mit einheimischen Fährtenexperten unterwegs zu sein, berichten übereinstimmend, dass diese besonders erfolgreich waren, wenn sie sich an einem Morgen, der Tau gebracht hatte, auf Spurensuche begaben.

(4) Auch andere verborgene Dinge bringt der Tau ans Licht. Wurde irgendwo eine Grube gegraben, dann setzt sich der Tau gerade auf dieser Stelle besonders reichlich ab und macht sie gegebenenfalls erst sichtbar. Denn hier ist die Erde lockerer und daher nachts kühler. So kann man auf betauten Fußballrasenplätzen oft die Linien früherer Feldbegrenzungen klar erkennen. Bei Raureif im Herbst sind diese Spuren noch deutlicher. Der alte Volksglaube, dass bei Tau oder Reif die Orte, an denen Schätze vergraben wurden, sichtbar werden, hat hier seinen Ursprung. Auch Archäologen schätzen Landschaften in morgendlichem Reif, verrät seine Verteilung doch die im Erdboden verborgenen Denkmäler.

58   Vertrautes neu sehen: der Wegerich

SITUATION: an einem Wegrand oder auf einer Wiese

(1) An vielen Wegen und Wiesen finden wir die breiten Blätter des Breitwegerichs. Die Pflanze erträgt Hitze und Dürre zwischen heißen Steinen so gut wie die Füße, die über sie hinwegschreiten. Schon früh ist der Wegerich deshalb als Heilpflanze angesehen worden, mit seinen Blättern bedeckte man Wunden. Die Leute meinten, was so au-

ßerordentlich robust ist, dass es unzähligen Tritten widersteht, müsse heilkräftig sein. Zudem spielte die Pflanze eine wichtige Rolle in Orakeln, die an Weggabelungen gern veranstaltet wurden. Reißt man nämlich die Blätter quer auseinander, bleiben oft Fäden an den Querrippen hängen. Reißen zwei Menschen an dem Blatt, so hat nach alten Orakeln derjenige mehr Glück, auf dessen Seite mehr Fäden hängen.

(2) In seinen *Reisen in Canada*, die 1856 erschienen, berichtete der Geograph Johann Georg Kohl von der „fast unheimlichen" Beobachtung, dass überall, wo Weiße hinkämen, bald eine europäische Vegetation aufspringe, welche die einheimische verdränge: „Die Indianer haben diese interessante Bemerkung auch schon gemacht, und sie nennen daher ein europäisches, schon häufig in dieser Weise erscheinendes Kraut ‚des Weißen Fußstapfen', als wollten sie andeuten, dass

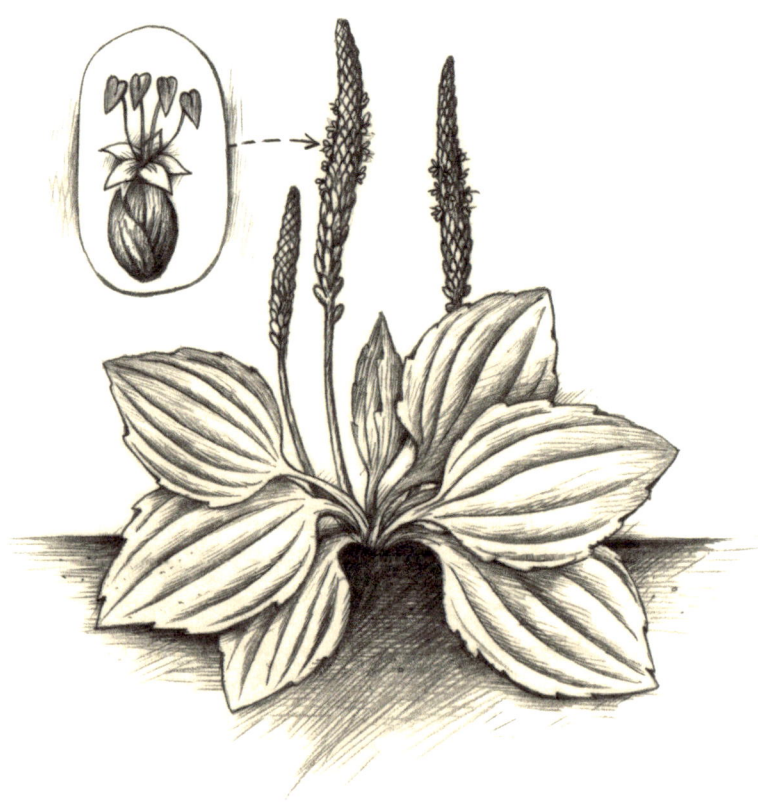

wo der Weiße nur ein Mal seinen Fuß hinsetze, dieses Kraut sogleich wie durch Zauber aus dem Boden hervorschieße. Es ist dieses Kraut unser deutscher sogenannter Wegebreit." Ursache des Phänomens ist, dass die Einwanderer in ihren Profilsohlen unwissentlich Samen des Breitwegerichs mit sich trugen und ihn so verbreiteten.

(3) Im Breitwegerich sahen die Indianer eine Spur. Heutige Archäologen schließen ähnlich. Werden bei einer Untersuchung eines alten Moors in einer Moorschicht Pollen des Wegerichs oder seine Samen nachgewiesen, gilt das als ein Zeichen dafür, dass zu jener Zeit, in der sich die Moorschicht gebildet hat, in der Nähe eine menschliche Siedlung bestand. Offenbar lebt der Wegerich schon seit der Steinzeit in einer sehr engen Symbiose mit den Menschen. Menschen schaffen ihm mit ihren Füßen den Lebensraum, Menschen verbreiten seine Samen – da erscheint es nur folgerichtig, dass sein Vorkommen mit menschlichen Ansiedlungen in Verbindung gebracht wird.

59 Rechnen, um zu staunen: CO_2-Seen

SITUATION: am Schreibtisch
ZUBEHÖR: Papier und Bleistift, Taschenrechner

(1) Die Aktivitäten des Menschen hinterlassen auch Spuren in der Luft: Schwefeldioxid, Stickoxide oder Feinstaub. Die derzeit meistdiskutierte dieser Spuren ist das zusätzliche CO_2, das wir in die Luft blasen und das sich dort anreichert. CO_2 entsteht bei Verbrennungsprozessen.

(2) 945 Millionen Tonnen CO_2 wurden allein im Jahr 2008 in Deutschland „emittiert", also in die Luft geblasen. Unter einer Tonne Gas können wir uns nur schwer etwas vorstellen. Rechnen wir daher

die CO_2-Menge in Kubikmeter um. Dazu muss man nur wissen, dass ein halber Liter CO_2 ziemlich genau ein Gramm wiegt. Und wir erinnern uns, dass ein Kubikkilometer 1.000.000.000 (eine Milliarde) Kubikmeter enthält – und ein Kubikmeter seinerseits 1.000 Liter.

(3) Ich komme als Ergebnis auf 52,5 Kubikkilometer. Das hört sich nach viel an und ist leider immer noch genauso abstrakt wie die 945 Millionen Tonnen. Wir können uns dieses Volumen als Würfel vorstellen, indem wir die dritte Wurzel aus 52,5 Kubikkilometer ziehen – so kommen wir auf etwa 3,7 Kilometer Kantenlänge für unseren Würfel. Es gibt noch einen zweiten Trick, wie man sich solche sehr großen Volumina vorstellen kann: Man überlegt sich, welchen See man mit der entsprechenden Menge füllen könnte. Da reines CO_2 deutlich schwerer ist als Luft und zunächst nach unten fließt, ist diese Vorstellung gar nicht abwegig. Der Starnberger See hat einen Wasserinhalt von etwa drei Kubikkilometern, das reicht also längst nicht. Was ist der nächstgrößere See? Nehmen wir den Bodensee, der hat, wie das Internet uns sagt, einen Wasserinhalt von 48 Kubikkilometern. Dieses Seebecken also könnten wir mit dem CO_2, das wir in Deutschland in nur einem Jahr produzieren, problemlos füllen, und das Becken des Starnberger Sees gleich mit. Das ist schon eine gewaltige Menge.

60   Rechnen, um zu staunen: unser Energieverbrauch, umgerechnet in Feuersäulen

SITUATION: sinnend

(1) Der Mensch ist ein Feuermacher; eine der aufschlussreichsten Menschenspuren ist die Asche eines Lagerfeuers. Aus ihr lasen die Fährtenleser, wann Menschen an einem bestimmten Ort waren, was sie aßen und wie viele es waren. Auch in unserer modernen High-Tech-Welt brennen unzählige Feuer, allerdings sind sie so gut verkap-

selt und so hochgradig technisiert, dass wir sie kaum wahrnehmen. Wir haben gelernt, das Feuer, dieses Herzstück unserer künstlichen Welten, so zu gestalten, dass es ohne Qualm und oft auch ohne Asche brennt. Verbrannt wird bei uns derzeit kaum richtiges Holz aus Wäldern, sondern Erdgas und Erdöl sowie fossiles Holz, also Steinkohle oder Braunkohle, die wir aus versunkenen Waldfriedhöfen ausgraben. Die Verbrennung geschieht meist in geschlossenen Kammern oder in Kraftwerken, wo aus der Energie, die das Feuer liefert, Strom hergestellt wird. Die Feuer tuckern und glimmen rund um uns, im Benzinmotor, im Boiler des Heizkessels im Keller, sie brummen, gut eingemauert, im Kraftwerk. Sie liefern die Energie für fast alle Wunderwerke der Technik um uns herum. Würden die Feuer in den Kraftwerken und in den Motoren auch nur einen Moment verlöschen, so würden alle Züge anhalten, die Fernseher und Radios würden schweigen, die Bildschirme würden dunkel, und auf den Straßen würde es ruhig.

(2) Von den Feuern selbst sehen wir kaum etwas, nur ihre Effekte nehmen wir wahr. Wir fühlen, dass die Wohnung warm wird, sehen, dass das Auto fährt oder der Computer läuft. Der Strom kommt aus der Steckdose, das Feuer, das irgendwo in der Ferne brennt, um ihn zu erzeugen, ist für uns unsichtbar. Die einzige Spur jener Feuer, mit denen wir die Energie erzeugen, die unsere Maschinen und alle digitalen Welten antreibt, ist das CO_2. Bei jeder Verbrennung entsteht CO_2. Dieses unsichtbare Gas ist die eigentliche Asche jeden Feuers. Von ihm können wir ausgehen, wenn wir die Feuer, die uns umgeben, vorstellbar machen wollen.

(3) Die durchschnittliche CO_2-Bilanz jedes Deutschen beträgt 11.500 Kilogramm (945 Millionen Tonnen CO_2 geteilt durch derzeit 82 Millionen Einwohner) – und dies ist genau die Asche aller Feuer, die um uns brennen, um unseren Lebensstil zu ermöglichen. Wie sähe dieses Feuer aus, wenn es auf einmal, als riesengroßer Feuerball, brennen würde? Für Feuereffekte in Hollywoodfilmen wird gern Benzin oder Kerosin verwandt. Rechnen wir also einmal unsere Gesamt-

CO_2-Bilanz im Jahr in ein Benzinfeuerwerk um. Dazu müssen wir wissen, wie vielen Litern Benzin unsere 11.500 Kilogramm CO_2 entsprechen. Je Liter Benzin entstehen ungefähr 2,3 Kilogramm CO_2.

(4) 11.500 Kilogramm geteilt durch 2,3 Kilogramm/Liter Benzin ergibt die schöne Zahl von 5.000 Litern Benzin.* Diese 5.000 Liter Benzin sind der Brennstoff, den jeder Deutsche im Jahr durchschnittlich verbraucht. Jetzt fragen wir einen Filmpyrotechniker, was man damit alles machen kann. Mir sagte ein Fachmann: „Mit fünf Litern Benzin kann man einen Feuerball von 30 Metern Durchmesser erzeugen – wenn man das Ganze mit einer guten Treibladung in die Luft schießt. Man kann auch eine gut zehn Meter hohe und fünf Meter breite Feuersäule abfackeln, wie sie in Actionfilmen oft zu sehen ist." So eine Riesensäule könnten wir also an jedem Tag des Jahres zweimal in unserem Garten hochsteigen lassen, morgens und abends, und an Sonntagen und Feiertagen sogar dreimal! Und unsere Eltern, unsere Geschwister, unsere Kinder ebenfalls, natürlich auch die Nachbarn und überhaupt alle Leute in der Stadt! In ganz Deutschland! So sähen also die Feuer aus, die uns umgeben, wenn sie alle offen brennen würden statt verborgen in Motoren, in Boilern und in Kraftwerken. Das sind schon gewaltige Flammen. Vor allem, wenn wir sie mit den Feuern unserer Vorfahren vergleichen. Was hatten die für bescheidene Brände! Unsere Feuer reichen bis zum Himmel. Genau das ist die Energie, die wir täglich, stündlich verbrauchen!

---

* Willst du wissen, wie vielen Litern Benzin der jährliche CO_2-Ausstoß Deutschlands entspricht, teilst du die 945 Millionen Tonnen = 945 Milliarden Kilogramm durch 2,3. Heraus kommen rund 41 Milliarden Liter Benzin. Pro Stunde sind das rund 47 Millionen Liter oder 47.000 Kubikmeter, denn jedes Jahr hat 8.760 Stunden. Pro Sekunde (denn jede Stunde hat 360 Sekunden) wären dies 130 Kubikmeter oder 130.000 Liter. Das entspricht in etwa dem Durchschnitt eines mittelgroßen Flusses, etwa dem Abfluss des Mains bei Würzburg oder des Neckars bei Mannheim. Dieser imaginäre Fluss, der auf keiner Karte verzeichnet ist, aber trotzdem existiert, verästelt sich in Millionen und Abermillionen Nebenflüsse, Bäche und Kapillaren, die ganz Deutschland überziehen und jedes Gebäude, jedes Fahrzeug und alle Fabriken mit fossiler Energie versorgen. Würden wir nicht einen beträchtlichen Teil unseres Energiebedarfs durch Kernenergie und erneuerbare Energien erzeugen, wäre dieser Fluss sogar noch bedeutend größer.

61 Rechnen, um zu staunen: unser Energieverbrauch, umgerechnet in Weihnachtsbäume

(1) Hier noch eine Alternative: Statt in Benzin können wir unseren Energieverbrauch auch in Holz, oder, noch konkreter, in Bäume umrechnen. Was aber ist der bekannteste Baum? Der Weihnachtsbaum. Ein typischer Weihnachtsbaum (Nordmanntanne) von etwa 1,80 Meter Höhe wiegt rund zehn Kilo. Er hat ein Trockengewicht von fünf Kilo. Und enthält ca. 2,2 Kilogramm Kohlenstoff (etwas weniger als die Hälfte trockenen Holzes besteht aus Kohlenstoff). Ein Kilogramm reiner Kohlenstoff erzeugt 3,7 Kilogramm CO_2 (dabei nimmt ein Kohlenstoffatom zwei Atome Sauerstoff auf, daher ist das Gewicht nachher größer als vorher). Ein Weihnachtsbaum produziert also, wenn man ihn verbrennt, 8,14 Kilogramm CO_2. Damit wissen wir genug, um jeden CO_2-Fußabdruck in einen Weihnachtsbaum umzurechnen.

(2) Insbesondere wissen wir genug und können ausrechnen, wie viele Weihnachtsbäume wir brauchen würden, um die Feuer, die uns umgeben, mit Holz zu speisen statt mit Erdgas, Benzin, Erdöl und Kohle. Pro Jahr brauchten wir, nach meiner Rechnung, rund 1.412 Weihnachtsbäume. Jeden Tag könnten wir drei Bäume abfackeln. Und hätten dann am Ende des Jahres sogar noch gut 300 übrig, die wir zu einem riesigen Scheiterhaufen aufschichten würden, den wir Silvester anzünden könnten! Und unsere Nachbarn, unsere Eltern und unsere Kinder würden genau das Gleiche tun! Es ist schon extrem viel Energie, die wir verbrauchen.

IX

DER PIROL

IX   DER PIROL

An einem bedeckten Augusttag fällt mir am Seeufer bei Feldafing, gleich vor der Roseninsel, ein Spaziergänger in Knickerbocker-Hosen auf, ein Mann um die fünfzig, der eine seltsame grünlich karierte Schirmmütze trägt. Immer wieder bleibt er stehen, verharrt still und konzentriert, geht einige Schritte vor oder zurück, neigt den Kopf und verharrt wieder. Es konzentriert sich auf Vogelrufe und das relativ unscheinbare Gezwitscher, das auch jetzt noch, im August, aus dem Uferröhricht des Sees und von den Büschen und Bäumen zu hören ist. Bisweilen wirft er einen Blick durchs Fernglas. Ich spreche ihn an, es ist ein Brite namens Stephen. Erfreut über mein Interesse, lädt er mich ein, ein Stück mitzugehen. Eigentlich sei er zum Golfspielen hier, als leidenschaftlicher *Birder*, als Vogelbeobachter, ist er nun aber auf der Suche nach dem „Oriole", so der englische Name. Als er mir das Tier in seinem handlichen englischen Bestimmungsbuch zeigt, erkenne ich den Pirol.

Der Pirol ist ein besonders merkwürdiger Vogel, weil er ein gelbes Gefieder hat. Auf den Abbildungen in Bestimmungsbüchern wirkt er gar nicht wie ein einheimischer Vogel. In seiner knalligen Farbigkeit sieht er fast schon wie ein Exot aus. „Wie ein fremdländischer Prinz", findet Stephen, zieht dann eine Augenbraue hoch und fügt hinzu: „Oder wie ein Dandy, ein bisschen gay wie Elton John..."

In Vogelbestimmungsbüchern wird der Ruf des Pirols mit Dideldöh oder auch mit Dudeldih wiedergegeben. Viktor von Bülow alias Loriot, der in seinen Sketchen nicht selten auf gerade diesen Vogel anspielt, meint sogar, der Ruf sei: *Du dödel du!* Bislang hatte ich diesen Ruf noch nie gehört und auch keinen Pirol gesehen.

Es ist windig, Wolken ziehen über den Himmel, es tröpfelt. Nur ein paar Angler stehen am Ufer. Seen sind für Stephen der ideale Beobachtungsposten des angehenden Ornithologen: „Da siehst du die Tiere besser als im Wald oder auch auf dem Feld, weil sie sich nicht verstecken." Tatsächlich werden wir auf der eigentlich kurzen Wanderung entlang des Ufers nicht weniger als 21 Vogelarten zu sehen bekommen. Zu jedem dieser Tiere kann Stephen eine Geschichte erzählen, er beschäftigt sich seit seiner Kindheit mit Vögeln. Er sei auf dem Lande aufgewachsen, da habe er die Liebe zu den Vögeln entdeckt. „Keine andere Tiergruppe ist so leicht zu beobachten. Du brauchst keine teure Ausrüstung und kannst gleich anfangen. Und die Zahl der in Europa lebenden Arten ist überschaubar, nur wenige Hundert." Kein Wunder, dass Ornithologie *das* Naturhobby schlechthin ist. In England, versichert er, sei die Liebe zu den Vögeln, das *Birding,* sogar ein Volkssport! Die *Royal Society for the Protection of Birds* habe über eine Million Mitglieder! Es gebe auf der Insel mehr Ferngläser als Hunde!

„Keiner anderen Tiergruppe hat der Mensch so viel zu verdanken!", behauptet Stephen und verweist auf die vielen Vogelprodukte, die uns umgeben, vom Ei bis zu den Daunenfedern. Wären Menschen ohne Vögel jemals auf die Idee gekommen, Flugzeuge zu bauen? Das berühmteste Fossil, der Archaeopterix, sei ein Vogel. Wie er daliege auf seiner Kalksteinplatte, mit verrenktem Hals und ausgebreiteten, gebrochenen Flügeln, das sei ergreifend. Wie Christus!

Stephen zeigt, horcht, benennt. Ich sehe mir die Tiere, die Stephen in der Ferne identifiziert, im Bestimmungsbuch an, aber zwischen den Abbildungen und dem, was ich jetzt vor dem grauen Himmel und auf dem Wasser erblicke, kann ich kaum eine Verbindung herstellen. Wenn ein Vogel in 20, 30 Metern Entfernung umherfliegt, erscheint er nicht viel größer als eine Mücke. Sicher, Vögel besitzen ein auffälliges Gefieder, aber sie haben nicht die Angewohnheit, sich so hinzusetzen, dass man es gut sehen könnte. Vielmehr erblicken wir sie oft nur als Schattenriss vor dunklem Hintergrund oder so entfernt, dass die Farben völlig verblassen. Und manche Vögel wechseln ihr Gefieder je nach Alter, Geschlecht oder Jahreszeit!

Auch Stephens Fernglas hilft mir zunächst nicht viel, denn kaum

habe ich es auf einen Vogel eingestellt, da ist er auch schon fortge-
flogen. Der britische Vogelkundler deutet auf Trauerseeschwalben in
der Ferne, und ich versuche, die im Zickzack fliegenden Tiere vor das
Objektiv zu bekommen. Als es mir endlich gelingt, kann ich keiner-
lei Ähnlichkeit mit dem Bild in seinem Bestimmungsbuch entdecken.
„Die sind schon in der Mauser", meint Stephen. Später erkennt er im
Gebüsch ein paar Trauerschnäpper, aber die Vögel schwirren so schnell
von Ast zu Ast, dass ich keinen einzigen mit dem Fernglas identifizieren kann. Ich hatte mir einen Trauerschnäpper eher schwarz vorgestellt, wie der Name ja schon andeutet, das Vöglein dahinten auf dem
Ast aber ist braun: „Ein Weibchen!", meint Stephen. Aus dem Wald am
Ufer steigt ein großer Raubvogel auf, ich hätte gedacht, ein Mäuse-
bussard, aber Stephen hält ihn für einen Habicht, denn die Silhouette
des Tiers sehe ein bisschen anders aus als beim Bussard, der Körper etwas runder. Später lerne ich, dass auch Mäusebussarde immer wieder
mal anders aussehen.

Stephens Fähigkeit, die Vögel zu erkennen, „anzusprechen", wie
Fachleute sagen, grenzt für mich ans Wunderbare, Hellseherische, In-
dianerhafte, da wir von vielen Vögeln nur einen Schatten erhaschen,
ein dünnes Piepsen vernehmen. Es komme auf den Gesamteindruck
an, erklärt mir Stephen, *chiss*, ein Wort, das ebenso flüchtig vorbeizieht
wie die Vögel. Beim Nachschlagen stelle ich fest, dass das Wort *jizz*
geschrieben wird. Es bedeutet unter anderem „lebendiger Gesamteindruck". Vögel kann man aufgrund ihres Gesamteindrucks identifizieren, ähnlich wie man manche Menschen an ihrem Gang und ihrer Haltung erkennen kann, wenn sie in weiter Entfernung umherspazieren.

Unter solchen Geschichten erreichen wir den Bereich, wo Stephen
den Pirol vermutet. Aber so sehr wir auch horchen, kein „Dudeldih"
ist zu hören, auch kein „Dideldöh"! Nichts. „Ich hab's mir gedacht, sie
sind schon weg", sagt Stephen, „sie haben einen weiten Weg vor sich."
Die Pirole sind Langstreckenzieher, sie fliegen über die Alpen und
dann weiter übers Mittelmeer und die Sahara!

Der Pirol verbringt den Winter in Südafrika, Mosambik oder Ke-
nia. Die Sehnsucht der Vogelfreunde folgt ihm nach. Stephen kann es

sich leisten, den Vögeln hinterherzureisen. Ein bisschen spielt er Golf, ein bisschen beobachtet er. Er gehöre zwar nicht zu jenen Birdwatchern, deren Ehrgeiz darin besteht, möglichst viele der weltweit 9.000 bis 10.000 Vogelarten abzuhaken, aber er sei materiell sorgenfrei, so gibt er mir zu verstehen, und könne sich uneingeschränkt dem Schönen widmen, der schönsten Wissenschaft, der Ornithologie!

Den Vogelgesang finde er gar nicht so faszinierend, oft eher monoton. Was ihn ergreife, sei der Vogelzug. Ich müsse mir das einmal vorstellen: Rund 50 Milliarden Vögel, fast ein Viertel aller lebenden Vögel, verlassen jedes Jahr ihre Brutplätze und ziehen in die Ferne. Stephen erläutert mir, dass der Vogelzug in gewisser Weise dem Ferienverkehr vergleichbar sei. Die Tiere folgen immer denselben Routen und stauen sich daher sozusagen an bestimmten Stellen. Da sind die Zugvögel aus dem Norden, die an der Ost- und Nordsee rasten oder sogar überwintern und dort zu Hunderten, wenn nicht zu Tausenden beobachtet werden können. Dann sind da jene Vögel, die in den Süden ziehen. Alle, die nach Afrika wollen, müssen irgendwie über das Mittelmeer. Entweder linksherum oder rechtsherum. Manche fliegen auch mittendrüber: „Entlang der Vogelrouten gibt es wie an den Autobahnen beliebte Rastplätze, wo du sie zur Zugzeit massenhaft beobachten kannst. Ich bin zur Zugzeit oft in Gibraltar, jener englischen Besitzung zwischen Europa und Afrika. Hier fliegen Zigtausende große Zugvögel her, nicht nur kleine Pirole, sondern Bussarde, Adler und unzählige Störche. Noch großartiger ist es nur in Palästina. Dort konzentriert sich das Zuggeschehen wie in einem Flaschenhals zwischen Wüste und Mittelmeer. Einfach überwältigend ...“

Auch Bayern, sagt Stephen, ist ein Durchzugsgebiet. Und er weist auf die Mauersegler und die Schwalben, die über unseren Köpfen hergleiten. „Sie sind unterwegs. Sie ziehen von Norden nach Süden und dann über einen Alpenpass. In ein paar Monaten sind sie in Afrika.“

„In Afrika!“, wiederholt er träumerisch und blickt Richtung Süden, wo sich die Alpen erheben. Dann sieht er auf die Uhr: Er müsse zum nächsten Spiel, verabschiedet sich förmlich und eilt auf langen, dünnen Beinen davon.

Entdecke die Vögel!

62   Der Amselgesang am Morgen

SITUATION: von März bis Juli, frühmorgens zwischen 4.00 und 6.00 Uhr

(1) Die Amsel war noch vor etwa 200 Jahren ein seltener Waldvogel. In Städten kam sie nicht vor. Erst im 19. Jahrhundert gewöhnte sich der Vogel offenbar an den Menschen und begann, in seiner Nähe zu brüten – heute prägt der wunderbare Gesang der Amsel das Klangbild aller menschlichen Ansiedlungen.

(2) Die Amsel ist eine großartige Sängerin, in der Vielfalt ihrer musikalischen Erfindungen viel einfallsreicher als die Nachtigall. Die Nachtigall zeichnet sich eher als eine begnadete Vortragskünstlerin aus, die einige wenige Motive virtuos und stimmungsvoll darbietet; die Amsel dagegen ist auch eine phantasievolle Komponistin. Mit anmutiger Geste nimmt sie auf einem Zweig Platz, balanciert dabei hübsch mit dem Schwanz und singt los. Sie erfreut uns mit einem oboeartigen Klang, außer wenn sie warnt oder schimpft (das tönt zeck-zeck-zeck-zeck-zeck!).

(3) Den schönsten und tiefsten Eindruck des Amselgesangs empfängst du im Frühling und im Frühsommer kurz vor Beginn der Morgendämmerung. Dann ertönen die ersten Amselklänge. Überall singen sie, nah und fern, fast meint man, weltweit. Der Amselgesang schafft einen eigenen Klangraum, wenn du die Augen schließt, dann ist es, als stündest du an einem riesigen Meer, aus dem Töne emporspringen wie Delfine. Sie steigen auf, biegen sich anmutig und platschen wieder zurück in den Ozean. Gibt es einen menschlichen Chor,

der eine solche Stimmung erzeugen kann? Hier stimmen buchstäblich Hunderttausende feierlich schwarz gekleideter Vögel in den Chor ein; ihr Gesang erzeugt eine unvergleichliche Atmosphäre.

(4) Etwa eine halbe Stunde nach Beginn des Amselgesangs mischen sich auch andere, weniger begabte Sänger in den großen, feierlichen Amselchor. Etwa der Zilzalp, der immer wieder sein dürftiges, dafür umso aufdringlicheres Lied dazwischenpfeift, dann die Grasmücken, die hektisch dahersingen. Nun gurren die Tauben, dann, zuletzt, tschilpen die Spatzen. Wir können die Uhr danach stellen. Vielleicht singen die Amseln deshalb so früh, weil sie ihr Lied zumindest für eine halbe Stunde rein, ohne störende Zugaben, erklingen lassen wollen.

63   Der Amselgesang in der Ferne

SITUATION: in fernen Gegenden

Amseln finden sich heute überall in Europa. Triffst du sie an deinem Ferienort, dann lohnt es sich ganz besonders, auf den Gesang zu achten: Er ist fast immer deutlich vom Gesang der Amseln daheim unterschieden. Wie die Menschen anderswo anders sprechen, so haben auch die Tiere offenbar ihre Sprachen und Dialekte. Nur der schöne, oboeartige Grundton des Amselgesangs klingt immer durch.

64   Vogelstimmen unterscheiden

SITUATION: von Februar bis August – besonders geeignet ist der März
ZUBEHÖR: ein Vogelführer mit CD, eventuell ein Fernglas und ein Heft, in dem du deine Beobachtungen notierst

[Fig. 35]

(1) Vogelstimmen unterscheiden ist eine Kunst, die du nur schwer allein, aber leicht mit Freunden lernen kannst. Fast überall werden Vogelstimmenspaziergänge angeboten – von ehrenamtlichen Mitgliedern des NABU oder anderer Vereine. Wer sich mit Vogelstimmen vertraut machen möchte, der sollte den Sängern bereits im Frühjahr sein Ohr leihen – weil da vorerst nur wenige Arten, vor allem Amsel und Kohlmeise, zu hören sind. Zwischen März und Mai kehren die meisten Zugvögel aus ihren Winterquartieren zurück, und das Konzert wird so vielstimmig und kompliziert, dass du leicht den Überblick verlierst. Da die Bäume im zeitigen Frühjahr noch nicht belaubt sind, ist eine Bestimmung anhand von Gestalt, Gefieder oder Verhalten leichter.

(2) Es hilft, wenn du versuchst, die gehörten Strophen zu beschreiben – waren sie kurz oder lang, wie verlief die Tonhöhe, welchen
Gesamteindruck machte der Gesang usw. (z.B. „ruhiges Flöten der
Amsel" versus „kunterbuntes Geschwätz des Stars"). Du kannst den
Tonhöhenverlauf aufzeichnen, und wer in der Notenschrift bewandert
ist, mag ihn auch aufschreiben. Ohne eine solche Beschreibung verschwindet der gehörte Gesang rasch wieder aus dem Gedächtnis. Du
solltest auch versuchen, den Gesang eines bestimmten Vogels *nach-
zusingen* – bei diesem Versuch bemerkst du besonders gut, ob du den
Gesang wirklich verstanden hast oder nicht. Viele der Klänge wirst du
natürlich nicht reproduzieren können, aber du kannst sie zu beschreiben versuchen. Auffallen wird dir dabei, wie seltsam und surreal die
meisten Vögel sich äußern. Akustische Hilfsmittel wie etwa Vogel-

stimmen-CDs sind unerlässliche Hilfen. Allerdings haben sie auch ihre Tücken: Denn so laut, deutlich und vollständig wie auf der CD singen die Vögel in Wirklichkeit nur selten. Viele Vögel haben auch eine hohe individuelle Variationsbreite in ihrem Gesang, es gibt zudem, wie bereits festgestellt, von Region zu Region unterschiedliche Dialekte.

65   Den Specht anlocken

SITUATION: dort, wo man den Grünspecht (Fig. 36) rufen hört – in Parks, im Wald, an Seen

Das sogenannte Gelächter des Grünspechts – eine treppenartig absteigende Tonfolge – kann man gut und erfolgreich pfeifend imitieren. Wenn du einen Grünspecht rufen hörst, solltest du dir die Freude nicht entgehen lassen zurückzurufen. Ich versuche es im Frühjahr, wenn die Grünspechte im Wald und in den Parks rufen. Des Öfteren habe ich erlebt, dass ein wehrbereiter Grünspecht dann in seinem typisch wellenförmigen Flug herbeigeflogen kam, sich in einer nahe gelegenen Baumkrone niederließ und mich prüfend ansah.

66   Nachtigallen in Berlin

SITUATION: in Berlin von März bis Juni

Die üblichen Städtereiseführer konzentrieren sich fast ausschließlich auf kulturelle Besonderheiten. Dabei gibt es gerade in vielen Großstädten bedeutende Naturphänomene.

Unter Ornithologen ist Berlin ein Geheimtipp: als Stadt der Nachtigallen. Von den etwa 9.000 Nachtigallenpärchen, die in Deutschland

leben, verbringt jedes sechste den Sommer in Berliner Grünanlagen. Nirgendwo sonst hast du eine so große Chance, einer Nachtigall zu lauschen, wie hier. Der Gesang ist vor allem an dem *Eindruck* zu erkennen, den er hinterlässt: Er hat etwas tief Romantisches, Sehnsuchtsvolles, in seinen langsamen Steigerungen, in seinem leidenschaftlichen, schwülen An- und Abschwellen hat er auch etwas von einem erotischen Spiel. Dass du tatsächlich einer Nachtigall und nicht irgendeinem anderen Vogel lauschst, erkennst du auch an der Uhrzeit. Denn nur in romantischer Abend- und Nachtatmosphäre lässt sich die Nachtigall hören. Zu vernehmen ist der Nachtigallen-Nachtgesang vom zeitigen Frühjahr an bis etwa Mitte Mai. Dann haben die meisten Männchen – nur die Männchen singen – ein Weibchen gefunden und singen nur noch tagsüber und in den frühen Morgenstunden. Sie verteidigen dann ihr Revier.

67 Trost der Vögel

SITUATION: in schweren Zeiten

Vögel machen ihre Freunde nicht nur glücklich, sie trösten auch. Dafür gibt es kein schöneres Dokument als die Gefängnisbriefe der

Rosa Luxemburg. So schreibt sie im August 1915 aus dem Berliner Frauengefängnis in der Barnimstraße an ihre Freundin Gertrud Zlottko: „Denken Sie, hier in meiner Nachbarschaft ist irgendwo auch eine Gans, ich meine: eine richtige, gefiederte Gans; und die schreit manchmal zu meinem Entzücken; leider nur zu selten. Wissen Sie, weshalb mir das so gefällt? Ich habe es jetzt raus: Das Gackern der Hühner oder das Quacken der Enten, das ist so ein echt hausmütterlicher, sorgenvoller Laut eines alten Haustieres, aber in dem Gänseschrei, da steckt noch ganz der wilde, ungezähmte Vogel, der nach Süden zieht über Winter, da ist noch trotziger Hochflug drin, das gegenseitige Locken über weite Fernen; wahrhaftig, wenn ich diesen unartikulierten Gänseschrei höre, da zuckt in mir alles vor Sehnsucht nach – was weiß ich, nach was, einfach nach der Ferne, nach der Welt. Himmelkreuzhageldonnerwetter! Wenn ich so weit, weit weg fliegen könnte wie eine Wildgans! Ich würde Sie gleich mitnehmen.“

X

DIE FLEDERMÄUSE

X   DIE FLEDERMÄUSE

Eines Tages versammelten sich die Tiere in einem tiefen Wald um eine alte Eiche herum, die dort inmitten einer großen Lichtung stand, und stellten die Frage, wer von ihnen den Menschen am längsten und am besten kenne. Natürlich meldete sich sofort der Hund und erklärte, er und nur er sei der allerbeste und intimste Kenner des Menschen und eigentlich sogar sein einziger und wahrer Freund. Doch die Versammlungsleiterin, eine alte Schildkröte, erklärte, dass es mit der Menschenkenntnis der Hunde nicht sehr weit her sei: „Ihr seid doch erst seit ein paar Tausend Jahren dabei! Die Menschen sind viel älter!" Der Hund winselte beleidigt. „Seit der Eiszeit kennen wir uns!", kläffte er. „Das ist nur 15.000 Jahre her, wenn überhaupt", gab ihm die Schildkröte zur Antwort. Der Hund trottete davon.

„Möchte sich noch jemand zu Wort melden?", fragte die alte Schildkröte. Da kam die Fliege herbeigesummt und brummte, sie kenne die Menschen sehr viel besser und intimer als jedes andere Tier, zudem sehe sie die Menschen täglich durch ihr Facettenauge und ihr seien jeder Quadratzentimeter der Menschenhaut sowie alle ihre Speisen und Ausscheidungen bestens vertraut! Sie habe den Menschen durch ihr Brummen auch mit der Welt der Töne vertraut gemacht und sei so eigentlich die Urahnin ihrer Musik!

Aber wieder erklärte die Schildkröte, dass die Fliege aus diesem Wettbewerb ausscheide, da sie erst mit den Menschen zusammen sei, seit diese sich warme, gemütliche Stuben bauten: „Deshalb heißt du ja auch Stubenfliege! Du hast nur ein paar kurze Jahrtausende mit den Menschen verbracht. Wir suchen jemanden, der die *ganze* Geschichte der Menschen begleitet hat, nicht nur die letzten Zipfel…"

Da tönte es plötzlich aus der Erde mit dumpfer Stimme empor: „Ich, ich kenne die Menschen länger als ihr anderen!" „Bist du es, Maulwurf?", fragte die Schildkröte, zum Boden gewandt. „Nein, ich bin's, das Mammut. Ich liege hier begraben in der Tiefe!" Die Tiere sahen sich ängstlich an, und einige Wölfe stimmten ihr Geheul an. „Zottelige Wesen waren das", fuhr das Mammut mit dumpfer Stimme fort, „und gefährlich! Sie haben uns ganz schön zugesetzt, damals, in der eisigen Zeit!" Die alte Schildkröte schüttelte jedoch den Kopf. „Mag sein, dass du die frühen Menschen beobachtet hast, aber wie nahe bist du ihnen gekommen? Wenn du dich ihnen genähert hast, war es entweder mit dem Menschen oder mit dir selbst vorbei. Du bist wohl nicht der, den wir suchen. Finden wir denn niemanden?"

Da tönte ein leises Fiepsen oder Zirpen aus dem Wipfel der alten Eiche. Die Tiere blickten hinauf. Kopfüber hing dort eine Fledermaus. Sie schien eben aufgewacht zu sein und blinzelte listig hinunter. „Ihr sucht jemanden, der den Menschen sehr lange kennt?", fragte sie mit hohem Stimmchen. „So ist es", antwortete die Schildkröte. „Aber unsere Kandidaten sind nicht sehr überzeugend. Es scheint, als hätte der Mensch unter uns Tieren keinen treuen Freund."

„Nun", sprach die Fledermaus, „ob wir Fledermäuse wirklich Freunde des Menschen sind, das wollen wir einmal dahingestellt sein lassen. Trotzdem könnte es sein, dass wir ihn am besten kennen. Jedenfalls am längsten." „Wie lange kennt ihr ihn denn?" „Unsere Sippe ist ja ziemlich alt ... Als die ersten Fledermäuse herumflatterten, vor 50 Millionen Jahren, gab's überhaupt keine Menschen, überall nur Affen! Die haben meine Vorfahren nachts gern umschwärmt, weil sie die Mücken anzogen, wie ein Magnet!" „Gut, jetzt verstehe ich", sagte die alte Schildkröte, „deine Vorfahren haben die Menschen also umschwärmt, und deswegen glaubst du, ihr kennt sie besser als jedes andere Tier?" „Nein", antwortete die Fledermaus, „wir sind nicht nur ab und zu mal ein bisschen um sie herumgeflattert, wir kennen sie schon genauer. Schließlich haben wir einige Hunderttausend Jahre Wohngemeinschaften mit ihnen gebildet!" „Wie das", fragte die Schildkröte, „ihr seid doch nie von den Menschen gezähmt worden?" „Nein", sagte die Fledermaus, „aber unser Wohnort war derselbe. Als die ersten Menschen in Höhlen Schutz suchten, auf wen stießen sie da wohl? Auf Fledermäuse natürlich. Wir lebten oben, sie unten. Wir hatten einen Logenplatz, hoch oben in unerreichbaren Winkeln, zwischen zwei Tropfsteinen – da konnten wir die Menschen komfortabel Tag und Nacht beobachten und belauschen. Auf diese Weise haben wir sie sehr gut kennen gelernt. Weltweit lebten wir in Wohngemeinschaften mit ihnen, in Europa, in Afrika, in Asien, in Amazonien und in Australien." „Nun gut", meinte die Schildkröte, „bekanntlich sind die Menschen aber irgendwann aus den Höhlen herausgekommen und haben sich Hütten, Häuser und Städte gebaut!" „Gewiss", fiepste die Fledermaus, „und das muss man ihnen hoch anrechnen! Denn gerade in ihren Tempeln und in ihren Städten fanden wir immer Platz. Nichts ist in den Fledermausannalen so genau beschrieben wie die religiösen Kulte der Menschen, vom Orakel in Delphi über die Höhlen der Maya bis hin zu den jüdischen Tempeln und den ersten Kirchen! Fledermäuse sind treue Kirchgänger und Moscheebesucher – bis heute! Wir kennen jeden noch so heiligen Winkel, aber auch jeden noch so geheimen Stollen, den die Menschen gebuddelt haben, alle Keller und finsteren Gemächer, jede Schatzhöhle! Auf allen Kontinenten – denn wohin die Menschen auch kamen, wo sie auch auftauchten, wir waren schon da!" „Es scheint, als wäret ihr tatsächlich gut mit den Menschen vertraut", sagte die Schildkröte. „Wie sind denn eure Erfahrungen mit ihnen?" „Unterschiedlich", fiepste die Fledermaus. „Jahrtausendelang kamen wir gut mit ihnen aus. Mancherorts genossen wir sogar Verehrung. Zauberer, Hexen, Heilkundige und Schamanen, später auch die Dichter hielten uns in Ehren, weil sie glaubten, wir besäßen übernatürliche Kräfte. Andererseits unternahmen sie genau deshalb immer wieder Angriffe auf uns. Die Menschen fürchteten sich vor uns, weil wir mit dem Teufel im Bunde sein sollten und weil wir bei völliger Dunkelheit fliegen können. Richtig dramatisch wurde es aber erst in den letzten hundert Jahren, es ist, als hätten uns die Menschen den Krieg erklärt. Erst machten uns die Chemiegifte zu schaffen, und jetzt auch noch das Energiesparen! Jeder Winkel wird verschlossen, kaum noch finden wir offene Dachstühle oder Keller, das ist alles andere als schön. Aber für das Böse haben wir uns bei ihnen schon längst gerächt, wir sind mit ihnen quitt." „Wie das?", fragte die Schildkröte. „Wir haben da einen lästigen Parasiten, die Bettwanze, die sich von unserem Blut ernährt. In den Archiven unserer Vorfahren ist verzeichnet, dass eine Fledermausgruppe genau diesen Parasiten auf eine Horde Neandertaler niederrieseln ließ, die ihnen mit Rauch und Feuer nachgestellt hatten. Seither peinigt das Tier die Menschen und straft sie für ihre Nachstellungen. Bis heute!" Da ging ein leises Kichern, Knurren und Brummen durch die Versammlung, und die alte Schildkröte lächelte still. Ihre Frage war beantwortet.

Entdecke das Hören!

68   Das Ohr

SITUATION: horchend

(1) Fledermäuse orientieren sich bekanntlich mit ihren Ohren. Wir Menschen betrachten uns als Augentiere. Daher sagen wir auch, wenn wir uns vornehmen, etwas besonders achtsam zu behandeln, dass wir es „hüten wie unseren Augapfel". Keiner käme auf die Idee, zu sagen, dass man etwas „hütet wie sein Ohr". Dahinter steht zum einen, dass unsere Augen in bestimmter Hinsicht genauer, dafür aber auch weitaus empfindsamer sind als unsere Ohren. Zum anderen drückt sich darin auch eine deutliche Geringschätzung der Ohren aus. Nicht wenige finden nichts dabei, ihr Gehör systematisch zu zerstören, indem sie es permanent dem Schall großer oder kleiner Lautsprecher aussetzen.

(2) Diese Geringschätzung unseres Ohrs hängt mit unserer Lebensweise zusammen. Wir leben in erleuchteten Städten, sind überall von Bildschirmen umgeben. Im Wald und im Feld ist, anders als auf den Straßen und Gehwegen der Stadt, das Hören dem Sehen oft überlegen. Deshalb orientieren sich alle, die im Wald leben, viel stärker über das Ohr, als wir das tun. Nicht nur die Fledermäuse allein kennen sich mit dem Schall besser aus als wir! Und es ist auch nicht nur angeboren, dass wir Bürger der technischen Zivilisation so wenig auf den Schall achten! Zu einem guten Teil ist dies ein Effekt unserer Lebensweise.

(3) Dabei haben wir eigentlich ein außerordentlich empfindliches Gehör. Unsere untere Hörgrenze entspricht dem Subkontra-C,

das manche Orgeln spielen können. Physikalisch entspricht dieser Ton 16 Schwingungen pro Sekunde, man sagt auch: Er hat eine Frequenz von 16 Hertz. Manche Menschen hören sogar noch tiefere Töne.

(4) Du hast mehrere Möglichkeiten, dir einen Eindruck von solchen sehr tiefen Tönen zu verschaffen. Tiefer Donner bei Gewittern bewegt sich in Tonbereichen von einigen wenigen Hertz. Wenn du also das Rollen des Donners hörst, dann vernimmst du die tiefsten Töne, die das eigene Ohr überhaupt hören kann. Und am Vibrieren der Fensterscheibe, das manchmal zwischen den hörbaren Donnerschlägen eintritt, erkennst du, dass es offenbar im Donner noch tiefere Schwingungen gibt, die wir nicht mehr hören.

(5) Wer jetzt gleich einen sehr tiefen Ton hören will, der stecke beide Daumen in die Ohren und balle die Hände zu Fäusten. Er vernimmt einen sehr tiefen Ton von etwa 25 Schwingungen pro Sekunde. Es handelt sich um das sogenannte Muskelgeräusch, jenes Geräusch, das Muskelzellen verursachen, wenn sie sich zusammenziehen. Es rührt tatsächlich von den Muskeln her und nicht von der Reibung der Finger aneinander – was du unter anderem daran erkennst, dass es genauso lange anhält, wie du die Fingermuskeln anspannst.

(6) Die obere Hörgrenze des Menschen liegt durchschnittlich, in Tönen ausgedrückt, beim sogenannten siebengestrichenen C, das 16.896 Schwingungen in der Sekunde entspricht. Töne in dieser Höhe können manche Menschen, erst recht Hunde und Katzen, an Energiesparlampen vernehmen, die diese Art von Ultraschall reichlich aussenden. Zum Vergleich: Ein Zahnarztbohrer erzeugt Schwingungen, die noch deutlich unter dieser Grenze liegen, etwa 4.500 Schwingungen pro Sekunde.

(7) Hohe Töne kann man in der Regel nicht besonders weit hören, sie werden rasch verschluckt. Dagegen können tiefe Stimmen oft erstaunlich weit vernommen werden. Man hört auf größeren Abstand

Männer meist besser als Frauen, auch bei gleicher Lautstärke der jeweiligen Stimmen.

(8) Man kann die Leistungsfähigkeit des menschlichen Gehörs in Oktaven angeben. Eine Oktave ist ein Maß für die relative Tonhöhe. So klingt zum Beispiel die Stimme eines erwachsenen Mannes etwa eine Oktave tiefer als die Stimme eines kleinen Jungen. Physikalisch ist eine Oktave der Schritt von einem Ton mit einer bestimmten Frequenz zu einem zweiten, der die doppelte Frequenz aufweist. Das menschliche Ohr kann nun einen Bereich von zehn solchen Oktaven hören. Das ist ein ganz erstaunliches Spektrum, vor allem, wenn man bedenkt, dass ein ungeschulter Mensch, der sich als Sänger versucht, nur ein bis zwei Oktaven halbwegs hinbekommt (nur Stimmwunder, wie etwa die 2008 verstorbene Peruanerin Yma Sumac, erreichen einen Umfang von vier bis fünf Oktaven).

(9) Aber so erstaunlich unser Hörvermögen auch ist: Die meisten Fledermäuse können wir trotzdem nicht mehr hören. Denn die rufen fast immer auf Frequenzen, die oberhalb unseres Hörvermögens liegen. Sie beginnen oberhalb 20.000 Schwingungen in der Sekunde (20 Kilohertz) bis hin zu 100.000 Schwingungen in der Sekunde (100 Kilohertz). Da kommt ein Menschenohr normalerweise nicht mehr mit, schon gar nicht, wenn der Abstand sehr groß ist. Denn extrem hochfrequenter Schall wird zwar auch von sehr kleinen Hindernissen gut reflektiert, trägt aber nicht sehr weit. Nur sehr wenige Fledermäuse rufen auf eben noch hörbaren Frequenzen, und auch die vernehmen wir nur, wenn wir zufällig ganz in der Nähe der jagenden Fledermaus stehen und ansonsten alles still ist. Ich hörte zum Beispiel auf dem bereits erwähnten Hoteldach in Südbrasilien die Rufe eines jagenden Fledermaustrupps. Es war ein ganz feines Geräusch, vergleichbar dem hohen Fiepsen von Spitzmäusen.

69 Fledermäuse beobachten

SITUATION: an einem Seeufer, an einem späten, möglichst mückenreichen Abend im Sommer
ZUBEHÖR: eine Taschenlampe

(1) Da Fledermäuse in Deutschland geschützt sind, solltest du jede unnötige Störung der Tiere in ihren Quartieren vermeiden. Im Freien kannst du sie ebenso gut beobachten und störst sie dabei kaum. Nur wann und wo tauchen sie auf? Alle europäischen Fledermausarten ernähren sich ausschließlich von Insekten. Deshalb sind Nächte, in denen viele Insekten umherfliegen (was du ungefähr an der Zahl der Mückenangriffe festmachen kannst), also insbesondere laue Frühsommerabende und -nächte, beste Gelegenheiten, Fledermäuse zu sehen. Als Beobachtungsstandorte sind Seen gut geeignet: Weil dort viele Insekten umherschwirren, stellen sich auch die Fledermäuse ein.

(2) In der späten Dämmerung siehst du hier diejenigen Fledermäuse, die sich auf die Jagd am Wasser spezialisiert haben – die Wasserfledermäuse. Sie sind zugleich auch verhältnismäßig häufig – so dass die Wahrscheinlichkeit, sie zu Gesicht zu bekommen, relativ groß ist.

(3) Du kannst mit der Taschenlampe die Beobachtung auch zu späterer Stunde fortsetzen, dazu leuchte am besten parallel zur Wasseroberfläche und warte, bis eine Fledermaus in dein Blickfeld kommt. Die Fledermäuse werden normalerweise durch das Licht nicht gestört.

(4) In Deutschland sind 23 unterschiedliche Fledermausarten heimisch; du kannst mithilfe von Bestimmungsbüchern anhand ihres Flugs und anhand der Stelle ihres Auftauchens Vermutungen darüber anstellen, welche Art du beobachtest. Ein wichtiges Hilfsmittel ist auch ein Ultraschallmikrofon, mit dem ihre Rufe hörbar gemacht werden.

[Fig. 38]

(5) Wenn du meinst, dass es doch reichlich kompliziert ist, Fledermäuse zu beobachten, dann muss ich sagen, dass dies die am leichtesten zu beobachtende Säugetiergattung ist. Denn immerhin fliegt die Fledermaus gut sichtbar umher, während die anderen Säugetiere sich meist irgendwo im Wald oder in Löchern versteckt halten und sich sofort auf und davon machen, sowie sie uns sehen. Kein anderes wildes Säugetier kannst du so ungestört bei der Jagd beobachten wie gerade Fledermäuse. Und zudem führen sie noch ein hochinteressantes Leben und sind die artenreichste Säugetierordnung in Deutschland. Insgesamt gibt es bei uns derzeit 93 wild lebende Säugetierarten (der Mensch und seine Nutz- und Hausticrc werden dabei nicht mitgerechnet), davon, wie gesagt, 23 Fledermausarten.

70   Wie es ist, eine Fledermaus zu sein I

SITUATION: träumend an einem beliebigen Ort

(1) *Wie ist es, eine Fledermaus zu sein?* Dies ist der Titel eines Aufsatzes, den der amerikanische Philosoph Thomas Nagel Anfang der 1970er-Jahre schrieb. Darin legt er dar, dass wir – und mögen wir noch so viele Informationen über Fledermäuse haben – niemals wissen werden, wie es ist, eine Fledermaus zu sein. Die einzige Möglichkeit, dies herauszufinden, wäre die, sich in eine Fledermaus zu verwandeln. So jedenfalls Thomas Nagel. Das hört sich banal an, doch es geht Nagel darum zu zeigen, dass es einen prinzipiellen Unterschied zwischen objektiven Tatsachen und subjektiven Tatsachen gibt. Der innere Kern des Erlebens anderer Wesen, auch anderer Menschen ist laut Nagel durch kein noch so tief greifendes Verständnis erreichbar. Warum wählte Nagel ausgerechnet eine Fledermaus, um seine Idee zu illustrieren? Weil diese Tiere auf ihn und wohl auch auf viele andere fremd wirken. Nagels Aufsatz wurde breit diskutiert, und inzwischen haben sich viele Veröffentlichungen mit seinem Fledermaustext auseinandergesetzt, darunter auch eine mit dem Titel *Wie ist es, ein Thermostat zu sein?* Der britische Romanschriftsteller David Lodge verwendet die Frage, wie es wohl sei, eine Fledermaus zu sein, in seinem Buch *Denkt* als Leitmotiv und beantwortet sie in einem Kapitel mit fünf Texten, die den Stil verschiedener berühmter Schriftsteller parodieren.

(2) Fledermäuse wirken mit ihren winzigen Äuglein und den teilweise riesigen Ohren auf viele Menschen hässlich. Sie scheinen zudem nicht sehr mitteilsam zu sein, ganz anders als Vögel. Trotzdem sieht man sie auf Fotos oft mit offenem Mund umherfliegen, wobei ihre spitzen Zähne sichtbar werden. Das gibt ihnen etwas Bedrohliches.

(3) Dennoch ist die Welt der Fledermäuse höchst spannend, weil sie sich fast ausschließlich durch Echoortung orientieren, sie stoßen Ultraschallgeräusche aus und achten auf die Echos. Fledermäuse ken-

nen sich mit Schall sehr genau aus. Von ihnen können wir lernen, auf das Klingen der Welt zu achten.

71 Wie es ist, eine Fledermaus zu sein II

SITUATION: beim Telefonieren; beim Autofahren

(1) Fledermäuse sehen mit den Ohren. Auch wir selbst orientieren uns nicht nur mithilfe der Augen, sondern auch über den Schall. Denn Schall hat als Informationsquelle manche Vorteile gegenüber dem Licht. Er kann um Ecken laufen, was Licht nicht kann.* Deshalb rufen wir ja, wenn wir uns nicht mehr sehen. Und deshalb ist es leicht, sich zu Hause vor Blicken von draußen zu schützen, aber aufwendig, den Lärm draußen zu halten.

(2) Wir nutzen den Schall, um miteinander zu kommunizieren – das ist sinnvoller als mithilfe von, sagen wir, kleinen Leuchteffekten wie bei den Glühwürmchen. Der Schall ist eine *robustere* Übertragungsmethode für Informationen als das Licht. Er kann nicht so leicht abgeschirmt werden. Verglichen mit dem Geruch, mit dem er manche Ähnlichkeit hat, ist der Schall schneller und vielfältiger; er verschwindet aber auch sogleich.

---

* Das stimmt nicht ganz – ein bisschen läuft auch das Licht um Ecken. Wenn du vor einem Bildschirm sitzst, auf dem vor weißem Hintergrund ein recht groß geschriebener Text steht, und über die ganz glatt geschnittene Kante eines Blattes eine Textzeile anvisierst, dann erlebst du, indem du die Kante vorsichtig, millimeterweise hebst und senkst, etwas Merkwürdiges: Die Buchstaben biegen sich, sie sind auch dann noch ein bisschen sichtbar, wenn sie eigentlich schon hinter der Kante verschwunden sein müssten. Ähnliches siehst du, wenn du über einen Finger oder eine Bleistiftspitze auf entfernte, fein gegliederte Objekte blickst. Ein kleines bisschen läuft das Licht also schon um die Ecke.

(3) Wir hören Autos auf der Straße oft, ehe wir sie erblicken, und ebenso ist es mit Mücken. Anders als mit den Augen, die nur nach vorn sehen, können wir mit den Ohren zugleich vorn, hinten, oben und unten hören. Während wir mit den Augen beim besten Willen nicht in Dinge hineinsehen können – hierfür müssen wir bildgebende Geräte bemühen –, ist es kein Problem, in Dinge hineinzuhören. Weil sich Schall nicht so leicht von Oberflächen aufhalten lässt wie Licht. Der Arzt hat dieses Hineinhören professionalisiert; aber auch erfahrene Mechaniker *hören*, ob eine Maschine oder ein Motor gut läuft oder defekt ist. Der Schall sagt uns in sehr vielen Situationen, „was los ist" oder „was auf uns zukommt", woraufhin wir dann die Augen bemühen, um uns „umzusehen" und ein genaueres Bild der Lage zu erhalten. Der Schall gibt uns meist die Richtung, aus der etwas kommt, während wir hinblicken müssen, um zu sehen, wo es sich befindet und worum es sich handelt. Selbst in High-Tech-Labors, z B. bei Messungen mit dem Rasterelektronenmikroskop, werden die Daten oft zunächst mit dem Ohr abgehört, da sich auf diese Weise schneller feststellen lässt, „ob da etwas ist".

(4) Die Dinge müssen nicht unbedingt selbst tönen, damit ihr Schall für uns zu einer nützlichen Informationsquelle wird. Auch der Widerhall unseres eigenen Schrittgeräusches oder unserer Stimme, wenn wir uns unterhalten, liefert viele Informationen über unsere Umgebung. Unsere Schritte und unsere Stimme hören sich in einem kleinen Raum deutlich anders an als in einem großen, sie klingen drinnen anders als draußen. Auf solche Unterschiede achten wir normalerweise wenig, weil das, was der Schall uns sagt, uns normalerweise auch über die Augen zugänglich ist. Nur wenn etwa im Keller das Licht ausgefallen ist oder wir uns in dunklen, unbekannten Räumen bewegen, nutzen wir den Schall.

(5) Schall hat uns also eine Menge zu sagen, selbst wenn wir von der typisch menschlichen Kommunikation absehen und nur auf Töne und Geräusche achten. Und doch gibt es gravierende Nachteile

des Schalls gegenüber dem Auge, die der Grund dafür sind, dass die meisten Menschen lieber taub wären als blind. Der größte Nachteil des Schalls ist identisch mit seinem größten Vorzug. Der Schall läuft um Ecken – das heißt zugleich: Er sagt uns nicht, wo Ecken sind. Er homogenisiert die Umgebung, macht aus klar gegliederten, kantigen Objekten wolkige Hindernisse ohne scharfen Rand. Wir hören zwar, dass sich unsere Stimme und unsere Schritte in einem Raum anders anhören als draußen, aber es kostet uns große Konzentration, herauszuhören, wo sich in dem Raum die Türen befinden und wo große Schränke stehen. Und wenn wir heraushören wollten, wo ein Bild an der Wand hängt oder ob auf dem Tisch Teller und Gabeln gedeckt sind – wir könnten uns noch so große Mühe geben, es wird uns nicht gelingen. Ob wir tief sprechen oder unsere Stimme in höchste Höhen heraufschrauben, wir können anhand des Widerhalls beim besten Willen nicht die feineren Strukturen im Zimmer wahrnehmen. Dafür müssen wir die Augen öffnen oder unsere Hände bemühen.

(6) Genau an dieser Stelle setzt die akustische Kunst der Fledermaus ein. Die Fledermaus schafft es, in einem Raum aufgrund des Widerhalls so kleine Dinge wie Messer und Gabel zu orten – und sogar noch weitaus filigranere Strukturen wie zum Beispiel eine Fliege, die auf der Gabel sitzt. Dazu singt sie laufend vor sich hin, allerdings im Ultraschallbereich, so dass wir sie nicht hören können. Der Abendsegler, eine recht große Fledermaus, arbeitet mit etwa 20 Kilohertz, die kleine Zwergfledermaus mit 50 Kilohertz. Mit diesem hochfrequenten Schall können die Fledermäuse Objekte aufspüren, die etwa 1,7 Zentimeter beziehungsweise 0,6 Zentimeter Durchmesser haben (um ein Objekt mit Schallwellen aufspüren zu können, muss seine Größe mindesten in der Größenordnung der Wellenlänge sein. Diese kannst du errechnen, wenn du weißt, dass das Produkt aus Frequenz und Wellenlänge immer die Schallgeschwindigkeit ergibt, und die beträgt 344 Meter pro Sekunde).

(7) Am Widerhall ihrer Rufe erkennt die Fledermaus ihre Umgebung. „Schläft ein Lied in allen Dingen, die da träumen fort und fort, und die Welt fängt an zu klingen, triffst du nur das Zauberwort!" – so schreibt Joseph von Eichendorff, der Dichter der Romantik. An die Fledermäuse hat er sicher nicht gedacht, gleichwohl haben gerade sie das Zauberwort gefunden, denn ihnen klingt die Welt, so wie sie uns leuchtet.

72   Wie es ist, eine Fledermaus zu sein III

SITUATION: gehend, Rad fahrend, Auto fahrend

(1) Die Dinge um uns herum reflektieren den Schall, der von uns ausgeht – was uns nur selten wirklich bewusst wird, etwa, wenn wir durch eine hohe, stille Kirche gehen und das Echo unserer Tritte hören. Tatsächlich jedoch wird fast jeder unserer Tritte von Echos begleitet, nur verschmelzen sie mit dem Trittgeräusch selbst. Eine andere Gelegenheit ergibt sich, wenn wir mit jemandem telefonieren, der während des Telefonats von einem Raum in einen anderen geht: Wir hören ganz deutlich, ob es ein enger oder ein weiter Raum ist, und wir können sogar heraushören, ob der Raum gekachelt ist …

(2) Wir verfügen über ein zweites unerkanntes Fenster in die Fledermauswelt – und das ist das Autofahren. Was wir hören, wenn wir das Fenster öffnen, ist eine Mischung von Geräuschen, die vom Motor, von den Reifen und der sausenden Luft herrühren. Diese Geräusche werden von den Gegenständen am Straßenrand reflektiert. Wenn wir einmal beim Fahren einer vertrauten Strecke mit geschlossenen Augen – als Beifahrer, versteht sich – auf die Geräusche lauschen, so ist es erstaunlich, wie genau wir, nur mithilfe des Ohrs, die Dinge am Rand der Straße unterscheiden können. Dabei sollte die Fahrgeschwindigkeit nicht über 60 km/h liegen, sonst übertönt das

Rauschen des Fahrtwinds die Echos. Hörst du hin, dann erlebst du eine Überraschung: Es ist zum Beispiel möglich, parkende Autos am Straßenrand zu unterscheiden, und du hörst natürlich sofort, wenn der Wagen in einen Tunnel einfährt. Ebenso hörst du einen deutlichen Unterschied zwischen dem Echo einer glatten, großen Fläche, wie etwa einer längeren Hauswand, und dem Echo einer lockeren Begrenzung, wie zum Beispiel einer hohen Hecke. Aber auch kleine Baumstämme von vielleicht 30 Zentimetern Durchmesser am Straßenrand können wir gut hören, sie haben ein ganz besonderes, kurzes und hohes Echo, wie das Schnippen einer Schere. Das kann man mit den physikalischen Eigenschaften hoher Töne (diese haben kleinere Wellenlängen als tiefe Töne; deshalb werden sie auch von schmalen und kleinen Objekten reflektiert) erklären, für uns ist aber vor allem eins wichtig: dass es Situationen gibt, in denen wir, nur mithilfe des Schalls, ein ziemlich differenziertes Bild der Welt bekommen. So wird zumindest vorstellbar, wie es die Fledermaus schafft, mit ihren Ultraschallzauberworten die Welt so zum Klingen zu bringen, dass sie weiß, wo sie ist und wohin sie fliegen muss.

73   Nachts hören

SITUATION: in einer ruhigen Nacht.

(1) Fledermäuse jagen nachts. Warum eigentlich? Da sind viele Antworten denkbar. Man könnte sagen, sie jagen eben nachts, weil sie da wenig Konkurrenz haben – die meisten anderen Insektenfresser sind nur tagsüber unterwegs, nachts schlafen sie.

(2) Es könnte aber auch sein, dass die Fledermäuse nachts jagen, weil man nachts genauer und weiter hören kann. Und auf das Guthörenkönnen kommt es den Fledermäusen schließlich an.

[Fig. 39]

(3) Wer nachts aufwacht und eine Weile bei offenem Fenster wachliegt, bemerkt, dass er manches wahrnimmt, was tagsüber untergeht. Ich selbst höre zum Beispiel nachts sehr oft das Rauschen des Lechs, obwohl der Fluss mehr als einen Kilometer von unserem Haus entfernt liegt. Tagsüber habe ich es auch an ruhigen Sonntagen nicht wahrnehmen können. Der Raum ist nachts viel besser durchhörbar. Geräusche wirken viel zudringlicher und heben sich weitaus schärfer aus der Stille ab. Woran liegt das?

(4) Natürlich ist es nachts insgesamt viel stiller, so dass feinere Geräusche an unser Ohr dringen können. Sie versumpfen nicht in dem alltäglichen Lärmbrei. Es kommt aber etwas hinzu. Die Luft ist nachts ruhiger als tagsüber. Die Sonne erwärmt den Grund, und die Luft steigt wirbelnd auf. Dass solche Turbulenzen die Ausbreitung des Schalls beeinträchtigen, kannst du feststellen, wenn du an einem Lagerfeuer sitzt – spricht jemand, der dir genau gegenübersitzt, dann hörst du seine Stimme aufgrund der hochwirbelnden heißen Luft *deutlich* schwächer.

(5) Nachts lassen die Turbulenzen durch den Aufstieg der warmen Luft nach, und eine stabile Schichtung bildet sich aus – unten am Boden liegt die kalte Luft, darüber die wärmere –, und dies begüns-

tigt die Ausbreitung des Schalls. Daher können sich Geräusche horizontal in der Nacht besser ausbreiten als tagsüber. Vorausgesetzt, es weht kein Wind und es fällt kein Niederschlag! Alles in allem haben die Fledermäuse also guten Grund, nachts zu jagen. Sie können nachts viel weiter in den Raum hinein hören als tagsüber!

74 Hören auf Seen

SITUATION: im Ruderboot

Ähnlich wie die Nacht die beste Zeit für die Fledermäuse ist, sind Seen ein optimaler Ort für ihre Jagd. Denn auch sie haben akustisch besondere Eigenschaften. Wer mit dem Ruderboot auf einen See hinausfährt, wird bemerken, dass die Geräusche am Ufer vom Wasser aus meist besser vernehmlich sind als am Ufer selbst. Die Hörweite ist deutlich größer als an Land. Nicht nur, weil auf dem Wasser sonst wenig störende Nebengeräusche zu hören sind, nicht nur, weil der Schall sich ungehindert ausbreiten kann, sondern auch, weil die Schichtung der Luftmassen auf dem Wasser stabiler ist als an Land. Bei ruhigem, klarem Wetter oder auch bei Nebel ist dieses Phänomen besonders eindrucksvoll.

75 Widerhall

SITUATION: drinnen
ZUBEHÖR: ein schnurloses Telefon mit Freisprecheinrichtung

(1) Wenn wir uns mit jemandem unterhalten und dabei nach draußen gehen, merken wir, dass die Stimmen draußen anders, und zwar um einiges schwächer, klingen. Allerdings ist dieses Phänomen

schwach, und es wird noch dadurch überlagert, dass wir, sowie wir von drinnen nach draußen gehen, oft unwillkürlich lauter sprechen.

(2) Wenn du allerdings ein Schnurlostelefon, wie es in den meisten Haushalten vorhanden ist, auf „Lautsprecher" umstellst und per Knopfdruck das Freizeichen ertönen lässt, so hast du für eine Minute oder zwei – danach schaltet das Gerät automatisch auf „besetzt" – eine konstante Schallquelle.

(3) Nähere dich mit diesem summenden Telefon einer Wand. Sofort merkst du, dass der Ton viel lauter und dichter wird – was an der Verstärkung durch den Widerhall liegt. Andererseits wird der Ton ganz dünn, sobald du nach draußen gehst.

76 Der Knackfrosch als Führer in der Nacht

SITUATION: von drinnen nach draußen
ZUBEHÖR: ein Knackfrosch (das ist ein Blechspielzeug, meist als Frosch geformt und bemalt, mit einem Stahlstreifen, den man mit dem Finger umbiegen kann. Dabei entsteht ein ziemlich lautes Knacken.)

[Fig. 40]

X DIE FLEDERMÄUSE

(1) Das Geräusch eines Knackfroschs hat den Vorzug, dass es zum einen sehr laut ist und zum anderen nur sehr kurz, nämlich nur etwa eine Hundertstelsekunde lang. Daher haben wir mit diesem Spielzeug eine echte Chance, auch Echos zu hören, die von relativ nahen Gegenständen zurückgeworfen werden. Denn Schall pflanzt sich in einer Sekunde 344 Meter weit fort; in einer Zehntelsekunde 34,4 Meter, in einer Hundertstelsekunde drei Meter und 44 Zentimeter. Der Schall eines Knackfroschs kommt also gerade drei Meter und 44 Zentimeter weit, bis das Knacken verstummt. *

(2) Wenn also eine Wand weiter als ein Meter und 72 Zentimeter von dir entfernt ist, dann kannst du das Echo hören.

Näherst du dich mit dem knackenden Knackfrosch draußen einer Wand, dann wirst du beim Hinlaufen feststellen, dass die Töne kräftiger werden. Sie verändern auch ihre Tonhöhe – sie klingen höher! Knackfroschschall und Echo überlagern sich zu sogenannten Reflexionstönen, die umso höher werden, je näher du an die Wand herangehst. Ein ähnlicher Effekt ergibt sich in einem mehrstöckigen Treppenhaus, indem du hinuntereilst und dabei immer wieder auf eine Wand zugehst – es klingt fast wie eine Tonleiter. Dies ist die typische Musik der Treppenhäuser.

Blinde Menschen können sich orientieren, indem sie genau auf Widerhall und Echo achten. Dan Kish zum Beispiel, ein in Los Angeles lebender Blinder, schnalzt fortwährend mit der Zunge und achtet auf das feine Echo, das zurückkommt. Auf diese Weise orientiere er sich, sagt er, zumindest so weit, dass er mit dem Fahrrad durch Los Angeles fahren könne.

---

* Deshalb kannst du bei einem Gewitter die Zahl der zwischen Blitz und Donner verflossenen Sekunden durch drei teilen und erhältst so den Abstand des Gewitters in Kilometern.

77 Dopplereffekt

SITUATION: beim Autofahren / am Rand einer Schnellstraße / im Sommer, wenn Hummeln oder Bienen schnell an einem vorbeifliegen / beim Formel-1-Schauen

(1) Wer im Auto unterwegs ist und von einem lauten, wild daherbrausenden Motorrad überholt wird, dem fällt auf, dass der Ton in dem Augenblick tiefer wird, in dem das Motorad überholt. Etwas Ähnliches stellt man fest, wenn ein Krankenwagen, dessen Martinshorn tönt, vorbeifährt. In südlichen Ländern, in denen gern und lange gehupt wird, ist dieser merkwürdige Klangeffekt alltäglich. Nur wenige Phänomene erzeugen so wie diese Klänge den Eindruck räumlicher Weite. Es handelt sich um den sogenannten Dopplereffekt, benannt nach dem Salzburger Physiker Christian Doppler, der ihn im 19. Jahrhundert erstmals präzise beschrieb und auch für Geschwindigkeitsmessungen nutzte. Der Effekt beruht darauf, dass im einen Fall – die Schallquelle nähert sich – das Ohr mehr Schwingungen pro Sekunde erreichen, der Ton also höher klingt, während im anderen Fall – die Schallquelle entfernt sich – weniger Schwingungen pro Sekunde ankommen.

(2) Diesen Effekt vernimmst du nicht nur in der motorisierten Welt, sondern auch in der Natur, etwa, wenn Hummeln oder Bienen rasch an dir vorbeifliegen (oder gar, wenn du von Hummeln und Bienen umkreist wirst). Der Komponist Nikolai Rimski-Korsakow verwendete denn auch ähnliche Tonverläufe, um in einem berühmten Stück seiner Oper *Das Märchen vom Zar Saltan* den Hummelflug zu imitieren.

(3) Weil auch beim Insektenflug das Dopplerphänomen auftritt, ist es für Fledermäuse interessant. Sie ernähren sich ja von Insekten. Und dafür ist es praktisch, hören zu können, ob ein Ziel sich auf sie zubewegt oder von ihnen fort. Besonders die Hufeisennasen, eine

bestimmte, bei uns sehr seltene Fledermaussorte, haben gelernt, den Dopplereffekt zu nutzen, wenn sie wissen wollen, ob ein Insekt sich auf sie zu- oder von ihnen wegbewegt.

78 Lattenzaun und Fledermaus

SITUATION: beim Vorbeigehen an Zäunen oder an Gardinen

(1) Wie kann man den Schall einer Fledermaus hörbar machen? Leider ist es unmöglich, mit einfachen Mitteln ein Ultraschallmikrofon zu bauen. Wir können nur das Prinzip eines solchen Geräts verständlich machen.

(2) Schall, das sind physikalisch gesehen Luftdruckschwankungen, die sich ausbreiten wie Wellen. Je kleiner die Wellen, desto höher die Frequenz. Fledermäuse können nun sehr hochfrequenten Schall sowohl hören als auch produzieren.

(3) Wie kann man diese „Töne" hörbar machen? „Es war einmal ein Lattenzaun mit Zwischenraum hindurchzuschaun", so beginnt ein Gedicht von Joachim Ringelnatz. Was hat das mit den Tönen zu tun? Probier es aus! Besonders das rasche Vorbeigehen an zwei Lattenzäunen, die hintereinanderstehen, ist aufschlussreich! Immer schön durch die Lücken sehen.

(4) Jeder kennt die Erfahrung: Wenn du mit dem Fahrrad an zwei gegeneinander versetzten Geländern oder Lattenzäunen vorbeifährst, dann verschmieren gewissermaßen die Konturen der einzelnen Stäbe – stattdessen siehst du deutlich breitere Streifen, die ganz regelmäßig aufeinanderfolgen.

(5) Wer nicht gern Rad fährt, kann das Gleiche an weißen Gardinen sehen. Stell dich vor eine Gardine, die sich ein wenig wellt, so dass zwei Lagen übereinanderliegen. Blick durch diese zwei Lagen dünnen Stoff, und du erkennst ein grobes Streifenmuster. Erwischst du den richtigen Winkel, dann siehst du das ganze Gewebe wie durch eine Lupe.

(6) Wenn man ein regelmäßiges Muster – seien das nun Zaunpfähle, Maschendraht oder Gewebe – etwas verschoben über ein zweites, genau gleichartiges legt, dann entsteht ein neues Muster, das wie eine Vergrößerung des zugrunde liegenden Rasters wirkt.

(7) Vergleichbare Phänomene findest du, wenn du jetzt darauf aufmerksam geworden bist, überall. Was hat das Sehen durch Lücken aber mit den Fledermäusen zu tun? So etwas Ähnliches kommt auch im akustischen Bereich vor, hier heißt es Schwebung. In einem Raum werden zwei Flöten gespielt, die ganz gering voneinander abweichen: Als Zeichen der „Verstimmung" hörst du einen Ton, der langsam abschwillt und anschwillt – eine Schwebung. Sie entsteht genauso wie die Streifen auf der Gardine oder am Lattenzaun. Und ähnlich, wie die Streifen auf dem Lattenzaun wie vergrößerte Zaunlatten wirken, ist die Schwebung ein verlangsamter Ton, ein in Zeitlupe gehörter Ton.

(8) Das kann man dazu nutzen, Töne, die eine für unsere Ohren allzu hohe Frequenz haben, in Töne zu übersetzen, die wir hören können. Nach diesem Prinzip funktionieren alle Ultraschallverstärker und damit auch alle Geräte, die eingesetzt werden, um Fledermausrufe (oder Walgesänge, Delfingesänge oder sonstige Rufe von Fischen – denn sie alle orten und kommunizieren mit Ultraschall) hörbar zu machen. Wenn beispielsweise die Fledermaus einen Ruf mit einer Frequenz von 23.000 Hertz aussendet und wir uns mit einem Gerät danebenstellen, das einen Ton von 22.000 Hertz erzeugt, so resultiert daraus ein hörbarer Ton mit der Frequenz von 1.000 Hertz. Das ist – im Prinzip – die Grundidee des Fledermausdetektors. Er erzeugt mithilfe eines künstlich erstellten Zweittones eine Schwebung, die dann noch geglättet und verstärkt wird.

(9) Wer Gelegenheit hat, mit einem solchen Fledermausdetektor Fledermausrufe zu „hören", wird feststellen, dass die Geräusche perkussiv und höchst spacig klingen. Manche erinnern an einen Tischtennisball, der zwischen Platte und einem Schläger immer schneller hin- und hertitscht. Diese seltsame Struktur macht Sinn, da die Fledermaus, sobald sie ein Insekt geortet hat, häufiger ruft, um eine genauere Ortung zu erhalten. Sie lässt das Insekt nicht mehr aus den Ohren. Die Rufe der Fledermäuse haben, anders als Vogelrufe, keine kommunikative Funktion und klingen, für uns zumindest, auch nicht schön. Es sind reine Präzisionswerkzeuge, die die Fledermaus erzeugt, um eben die von ihr benötigten Informationen zu bekommen. Gerade das macht sie so interessant! Denn in ihnen spiegelt sich in gewisser Weise die Fledermaus und ihre Welt.

XI

DIE MINZE

XI   DIE MINZE

Ihre Entdeckungen", rief Sir John Pringle aus und rückte seine Perücke zurecht, „überzeugen uns, dass keine Pflanze umsonst wächst. Von der Eiche herunter bis zum niedrigsten Gräslein ist jede Pflanze dem Menschen nützlich. Können wir auch nicht allezeit den besonderen Nutzen jedes einzelnen Gewächses einsehen, so ist es doch gewiss ein Teil des Ganzen und trägt zur Reinigung der Atmosphäre das Seine bei. Hierin haben die duftende Rose und die giftige Tollkirsche einerlei Bestimmung: In den entferntesten Gegenden gibt es keine Aue, keine Waldung, die nicht durch wechselseitige Vorteile mit uns in Verbindung steht."

Wir schreiben das Jahr 1776; der Ort ist London, der leidenschaftliche Laudator Sir John Pringle, der Präsident der *Royal Society*. Zahlreiche ältere Herren haben auf den Bänken des Festsaals der Society Platz genommen. Pringle spricht über die rätselhaften neuen Luftarten, die das Interesse so vieler Forscher auf sich gezogen haben. Insbesondere geht er auf die Betrachtungen ein, die Joseph Priestley am Kohlendioxid gemacht hatte— damals war es bekannt unter dem Namen „fixe Luft". Priestley hatte festgestellt, dass dieses Gas sich überall dort anreichert, wo Menschen oder Tiere atmen oder wo Kerzen brennen. Er entdeckte, dass Pflanzen das Gas aufnehmen und wieder in atembare Luft verwandeln.

Sir John Pringle erhebt seine Stimme, um seiner Begeisterung Ausdruck zu verleihen: „Nun verstehen wir, weshalb Gott uns Stürme schickt, denn sie haben den Sinn, die verbrauchte Luft in die Meere und Seen zu wühlen, damit sie durch die Algen und Wassergewächse erneuert wird. So führt uns Priestleys Entdeckung auf die Spuren der

Vorsehung." Und er nimmt das Kästchen, in dem die silberne Copley-Medaille ruht, um sie dem Forscher zu überreichen, der sich schüchtern erhoben hat.

„Ich ermahne Sie, fahren Sie fort in der Erforschung der großen Zusammenhänge hören Sie nicht auf damit!" Priestley, ein hagerer, blasser Mann mit schütterem Haar – eine Perücke trägt er nicht –, nimmt die Medaille mit einer tiefen Verbeugung entgegen. Die Gelehrten applaudieren. Priestley zieht einen Pflanzenstängel hervor, der wie ein Talisman an seinem Anzug befestigt war, hält ihn hoch und sagt: „Nicht nur dem Allmächtigen danke ich, der mich auf die Spur jener Entdeckungen gesetzt hat. Ich danke auch diesem einfachen Pflänzchen, das bei den meisten von Ihnen im Garten wächst. Es ist die Pfefferminze. Eine alte Heilpflanze, die gegen so vieles wirkt! Die Alten bekränzten sich mit der Minze, wenn sie heirateten. Man setzte sie gegen Skorpionsbisse ein. Auf dem Lande wischt man mit ihr die Stube aus, und es wird nicht nur sauber, auch die Luft scheint sich dabei zu erneuern. Wir genießen sie als Tee. Sie duftet – und was das Schönste ist, sie teilt diesen Duft auch jenen mit, die ihre Blätter kauen. Gerade die, die schlechte Zähne haben, nutzen sie oft. Man verzehrt einige Blätter, und der Atem ist gleich wieder frisch!"

Priestley lächelt, wobei sichtbar wird, dass auch ihm schon zwei oder drei der vorderen Zähne fehlen, weitere sehen angefault aus. Seine Zuhörer murmeln zustimmend. Die meisten kennen die Minze, denn viele haben fürchterlich schlechte Zähne, manche gar keine mehr and tragen stattdessen stinkende, schmerzhaft falsch sitzende Gebisse, die aus Holz gefertigt sind. Priestley fährt fort: „Ich erinnere mich noch gut an jenen Tag im August 1771, als ich einen Stängel von der Minze in ein Gefäß gab, in dem zuvor eine Kerze erloschen war. Die Luft in diesem Gefäß war verbraucht und unterhielt kein Feuer mehr! Nun ließ ich die Minze und jene erloschene Kerze eine Woche oder zwei beieinanderstehen. Dann nahm ich an einem sonnigen Tag eine Lupe, konzentrierte den Sonnenstrahl und richtete ihn auf den Docht. Das Wachs schmolz, und schließlich entflammte die Kerze wieder! Sie, die zuvor kläglich verglomm, brannte wieder! Die Minze hatte jene Luft, die verbraucht war, wiederhergestellt. Es war, so fühlte ich, ein hoher Moment, ein Wunder!"

Priestley hält inne und blickt fast zärtlich auf das grüne Zweiglein, das er mitgebracht hat. „Später wiederholte ich meinen Versuch mit der Melisse und am Ende auch mit einer gar nicht duftenden, sondern stinkenden Pflanze – dem Ziest –, und siehe da, alle diese Pflanzen vermochten die zerstörte Luft wieder zu restaurieren! Eine Entdeckung, auf die ich nie gekommen wäre, hätte die Minze nicht mit ihrem Duft und ihrer guten Eigenschaft, schlechten Atem in guten zu verwandeln, nachgeholfen. Es ist vielleicht doch etwas an dem, was die Alten sagten, dass die Minze uns auf gute Gedanken bringt..."

Die Gelehrten erheben sich von ihren Sitzen, sie applaudieren. Sir John Pringle aber hebt eine kleine silberne Tischglocke, läutet kurz. Die Flügeltüren des Saals öffnen sich, Diener schreiten herein, die auf silbernen Tabletts Erfrischungen reichen – und feine Minzschokolade.

Entdecke die Pflanzen!

79 Pflanzen mit CO$_2$ füttern

SITUATION: im Frühjahr oder Sommer
ZUBEHÖR: zwei möglichst große Gurkengläser, zwei kleine Schnapsgläser, die man in die Gurkengläser hineinstellen kann, Leitungswasser, CO$_2$ (aus einem Wassersprudler), einige Minzzweige

Joseph Priestleys Versuch kannst du mit einfachen Mitteln nachspielen – und die Mühe lohnt. Es ist einer der wichtigsten Versuche der Wissenschaftsgeschichte, kaum ein anderes Experiment hat unser Weltbild so stark verändert. Er führte nämlich zur ersten und immer noch wichtigsten ökologischen Einsicht (auch wenn das Wort Ökologie erst 100 Jahre später geprägt wurde) und wandelte damit unser Weltbild um. Während das Mittelalter die lebendige Natur als Ansammlung vieler Dinge ansah, die höchstens durch ihren Bezug zu Gott und zum Evangelium einen inneren Zusammenhang besaß, lehrt Priestleys Versuch, dass alles mit allem verbunden ist. Was die Tiere ausatmen, ernährt die Pflanzen und umgekehrt. Jeder noch so unscheinbare Vorgang, jedes Detail hat einen Sinn für das Ganze. Insofern führt dieser Versuch direkt ins grüne Herz der Pflanzen und zeigt, was sie tun und welche Rolle sie im großen Zusammenhang der Natur einnehmen.

Zu sehen ist, dass eine Pflanze, die in CO$_2$ gebadet wird, besser wächst als eine mit begrenztem CO$_2$-Nachschub. Professionelle Gärtnereien – zum Beispiel in den Niederlanden – setzen heute systematisch CO$_2$ zur Düngung in Gewächshäusern ein. So werden besonders holländische Rosen gern mit CO$_2$ gedüngt. Da CO$_2$ für die Pflanzen neben Wasser der wichtigste Stoff ist – sie bauen ihr ganzes Gewebe aus CO$_2$, das sie durch Photosynthese in Zucker und Sauerstoff umbilden —, wachsen sie besser, wenn man ihnen mehr CO_2 anbietet. Sie können dann einen größeren Teil der Sonnenenergie nutzen. Denn CO_2 ist für Pflanzen der limitierende Faktor. Weil dieses Gas in der Luft nur in Spuren (derzeit nur 0,038 Prozent, Tendenz steigend) vorhanden ist, müssen die Pflanzen den größten Teil der herabströmenden Sonnenenergie ungenutzt an sich vorbeifließen lassen. Sie können nichts damit anfangen, weil ihnen der Kohlenstoff fehlt, um diese Energie zu speichern. Pflanzen nutzen durchschnittlich nur etwa ein bis zwei Prozent der angebotenen Sonnenenergie. Weniger als eine Fotovoltaikanlage, die es auf 8 bis 30 Prozent bringen kann.*

(1) Nun zum eigentlichen Versuch: Schneide von der Minze zwei gleich große Zweige ab, gib diese in zwei mit Wasser gefüllte Schnapsgläser und befördere das Ganze vorsichtig in die leeren, gespülten Gurkengläser. Die Minze in den Gläsern sollte möglichst frei stehen, also nicht mit ihren Blättern die Wand berühren. Und sie sollte nach oben Platz zum Wachsen haben.

(2) Nun verschließt du eines der Gurkengläser, schreibst „Luft" darauf. Auf das andere schreibst du „CO_2". In dieses Glas füllst du mit dem Wassersprudler etwas CO_2 ein. Dazu hältst du das offene Glas unter den Nippel, drückst den Knopf und hältst ihn kurz gedrückt. Es sollte nicht zu viel CO_2 einströmen!

(3) Verschließ nun auch dieses Glas und stell beide an einen hellen Ort, jedoch nicht direkt in die Sonne.

[A] Wenn Tiere Pflanzen essen, verwerten sie wiederum nur einen kleinen Bruchteil (etwa ein Zehntel) der Energie, die von den Pflanzen gespeichert wurde. Und Tiere, die diese Tiere essen, verwenden wieder nur einen Bruchteil des Bruchteils der Energie, welche die Sonne einst bereitgestellt hatte und der in der Nahrung gespeichert ist. In der Natur gibt es deshalb auf jeder beliebigen Fläche stets viel mehr Pflanzen als Tiere, die Pflanzen fressen, und viel mehr Pflanzenfresser als Fleischfresser. Auch für die Menschen gilt: Wer sich mehr oder weniger ausschließlich von Fleisch ernährt, hat einen weit höheren Flächenbedarf als ein Vegetarier.

(4) Beobachte das Ganze über einige Wochen. Nach etwa drei Wochen sollte sich zeigen, dass das Pflänzchen im CO_2-Gewächshaus sich viel besser entwickelt hat als dasjenige im normalen Luft-Gewächshaus. Da die Bedingungen für die beiden Pflanzen ansonsten gleich waren, ist das Ergebnis auf das CO_2 zurückzuführen. Während die eine Pflanze reichlich davon zur Verfügung hat und deshalb munter wachsen kann, kümmert die andere dahin, da das in ihrem Glas vorhandene CO_2 rasch verbraucht ist.

[Fig. 41]

XI DIE MINZE

80 Minze finden, Minze pflanzen

SITUATION: an Ufern; an Ackerrändern, von Juli bis September
ZUBEHÖR: ein Blumentopf

(1) Die Wasserminze wächst entlang von Flüssen und an Seeufern, sie blüht recht spät, von Juli bis September. Sie hat sehr kleine, hellrot-violette Blüten, die zu Kugeln gepackt sind und am Stän-
gelende oder an den Enden der Sprossachsen sitzen. Aus ihnen ragen
vier etwas dunkler gefärbte Staubbeutel hervor. Die Wasserminze erreicht etwa 20 bis 30 Zentimeter Höhe. Der Stängel ist, wie bei den
meisten Lippenblütlern, vierkantig, zwei Blätter stehen jeweils einander gegenüber, und die Ansatzstellen der Blattpaare sind von Blattpaar zu Blattpaar um jeweils 90 Grad gedreht. Die Blätter sind also,
wie Botaniker sagen, kreuzgegenständig. Dies führt dazu, dass die
Blätter gleichmäßig um den aufrechten Stängel verteilt sind, was allen
einen guten Lichtgenuss beschert. Die Minze ist insofern eine logisch
konstruierte Pflanze.

(2) Eine Verwandte, die größere Rossminze, findet man oft an
Bahnanlagen. In unseren Gärten wächst die Pfefferminze, eine Kreu-
zung aus der Wasserminze und der spitzblättrigen Minze.

(3) Hast du eine Minze gefunden – der einzigartige Duft, den
ihre Blätter beim Zerreiben verströmen, macht das Erkennen einfach –, dann pflück einen Zweig, nimm ihn mit nach Hause und stell
ihn in ein Glas Wasser. Er bildet Wurzeln, die von den untersten Blatt-
achsen aus wachsen – und du kannst ihn in den Garten pflanzen. Die
Minze ist eine überaus robuste Pflanze. Vermutlich war sie auch deshalb in der Antike so beliebt als Kranzpflanze.

(4) Dass Pflanzen, die abgerissen wurden, aus dem Stängel
gleich wieder Wurzeln bilden können, ist eigentlich etwas Erstauni-
ches. Den Mauerpfeffer etwa muss man nicht einmal in Wasser stel-

len; legt man ein Stängelchen von ihm auf die Erde, treibt es gleich aus. Pflanzen können sich in ganz extremer, geradezu unheimlicher Art und Weise regenerieren. So treibt das Usambaraveilchen, eine Modepflanze der 1950er-Jahre und heute noch in jedem Blumenladen zu finden, sogar aus abgerissenen *Blättern* Wurzeln – und daraus wird dann wieder eine komplette Pflanze, die Blüten bekommt und Samen bildet!

(5) Das ist geradeso, als könnte ein Mensch, der ein Bein verloren hat, wenn er nur gut gepflegt wird, irgendwann seine Verbände aufwickeln, und es wäre da wieder ein neues Bein. Ja, mehr noch, es ist so, als könnte aus einem abgerissenen Bein in 14 Tagen ein kompletter Mensch entstehen! Tatsächlich führt uns das banale Wurzeltreiben des Minzstängels zu einem zentralen Unterschied zwischen Pflanze und Tier, den der Philosoph Helmuth Plessner herausgearbeitet hat. Beim Tier sind Reparaturen nur sehr begrenzt möglich. Nicht einmal eine abgeschnittene Fingerkuppe wächst wieder nach. Im Falle des Gehirns können nicht einmal einzelne Zellen ersetzt werden, wenn sie durch Gehirnschläge oder auch durch zu heftiges Trinken verloren gehen!

(6) Bei manchen Pflanzen verhält es sich hingegen so, dass selbst aus unscheinbarsten Fragmenten wieder das Ganze auferstehen kann. Bei Tieren oder Menschen ist so etwas nur im Märchen möglich, wenn etwa aus Zähnen, die ein Held hinter sich wirft, gleich eine Armee von Kriegern hervorwächst.

(7) Die Pflanzen, die aus Stecklingen gezogen werden, sind genetisch identisch mit der Pflanze, von der sie gewonnen wurden. Das eröffnet einzelnen Pflanzen den Weg zu einer zumindest theoretischen Unsterblichkeit. Es hat auch eminente praktische Bedeutung, vor allem in der Gärtnerei. Denn sehr viele berühmte Sorten, bei Äpfeln beispielsweise Boskoop oder Cox Orange, werden über Ableger, also vegetativ vermehrt. Würden die Gärtnereien die neuen Boskoop-Bäume aus Samen ziehen, dann trügen die entstehenden Apfelbäume

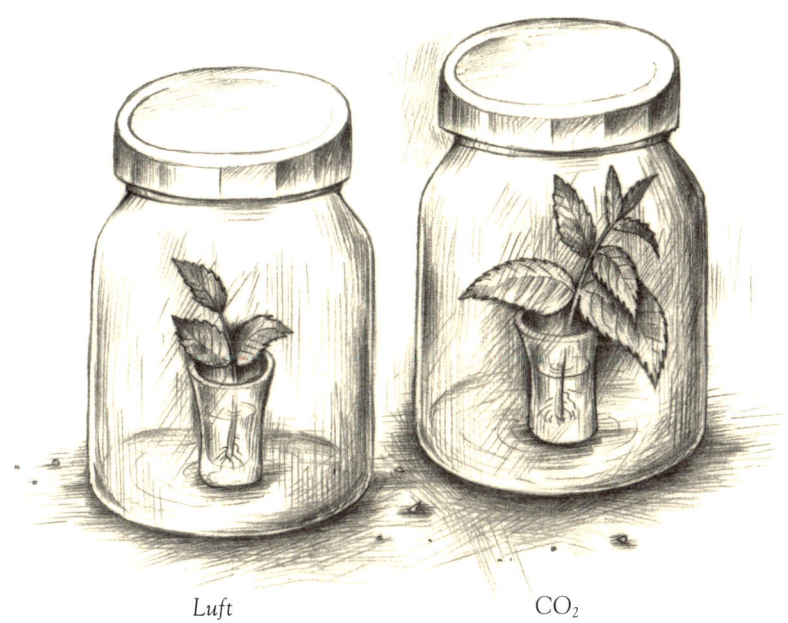

Luft   CO₂   [Fig. 42]

Früchte, die den normalen Boskoop-Äpfeln vielleicht ähnelten, vielleicht aber auch stark davon abwichen. Genau gleiche Früchte erhält
man nur durch vegetative Vermehrung. Insofern essen wir, wenn wir in
einen Cox Orange beißen, immer noch von jenem Baum, von dem im
Herbst 1830 erstmals der Cox-Orange-Apfel gepflückt wurde.

81   Vertrautes neu sehen: die Blüte

SITUATION: in blühenden Gärten, an Wegrändern, in botanischen
Gärten

Die Blüten der Minze sind sehr klein. Damit sie dennoch auffallen,
sind sie zu Büscheln vereinigt. Sie haben eine für Pflanzen typische
Farbe: blassviolett. Auf ihnen trifft man oft Hummeln, aber auch viele
kleine Fliegen – und um sie herum schwirren gar nicht selten, beson-

ders im August, Wespen oder Hornissen, welche die nektarsammelnden Insekten überfallen und wegschleppen, um sie zu verzehren.

(1) Warum blühen Pflanzen überhaupt, weshalb bilden sie so schöne Blüten aus? Das Blühen der Pflanzen ist ja ein allgegenwärtiges Phänomen, und man könnte sich vorstellen, dass die Menschen über seine Ursache sehr oft und in vielen Richtungen nachgedacht haben. Das ist aber nicht der Fall, vermutlich, weil die Menschen viel zu schnell meinten, die Antwort schon zu kennen. Sie blühen, *um uns zu gefallen*! Warum sonst? Viele glaubten auch, dass die Blumen blühen, um die Menschen auf ihre verborgenen Kräfte hinzuweisen. Aus der Farbe und Form der Blüten schloss man nämlich auf die Heilwirkung der jeweiligen Pflanze.

(2) Erst der Berliner Theologe Christian Konrad Sprengel lehrte uns Ende des 18. Jahrhunderts, die Blumen mit ganz neuen Augen anzusehen. Er war Lehrer und Schulrektor an der Spandauer Stadtschule. Das Unterrichten allerdings lag ihm nicht, häufig war er krank, wohl auch depressiv. Ein berühmter Arzt, Ernst Ludwig Heim, riet ihm, sich mit den Pflanzen zu beschäftigen, er verschrieb ihm also keine bestimmte Pflanze, sondern die Botanik als Heilmittel.

(3) Mit Erfolg! Die Botanik heilte Sprengel, und ihm gelang eine bedeutende Entdeckung. Er fand eine neue, schönere Antwort auf die Frage, weshalb die Pflanzen blühen.

(4) Er entdeckte, dass die Blüten mit den Menschen, die sie so lieben, gar nichts im Sinn haben – Pflanzen blühen, um ihren Besuchern, den Insekten, zu gefallen. Die Einzelheiten der Blüten – ihre Formen, ihre Farben und ihr Duft – sind allesamt Einrichtungen, dazu geschaffen, Gäste, nämlich Insekten, so zu beeindrucken, dass diese sich auf den Blüten niederlassen, dabei den Nektar saugen und Pollen zur nächsten Blüte tragen, die hierdurch befruchtet wird. Sprengels Ausgangspunkt war theologisch: Er war, wie er gleich zu Anfang seines Werks schreibt, „überzeugt, dass der weise Urheber der Natur auch nicht ein einziges Härchen ohne eine gewisse Absicht hervorgebracht hat..."

(5) Seine Antwort auf das Rätsel des Blühens erhielt zu seinen Lebzeiten wenig Beifall. Viele fanden es geradezu lächerlich, dass ein erwachsener Mann sich so viel Zeit und Mühe gemacht hatte, den Insekten bei ihrem Treiben in und um Blüten zuzusehen. Goethe schrieb an den Botaniker Batsch über die „Sprengelische Vorstellungsart": „Nach meiner Meinung erklärt sie eigentlich nichts ..." Eines von vielen Beispielen, wie schwach Goethes Urteilskraft in naturwissenschaftlichen Fragen war! Andere hielten es für seltsam, dass die Natur einen so komplizierten Weg gehen sollte, wo es doch viel naheliegender schien, dass die Blüten sich selbst bestäuben oder die Bestäubung vom Wind vollziehen lassen. Viele Zeitgenossen fanden es auch grotesk, den Insekten und besonders den Bienen so genaue Wahrnehmungen zuzutrauen. Es war noch nicht allzu lange her, dass man Tiere überhaupt für Maschinen gehalten hatte. Da erschien eine Theorie, die davon ausging, Insekten könnten Farben und Formen erkennen, geradezu absurd. Sprengel war vom Unverständnis seiner Zeitgenossen enttäuscht und wandte sich von der Botanik ab und wieder philologischen Fragen zu.

(6) Erst der Biologe Karl von Frisch bewies, dass Bienen tatsächlich Farben unterscheiden können! Weil die Blüten, vor allem in Europa, sich in erster Linie an Insekten wenden, sind ihre Farben meist weiß, gelb, gelb-braun, violett oder bläulich. Die Minze ist insofern eine ganz typische Pflanze! Nur sehr wenige Blütenpflanzen sind von Natur aus rot, was daran liegt, dass die meisten Insekten kein Rot erkennen können. Dies wiederum liegt daran, dass Rot die langwelligste sichtbare Farbe ist. Insektenaugen sind aber meist unfähig, so langwellige Farben wahrzunehmen.

Rot sind in der Natur nicht die Blüten, sondern die Früchte – diese sollen nämlich nicht den Insekten ins Auge fallen, sondern den Vögeln und Tieren, die ihrerseits kein Problem haben, Rot zu erkennen.

(7) Aber was ist mit den vielen tropischen Blumen, die rot sind? Sie werden in ihrer Heimat nicht von Insekten, sondern von Vögeln bestäubt. Die Amaryllis, jene große, langstängelige und tiefrote Blume, die wir im Winter in Blumenläden und auf Märkten kaufen können, wird zum Beispiel in ihrer tropischen Heimat von Kolibris besucht. Überhaupt werden in tropischen Gegenden erstaunlich viele Pflanzen von Vögeln bestäubt; entsprechend haben sie oft einen tiefen Rotton. Denn für Vögel ist Rot eine besonders intensive Farbe.

(8) Heute ist allgemein anerkannt, dass Sprengels Untersuchungen eine revolutionäre Einsicht zeitigten. Er hat ein elementares Phänomen entdeckt. Schließlich hat dieser ganz simple Vorgang – der Besuch einer Blüte durch ein Insekt – im Laufe der Evolution der Insekten und der Blütenpflanzen zu einer ungeheuren Artenvielfalt geführt.

82 Trost der Pflanzen

SITUATION: in Zeiten der Bedrängnis

Dass die Beschäftigung mit Pflanzen glücklich machen kann, hat wohl niemand so enthusiastisch formuliert wie der Philosoph und Dichter Jean-Jacques Rousseau. Rousseau gilt als einer der Ahnherren der Französischen Revolution, seine Schriften, besonders sein *Diskurs über die Ungleichheit der Menschen*, hatten eine ungeheure Wirkung. Sie führten freilich auch dazu, dass der Schriftsteller von den Herrschenden verfolgt wurde, einen großen Teil seines Lebens verbrachte er im Exil.

Rousseau wandte sich 1762 den Pflanzen zu, in dem Jahr, als sein Buch *Emile* konfisziert und öffentlich verbrannt wurde und er, um seiner Verhaftung zu entgehen, in die Schweiz flüchtete. Später sagt er: „Ich verdanke mein Leben den Pflanzen, nicht wirklich, aber sie haben es mir ermöglicht, im Strom des Lebens weiterzuschwimmen und nicht unterzugehen von Bitterkeit beschwert." Alle Utopien seiner zweiten Lebenshälfte kreisen nur noch um Pflanzen. Er möchte sie alle kennen lernen: „Sammeln und einlegen will ich alle Gewächse der Alpen und der Meere, alle Bäume beider Indien." Damit hätte er viel zu tun gehabt, weltweit gibt es an Land etwa 280.000 Pflanzenarten. Mangels Reisemöglichkeiten begnügt er sich mit der Schweizer Flora (die etwa 2.600 Blütenpflanzen umfasst, hinzu kommen 1.000 Moose und einige Farne; eine ähnliche Anzahl weist Deutschland auf).

Auch die sehr häufigen Pflanzen interessieren ihn, er ist ergriffen von allem, was er sieht, von den Organen der Pflanzen, ihrem Aufbau, den kleinen Abweichungen, die eine Art an verschiedenen Standorten zeigt: „Tausenderlei kleinste Vorgänge, die ich zum ersten Mal beobachtete, erfüllten mich mit Freude." 1765 verbringt er zwei Monate auf der Sankt-Petersinsel im Bielersee bei Bern. Über sein Leben dort schreibt er: „Der Boden dieser Insel ist so vielgestaltig und mannigfaltig wie die hier vorkommenden Pflanzen. Ich hätte mein ganzes Leben genug zu tun gehabt, sie alle zu studieren. Erzählt man nicht von einem Deutschen, der ein Buch über eine Zitronenschale verfasst? – Ich aber hätte ein Buch über diese Insel geschrieben, nicht ein einziges Gräslein hätte ich ausgelassen, keine Flechte auf den Felsen, kein Härchen, nichts, gar nichts wäre unbeachtet geblieben, die kleinste Kleinigkeit hätte ich eingehend erfasst."

Er legt ein Herbarium an: „Mein Herbar ist das Tagebuch meiner Wanderungen; ich sehe wieder alles vor mir: Wiesen, Wasser, Wälder, Einsamkeit, und vor allem verspüre ich den Frieden und die Ruhe, die über ihnen weilte, und dieses ‚Ich wünschte, dieser Augenblick währte ewig!'" Einige der von Rousseau angelegten Herbarien sind erhalten, sie zeigen die außergewöhnliche Sorgfalt und Zärtlichkeit, mit der er die Pflanzen trocknete und präsentierte.

Trost spenden die Pflanzen nicht nur durch ihre Schönheit. Sie lindern den Schmerz, sie heilen und öffnen den Weg zum Rausch. Fast alle Rauschmittel, viele Arzneimittel stammen von Pflanzen oder von Pilzen.

XII

BLÄULINGE

XII BLÄULINGE

Im Sommer werden die Blumenbeete der Roseninsel eifrig von Schmetterlingen besucht; Distelfalter, Bläulinge, Tagpfauenaugen umspielen besonders die Lavendelbüsche. Die Schmetterlinge scheinen mit dem Wind vom Ufer herbeigeweht zu werden, jedenfalls ist die Roseninsel eher ihre Weide, nicht ihr Wohnort. Meint jedenfalls Max. Mit ihm wandere ich durch ein Naturschutzgebiet nicht weit von der Roseninsel, eine sogenannte Quellflur. Hier wachsen Enziane, Graslilien, Heidekraut, blauer Flachs, aber auch viele Orchideen, sogar die seltene Hummelragwurz. Es ist eine höchst individuelle Pflanzengemeinschaft, alle Pflanzen sind schlank und klein. Ihre Gestalt steht in denkbar größtem Kontrast zur barock ausladenden Körperfülle von Max. Er ist das, was man sich unter einem Urbayern vorstellt. Grüne Strümpfe umspannen seine strammen Waden, darüber trägt er eine hirschlederne Knickerbocker-Hose, ein grün kariertes Hemd und einen Janker. Sein Kopf ist kugelrund, seine Augen flitzen wie die Kügelchen bei einem Spielzeugbären beständig hin und her. Er besitzt auch einen spitzen Lodenhut, aber den trägt er heute nicht.

Er ist Unternehmer, ihm gehört ein Kieswerk in der Nähe Münchens, dort lernte ich ihn bei einer Exkursion kennen. Mit Kies, so sagte er uns damals, könne man durchaus Geld verdienen, die Leute würden das unterschätzen, weil sie permanent darüberlaufen. „Aber mei", wie er als Bayer sagt, „die Leit. Ahnung ham's koane."

Der Kies passt gut zu seiner Kugelgestalt. Dass ein Mann von einer solchen Körperfülle sich aber ausgerechnet zu so zarten Gebilden wie den Schmetterlingen hingezogen fühlt, hätte ich nicht erwartet. Und doch bewegt er seine geschätzten zwei Zentner so sachte und vorsichtig durch die Flur, dass er praktisch keine Spuren hinterlässt.

Der kleine Bläuling an einem Halm regt sich nicht, als wir uns vorsichtig nähern, um ihn besser ansehen zu können. Mit seinen kräftigen Händen, die sonst schwere Maschinen führen, biegt Max die Halme auseinander: „Bei dem Wetter entstehen die besten Schmetterlingsfotos", sagt er. „Ohne Sonne können die Schmetterlinge nicht gut fliegen. Da kommst du ganz nah ran."

Der Himmel ist bedeckt, und ich bin glücklich, dass wir ihn gleich hier, nach den ersten Schritten, entdeckt haben, den seltenen Idas-Bläuling. Es ist ein kleiner Schmetterling, dessen Flügel und Härchen oben in einer reizenden, biedermeierlich blassen Blaunuance gehalten sind. Die Fühler sind schwarz-weiß geringelt. Mein Begleiter über die Schmetterlingsflur ist eher geknickt über den Fund: „Schad is. S' is schad. Noch vor zehn Jahren, da war hier alles voll mit dem Idas. Überall blaue Schmetterlinge. Heuer müssen wir froh sein, wenn wir nur einen einzigen finden."

Ursache hierfür sei das Zurückgehen der Ameise, auf die der „Idas", wie Max ihn liebevoll nennt, angewiesen ist. Das Bemerkenswerte an diesem Bläuling, wie auch an anderen Bläulingen, ist nämlich nicht nur, dass er so schön blau aussieht. Vielmehr führt er ein ganz merkwürdiges Leben, das an die Legenden von den Wolfskindern erinnert. Es ist ihm gelungen, aus der Ameise eine Verbündete zu machen, was etwa so seltsam ist, als würden Wolf und Lamm friedlich beieinanderliegen. Normalerweise betrachten Ameisen Schmetterlingsraupen als eine Delikatesse und zögern nicht, sie in ihr Nest zu schleppen, wo sie verspeist werden. Die Raupe des Idas-Bläulings wird jedoch von Ameisen einer ganz bestimmten Art gehegt und gepflegt. Die Ameisen haben sogar eigene Drüsen ausgebildet, an denen die Raupen eine Art Honig trinken. Wo die Raupen sind, da wimmelt es auch von Ameisen, die der Raupe somit willkommenen und notwendigen Schutz bieten: „Es liegt an der Ameise, dass der Idas nimmer da ist", erklärt Max melancholisch. Diese Ameise ist eigentlich auf natürliche Flussufer spezialisiert, und die werden normalerweise immer wieder überschwemmt, die Kiesel werden neu gemischt. Hier, an dieser alten Quellflur, an deren Rand immer wieder illegal Kies abgebaggert

[Fig. 43]

wurde, hatte die Ameise ein künstliches Flussufer gefunden. Damals
sei man hier umflattert worden „vom Idas", überall blaue Flügel unter dem blauen Himmel, und man habe nicht stehen bleiben dürfen,
sonst seien die Ameisen, die Leibwache des Schmetterlings, an einem
hochgekrabbelt. Drei Sommer lang ist Max immer wieder hinaus-
gefahren und hat mit der Lupe in der Hand das seltsame Leben der
Bläulinge studiert: „Wenn du mit der Lupe auf dem Kies liegst und
dir das näher ansiehst, was da krabbelt und lebt, das ist narrisch! Das
ist Schönheit. Das ist Wildnis!", sagt Max, und seine unruhigen Augen blicken hin und her. Diese drei Sommer, als es hier von Bläulingen
wimmelte, zählt er zu den glücklichsten seines Lebens. Er sei selbst
fast geflogen, habe mit den Schmetterlingen gelebt, von ihnen ge-
träumt.

Aber dann begann die „Sukzession", das heißt, der freigelegte Kies bedeckte sich nach und nach mit Gräsern, Kräutern und auch mit Büschen. Damit veränderte sich der Lebensraum, und so verschwand die Ameise, die den „Idas" beschützt, und mit ihr auch der Schmetterling selbst.

Viel Kraft hat Max investiert, um das Grünflächenamt davon zu überzeugen, dass die Wiese zumindest gemäht und so eine Verbuschung verhindert wird. Viel Zeit hat er auch damit verbracht, selbst im Biotop zu arbeiten, um es einigermaßen attraktiv für den Schmetterling zu halten. Es habe schon viel genutzt, sagt er, aber: „nun müsse man einfach einmal mit dem Bagger herkommen und den Boden ein bisschen aufkratzen, dann würden die Ameisen schon wiederkommen." Er habe dem Grünflächenamt auch angeboten, das zu übernehmen. Aber die Naturschützer dort, die hätten's einfach nicht verstanden. Die hätten ihn in Verdacht gehabt, er habe es auf den Kies abgesehen. Aber es müsse doch etwas geschehen! Ihm gehe es ja einzig und allein um die Schmetterlinge! „Die sind ein Kunstwerk der Evolution, denn wo gibt's das sonst, dass oaner mit dene anderen, wo eigentlich sein Feind ist, plötzlich Freund wird?"

Der Schmetterling vor uns erhebt sich und flattert weg. „Do fliagt er! Des is Kunst, so hin und her und her und hin!" Nach Ansicht von Max ist nämlich der pendelnde Flug der Tagfalter nicht nur ein Zeichen von Entspanntheit und Gelassenheit, sondern er hat auch einen praktischen Zweck. Es soll die Vögel abschütteln: „Die kommen da nimmer mit! Die sind viel zu dick. Schon ein Zaunkönig wäre fui zu dick. So ein Zickzack, des geht nimmer." Der gewichtige Mann lächelt stumm über das im Vergleich zu seinen Schützlingen enorme Körpergewicht des Zaunkönigs.

Wir gehen weiter über den Kieshügel, und wenige Schritte von dem Idas entfernt beugt Max sich nieder, um mich auf eine kleine Pflanze aufmerksam zu machen: Ein kleiner Kreuzenzian steht am Wegesrand. Auch hier gibt es etwas zu entdecken, winzige weiße Punkte auf der Pflanze – die Eier eines anderen Bläulings, des sogenannten Ameisenbläulings. „Der geht noch einen Schritt weiter als der Idas", sagt Max. Seine Raupe frisst sich erst einmal an dem Kreuzenzian voll. Dann lässt sie sich fallen und wird auf dem Boden, wenn sie Glück hat, gleich von Ameisen entdeckt. Die schleppen die Raupe in ihren Bau. Und da beginnt das Merkwürdige. Die Raupe hat bestimmte Duftstoffe, sie riecht offenbar wie eine Ameise. Jedenfalls füttern die Ameisen sie wie eine Larve. Dann verpuppt sie sich im Ameisennest und steigt schließlich als schöner großer Bläuling in die Luft. Allerdings muss der Schmetterlingskuckuck sich beeilen. Denn sobald er geschlüpft ist und seine Flügel ausbreitet, fällt den Ameisen doch auf, dass er keine Ameise ist, und sie greifen an. Nach Leibeskräften versucht der Falter nun aus dem Nest zu fliehen, hinter ihm seine betrogenen Gastgeber. Wenn er Pech hat, ereilt ihn die Rache seiner Zieheltern. Hat er Glück, darf er in den Himmel aufsteigen, Nektar trinken, sich paaren und einige Wochen lang, einen Sommer, in der Nähe der Wiesen, wo er geboren wurde, umherflattern. „Dann ist seine Zeit um", sagt Max. „Dann stirbt er. Aus!"

Entdecke das „schönste Phänomen"!

83 Schmetterlinge züchten

SITUATION: Ende April, wenn man am Wegrand eine mit Raupen besetzte Brennnessel gefunden hat
ZUBEHÖR: Schere, Plastiktüte, ein größeres Plastikterrarium aus dem Baumarkt, ein kleines Marmeladenglas, gefüllt mit Wasser, frische Brennnesseln

(1) Aus einer Raupe wird ein Schmetterling: Für Goethe war dies das „schönste Phänomen", das er in der organischen Natur kenne, wie er am 6. August 1796 an Schiller schreibt, „welches viel gesagt ist". Seinem Brief legt er eine genaue Beschreibung des Schlüpfens eines Nachtfalters (des sogenannten Stachelbeer-Harlekins) bei. Besonders erstaunt ihn, wie rasch und zauberhaft sich die Flügel vergrößern, nachdem der Schmetterling geschlüpft ist. Goethe war überzeugt, er sei überhaupt der allererste Mensch, der ein solches Schauspiel – das Schlüpfen eines Schmetterlings – mitansehe. Allerdings stellte er we-

nige Tage später fest, dass er sich hierin geirrt hatte. Da er den Spott der Nachwelt fürchtete, bat er Schiller, er möge ihm das der Metamorphose gewidmete Blatt zurücksenden: „Das Phänomen ist allgemein", schreibt er an den Dichterkollegen — alle kennen es bereits. Nichtsdestoweniger ist das Schlüpfen eines Schmetterlings ein außerordentlicher Anblick. Diese erstaunliche Umwandlung ist die Keimzelle für die mythologische Bedeutung der Schmetterlinge. Seit den ältesten Zeiten ist der Schmetterling das Seelentier schlechthin. Bei den alten Griechen hießen die Schmetterlinge sogar *psychai*, Seelen. Der Glaube, dass in Schmetterlingen die Seelen Verstorbener wiederkehren, scheint, wie Ethnologen herausgefunden haben, weltweit verbreitet zu sein.

(2) Mit etwas Glück kann jeder jenes „schönste Phänomen" selbst beobachten. Geeignet für die Schmetterlingszucht ist zum Beispiel das Tagpfauenauge, das derzeit nicht unter Naturschutz steht und überdies oft vorkommt. Die Raupen dieses Schmetterlings siehst du hin und wieder an Brennnesseln, die an sonnigen Bachufern stehen. Ab Ende April kannst du dich auf die Suche machen. Zusammengesponnene Blätter und kleine Gespinste am Ende der Triebe zeigen die Raupen an. Sie sind oft unauffällig und sehen zum Beispiel hellgelb aus. Wenn du Raupen auf einer Brennnessel gefunden hast, hältst du eine weit geöffnete Plastiktüte darunter und schneidest die Brennnessel ab. Viele Tiere rollen sich dabei ein und lassen sich fallen. Du nimmst sie samt der Brennnessel mit nach Hause und beherbergst sie in einem geeigneten Behälter.

(3) Wichtig ist, dass sie immer wieder frische Brennnesseln bekommen, und du musst auch darauf achten, dass der Raupenbehälter nie in der prallen Sonne steht. Behälter mit einer weiten Öffnung sind gut geeignet, zum Beispiel Plastikterrarien, die du im Baumarkt oder im Zoofachgeschäft erhältst. Dahinein kannst du den Brennnesselzweig mit den Raupen stellen. Um den Zweig mit Wasser zu versorgen, stellst du ihn in ein kleines Gefäß, das du oben mit etwas Plastikfolie

(in die du für den Zweig ein Loch schneidest oder stichst) abdeckst, damit die Raupen nicht ins Wasser fallen. Auf den Boden legst du ein Küchentuch oder ein Papiertaschentuch. So lässt sich der Raupenkot leichter entfernen. Das Terrarium stellst du dann an eine halbwegs helle Stelle, keinesfalls direkt ans Fenster. Nun kannst du die Raupen in aller Ruhe beim Fressen und Wachsen und die Verwandlung von grünen Blättern in einen bunt gefärbten Schmetterling beobachten.

(4) Die Raupen brauchen regelmäßigen Brennnesselnachschub, den du mit einer Schere und mit einem Handschutz besorgst. Stell die frischen Zweige neben die leer gefressenen, die Tiere krabbeln dann von selbst hinüber. Alle fünf bis zehn Tage setzen sie sich fest und fressen nicht mehr. Sie häuten sich dann, wofür sie etwa ein bis zwei Tage benötigen. Ist die Raupe ausgewachsen, hört sie auf zu fressen und kriecht rastlos umher, auf der Suche nach einem geeigneten Platz für die Verpuppung. Meist spinnt sie sich an der Gefäßwand fest. Du kannst, wenn im Terrarium Platz genug ist, auch einen Ast anbieten. Nach etwa 14 Tagen schlüpfen die Falter – meistens im Juli, also gerade zur Zeit der Sommerferien.

(5) Das Tagpfauenauge ist nicht der einzige Schmetterling, der die Brennnessel für sich entdeckt hat: Auch der kleine Fuchs oder das Landkärtchen ernähren sich in ihrem Raupenstadium von dieser Pflanze. Und es kann auch sein, dass plötzlich aus einer Raupe eine Fliegenmade herauskommt, wie in einer Albtraumversion von *Die kleine Raupe Nimmersatt*. Diese Made hat sich durch die Raupe hindurchgefressen und verlässt sie. Nicht das schönste Phänomen.

(6) Wer keine Raupen findet, kann sich via Internet welche bestellen, einfach in einer Suchmaschine das Wort „Distelfalteraufzucht" eingeben, dann sollte ein Anbieter auftauchen.

84   Trost der Schmetterlinge

SITUATION: sinnend

Schmetterlinge, und zwar besonders die Tagfalter, sind unsere Lieblinge unter den Insekten. Sie beißen nicht, sie tauchen meist bei schönem Wetter auf, sie bilden keine beängstigenden Schwärme, sie saugen Nektar, indem sie anders als andere Insekten nicht hektisch und würdelos in den Blumen wühlen, vielmehr elegant und entspannt mit ihrem Rüssel, einer Art Riesenstrohhalm, nippen. Sie sind Illusionisten, Maskenträger, viele tun so, als wären sie etwas, das sie nicht sind. Die einen sind auffallend bunt, sie tragen Warnfarben, die ihren Fressfeinden anzeigen sollen, dass sie giftig oder zumindest ungenießbar sind. Andere wiederum zeigen auf ihrer Rückseite auffallende Augen, die vielleicht oder tatsächlich abschreckend wirken. Viele aber ähneln unscheinbaren Dingen, einem Blatt, andere einem alten Ast, wieder andere welkem Heu oder einer Baumrinde oder gar einem Vogelklecks!

Die hintergründige, fast humorvolle Ästhetik der Schmetterlinge hat viele Künstler und Intellektuelle zu Schmetterlingsfreunden werden lassen. Schmetterlinge beobachten und sammeln ist, wie die Insektenkunde insgesamt, ein relativ elitäres Hobby. Es erfordert Geduld und die Fähigkeit, feinste Unterschiede zu erkennen, da manche Arten einander sehr stark ähneln. Nicht zuletzt braucht man ein gutes Gedächtnis. Denn Schmetterlinge sind nach den Käfern die artenreichste Insektengruppe auf Erden und damit eine der artenreichsten Sorten von Lebewesen überhaupt. Weltweit gibt es mehr als 180.000 Arten, und jedes Jahr werden etwa 700 neue entdeckt. Allein in Deutschland unterscheidet man etwa 3.600 Arten – das ist eine ganze Menge, verglichen mit den nur 350 Vogelarten (oder gar den 93 Arten wilder Säugetiere!), die bei uns ansässig sind. Und Schmetterlinge sind keineswegs alle auffällig. Vielmehr zählen zu den Schmetterlingen im wissenschaftlichen Sinne auch jene Tiere, die wir umgangssprachlich als Motten bezeichnen, kleine unscheinbare Wesen, manchmal Schädlinge. Es liegt auf der Hand, dass ein Interesse für so kleine Wesen, ein ausgesprochen zweckfreies Interesse, eher etwas für Individualisten ist.

So war der Schriftsteller Hermann Hesse ein begeisterter Schmetterlingssammler. Der russische Schriftsteller Vladimir Nabokow, Autor des Skandalromans *Lolita*, war sogar ein international angesehener Schmetterlingsfachmann, und zwar besonders für die Bläulinge der Rocky Mountains. Seine Leidenschaft oder seinen „Dämon", wie er sagt, hat Nabokow in seiner Autobiografie *Sprich, Erinnerung, sprich* ausführlich geschildert.

Der Dämon, welcher Nabokow plagte, hat ihn zugleich glücklich gemacht: „Am meisten genieße ich die Zeitlosigkeit, wenn ich – in einer aufs Geratewohl herausgegriffenen Landschaft – unter seltenen Schmetterlingen und ihren Futterpflanzen stehe. Das ist Ekstase, und hinter der Ekstase ist etwas anderes, schwer Erklärbares ... ein Gefühl der Einheit mit Sonne und Stein. Ein Schauer der Dankbarkeit, wem sie auch zu gelten hat."

XIII

KIESEL

XIII KIESEL

Seit jeher habe ich Steine gesammelt. Als Junge in kurzen Hosen mit meinem Vater und meinem Bruder in alten Steinbrüchen im Bergischen Land unterwegs, suchte ich nach versteinerten Korallen, im Lehm eines Refrather Weihers entdeckte ich fein geäderte versteinerte Muscheln. Über Jahre fuhren wir mit einem himmelblauen VW-Käfer nach Dänemark, fast jeden Tag verbrachten wir dort am Strand. In Badehosen wanderte ich stundenlang barfuß die Kiesstrände entlang, auf der Suche nach den legendären Klappersteinen: unzählige Flintsteine las ich auf, hielt sie ans Ohr und schüttelte – vergeblich! Dafür entdeckte ich genügend andere bemerkenswerte Dinge. Kleine oder größere versteinerte Seeigel, die schöne Muster trugen, bizarr geformte Feuersteine, auch eine kopfgroße Pyritknolle, die wir in Handtücher wickelten, in den Kofferraum des VW packten und nach Hause schleppten. Dort füllten sich Schränke und Schubladen mit den Funden.

Die Sammelleidenschaft erlosch eine Zeit lang, flammte dann wieder auf. Ich lernte einen Künstler kennen, der die Schönheit von Erdfarben entdeckt hatte. Aus gefundenen Pulvern und farbigen Krümeln, die er in Bayern oder auf seinen Frankreichreisen auflas, stellte er Pigmente in allen Rot-, Grau- und Brauntönen her. Mit ihnen malte er seine Bilder. Er hatte aber nicht nur einen außergewöhnlichen Spürsinn für die Farben der Erde, er fand auch, wo er ging und stand, prähistorische Objekte. Faustkeile, Krüge aus der Keltenzeit, römische Schnallen und anderes. Als ich mich über sein gutes Auge wunderte, meinte er nur: „Wer soll einen Blick dafür haben, wenn nicht ein Künstler?" Einmal begleitete ich ihn auf einer Wanderung, und sogleich entdeckte er auf einem Acker eine Pfeilspitze aus der Jungsteinzeit.

Von diesem Tag an begann ich überall nach prähistorischen Dingen zu suchen. Und ich habe sie buchstäblich überall gefunden: Direkt vor dem Charlottenburger Schloss, mitten in Berlin, fand ich Pfeilspitzen auf den Parkwegen, über die täglich Hunderte Nordic Walker wandern, an der Nordseeküste, am Gardasee fand ich kleine Pfeilspitzen und Schaber – und natürlich auch am Kiesstrand der Roseninsel. Dieser Strand ist eine Besonderheit, so viele prähistorische Scherben und Werkzeuge wie dort findet man selten. Überwiegend sind es Tonscherben aus der Jungsteinzeit, aber auch Knochenspitzen und kleine Werkzeuge aus der Keltenzeit.

Solche Funde sind Anlass zu träumen. Wir halten, wenn wir eine jungsteinzeitliche Pfeilspitze auflesen, etwas in der Hand, das zuletzt vor etwa 6.000 Jahren ein Mensch in der Hand hielt, bearbeitete und genau betrachtete. Wir fühlen mit dem Finger instinktiv die Spitze, genauso, wie sie ohne Zweifel jener Mensch damals befühlt hat. Es gibt eine plötzliche Verbindung über die Jahrtausende hinweg. Der Meister ist längst gestorben, von ihm ist nicht einmal *ein* Knochen übrig; nur die Pfeilspitze ist noch spitz und frisch, als hätte er sie eben erst gefertigt.

Was sah jener Mann auf der Roseninsel, wenn er über den See blickte? Überall vermutlich Wald, nichts als Wald, hier und da nur ein paar von Lagerfeuern aufsteigende Rauchsäulen. Die ganze Welt war damals noch ein vom Menschen weitgehend unberührtes Paradies. Riesige, uralte Eichen werden in den dunklen Wäldern gestanden haben, Bären und Wölfe streiften durch das Gehölz. Was haben sich jene Menschen erzählt, abends am Lagerfeuer, welche Legenden, welche Sagen hatten sie, was erzählten sie von den Sternen, vom Mond und von der Sonne? Sangen sie Lieder? Was aßen sie, welche Feste feierten sie, womit berauschten sie sich?

Menschen waren seit der Kupferzeit auf der Roseninsel, sie bestatteten hier ihre Toten und opferten. Vor der Roseninsel wurde im Wasser ein ganzer Einbaum gefunden, und im 19. Jahrhundert zog man hier alte Schwerter und Schilde aus dem See. Eine Schatzkammer! Jede Scherbe, jeder Knochen erzählt eine Geschichte.

Kiesstrände sind besonders aussichtsreiche Fundplätze, da sie durch die Bewegung des Wassers immer wieder etwas Neues heraufbefördern. Und natürlich finden wir dort nicht nur Altertümer, sondern auch ganz normale Kiesel. Was heißt schon ganz normale Kiesel? Kein Kiesel gleicht dem anderen, jeder hat eine lange Geschichte hinter sich. Tauchst du die Kiesel ins Wasser, dann offenbaren sie oft sehr schöne, ungewöhnliche Farben. Nach einem Regenguss ist der Strand bunt, es ist, als sehe er dich an. Bläst der Wind die Kiesel dann trocken, werden sie einheitlich grau und erblinden gleichsam.

Es ist ein schönes Gefühl, Kiesel aufzuheben, sie prüfend in den Händen zu halten, sie zu werfen – das ist eine Wohltat für die Hände, die sonst nur Tasten befingern. Vom Steineaufheben, Steineprüfen und Steinewerfen geht eine ganz eigentümliche Befriedigung aus, wahrscheinlich, weil dies eine uralte Tätigkeit des Menschen ist, etwas, das wir brauchen und wonach sich unsere Hände sehnen.

Entdecke den Strand!

85   Gold im Kies

SITUATION: an einem goldführenden Fluss oder Bach, möglichst im Sommer, jedenfalls bei Niedrigwasser. Gold führen zum Beispiel der Rhein hinter Basel, die Isar, der Inn, die Donau, die Eder und andere Flüsse.

ZUBEHÖR: Gummistiefel, Schaufel, Goldwaschpfanne. Man kann es auch mit einem großen Plastik-Blumenuntersetzer versuchen – empfehlenswert ist aber eine professionelle Pfanne, wie sie im Internet angeboten wird (entsprechende Angebote bei Eingabe der Suchwörter „Goldwaschpfanne" und „Euro" in eine Suchmaschine); zudem braucht man kleine, verschließbare, mit Wasser gefüllte Gläser sowie einen feinen Pinsel.

(1) Viele Flüsse Europas führen Gold in ihrem Kies, am berühmtesten ist das Gold des Oberrheins hinter Basel. Dort haben schon die Kelten und später die Römer Rheingold gewaschen, und dort sind viele Hobbygoldsucher auch heute wieder aktiv. Ein Waschversuch lohnt sich überall dort, wo im Fluss größere Kiesel zu sehen sind. Ausichtsreich sind zum Beispiel die der Strömungsrichtung zugewandten Spitzen von Kiesbänken im Fluss oder die Innenseiten von Flussbiegungen. Feine Sande sind hingegen weniger vielversprechend, auch wenn sie schöner aussehen. Insgesamt gilt der alte Goldgräberspruch: *Gold is, where you find it!* Selbst wenn du beim Goldsuchen nicht fündig wirst, lohnt sich die Mühe, weil du dabei sehr gut das merkwürdige Verhalten von Kies und Sand studieren kannst.

(2) Ausgangspunkt allen Goldwaschens ist eine Schaufel nasser Kies aus dem Bach- oder Flussbett. Die Aufgabe ist, das Gold von

den Steinen, dem Schlick und dem Sand zu trennen. Hierfür musst du die Probe mit Wasser schütteln und spülen. Das Gold setzt sich nach unten ab; da es ein größeres spezifisches Gewicht hat als alle anderen Sand- und Kiesbestandteile. (Ein Liter Wasser wiegt ein Kilogramm; ein Liter Gold – ein Goldwürfel mit einer Kantenlänge von zehn Zentimeter – wiegt fast 20 Kilo!). Du kannst also, indem du richtig schüttelst, die ganze Probe so sortieren, dass das Gold ganz unten verbleibt. Hierzu gehe folgendermaßen vor:

(3) Fülle deine Goldwaschpfanne zu ¾ mit Kies aus dem Fluss oder Bach. Suche dir einen Platz mit fließendem Wasser von mindestens 20 Zentimeter Tiefe. Hier tauchst du die Pfanne in das Wasser und bringst den Kies durch kräftiges seitliches und kreisförmiges Schütteln in Bewegung. Die Pfanne muss beim Schütteln unter Wasser bleiben. Feinere Tonbestandteile schwimmen nun mit dem strömenden Wasser davon. Aber es passiert beim Schütteln noch etwas: Die dickeren Kiesel wandern nach oben! Dies ist der sogenannte Paranusseffekt. (Im Müsli liegen meist die dicksten Stücke oben, häufig die Paranüsse.) Du kannst durch Schütteln also nicht nur mischen, du kannst auch entmischen. Und unter Wasser geht das besonders schnell, weil das Wasser die Reibung herabsetzt.

(4) Nachdem du das Kies-Sand-Schlick-Gold-Gemisch durch horizontales Schütteln etwas entmischt hast, geht es darum, die goldlosen Schichten loszuwerden. Das sind die Kieselsteine und der grobe Sand, die sich oben angesammelt haben. Neige, nachdem du horizontal geschüttelt hast, die Pfanne nach vorn (wenn du eine professionelle Goldwaschpfanne benutzt, dann neige sie in Richtung der Riffeln, diese sind unterschnitten und dienen dazu, das Gold zurückzuhalten), schüttle vorsichtig, damit sich das Gold unten absetzt, und entferne die an der Oberfläche liegenden Kiesel. Das kann mit der Hand geschehen oder durch vorsichtiges Herausschippen. Nicht zu viel auf einmal hinausbefördern! Aber auch nicht zu sachte vorgehen! Wechsle zwischen waagerechtem Schütteln und Hinausbefördern ab, bis nur

noch wenig Sand in der Pfanne übrig bleibt. Immer sollte etwas Wasser über der Probe stehen!

(5) Schließlich bleiben nur noch etwa zwei Esslöffel Sand in der Pfanne zurück. Ein paar Steinchen können auch noch dabei sein. Ein Anteil dieses Sands sind Schwermineralien („black sands", manchmal auch bräunliche Sande), beispielsweise Eisenverbindungen (Magnetit) oder auch Titanerze, sie haben eine dunkle Farbe.

(6) Nun der letzte Schritt: Richte dich mit der Pfanne, die außer mit dem Sand noch zu einem Viertel mit Wasser gefüllt ist, auf. Das Konzentrat wird in der geneigten Pfanne in einer Ecke versammelt und nochmals seitlich gerüttelt. Das Gold sammelt sich am tiefsten Punkt. Jetzt kommt es nur noch darauf an, es unter dem auf ihm liegenden feinen Sand herauszubefördern. Die Pfanne nun im Uhrzeigersinn drehen, dabei ziehst du den feinen Sand gewissermaßen auseinander. Das Gold sollte dabei zum Vorschein kommen; du kannst durch leichtes Wackeln auch kleine Wasserwellen über die Sandspur schicken. Sie nehmen den feinen Sand mit und spülen das Gold – in Form feiner Schuppen von einem oder zwei Millimetern Länge – frei. Du erkennst das Gold an seiner goldgelben Farbe (Pyrit zum Beispiel hat ein schmutzigeres, grünlich-schwärzliches Gelb).

(7) Das Gold sollte in kleinen, durchsichtigen, wassergefüllten Behältern aufbewahrt werden. Ich empfehle Gläser mit Schraubverschluss, da jeder Druckverschluss das Risiko birgt, unverhofft aufzugehen. Wie bekommst du das Gold nun aus der Pfanne in das Glas? Mit einem angefeuchteten Pinsel. Du nimmst das Flitterchen mit dem Pinsel auf und tauchst diesen dann in das mit Wasser gefüllte Gefäß ein. Das Gold sinkt herab.

(8) So weit die Theorie. An sich ist die Sache einfach, es geht nur darum, durch Rütteln und Schütteln eine gemischte Probe aufzutrennen. Aber die einzelnen Handgriffe sind nicht leicht zu beschreiben.

Sehr hilfreich ist es, sich das Ganze zeigen zu lassen. Inzwischen gibt es an vielen Flüssen oder Bächen in ganz Europa Goldwaschkurse. Längst vergessene Vorkommen, von denen bestenfalls noch das örtliche Heimatmuseum wusste, werden wiederentdeckt. Du findest die Goldwäscher – und mit ihnen auch goldführende Bäche und Flüsse –, indem du in eine Internet-Suchmaschine den Begriff „Goldwaschkurs" eingibst (oder auch „gold panning" oder „orpaillage" – wenn du Kurse in englischsprachigen Ländern bzw. in Frankreich suchst oder dir Filme ansehen willst).

[Fig. 46]

(9) Wenn du trotz sorgfältigen Rüttelns und Schüttelns und Waschens am Ende *kein* Gold in der Pfanne entdecken kannst, sieh dir den Rückstand genauer an: Der ist nicht wertlos, vielmehr handelt es sich bei den schwärzlichen und rötlichen Bestandteilen meist um Eisenerze, die oft auch magnetisch sind!

86   Steinzeit

SITUATION: Prähistorische Objekte kann man nahezu überall finden; besonders natürlich dort, wo Steinzeitmenschen einst wohnten. Hoch ist die Wahrscheinlichkeit in der Nähe von Höhlen, in denen Urmenschen einst siedelten – auch dann, wenn diese seit Jahrzehnten Ziel touristischer und archäologischer Reisegruppen sind. Jungsteinzeitliche Bauern siedelten meist auf fruchtbaren Lössböden. Überall, wo ein Fluss in einen See (oder in einen größeren Fluss) mündet, ist die Wahrscheinlichkeit, dass im Winkel zwischen Fluss und See (oder Fluss und Fluss) einst Menschen siedelten, recht hoch. Auch Seeufer

[Fig. 47]

und Strände sind klassische Fundorte. Für die Suche sind bedeckte und leicht regnerische Tage günstig, da zum Beispiel Flintsteine dann besonders leicht erkennbar sind.

Viele Städte, in deren Nähe prähistorische Siedlungen nachgewiesen wurden, unterhalten Sammlungen oder sogar ein Museum, in dem du dir einen Eindruck verschaffen kannst, wie die Dinge aussehen, die in dieser Gegend zu finden sind. Du erhältst zugleich Hinweise, wo es sich lohnt zu suchen. Folgende drei Sorten prähistorischer Dinge kann man relativ leicht erkennen:

(1) *Knochenwerkzeuge*
Manchmal kommt es vor, dass Mammutknochen oder Mammutzähne im Kies auftauchen. Aber auch kleinere Knochen, die du aufliest, lohnen einen genaueren Blick. Bisweilen zeigt sich nämlich, dass sie bearbeitet sind, und zwar so, dass die Spitze spitzer wird, bzw. so, dass der Splitter auf einen Holzstock als Schaft gesteckt werden kann. Menschen der Steinzeit haben sehr oft Knochen ihrer Beutetiere zu Pfeilspitzen weiterverarbeitet.

(2) *Tonscherben*
Scherben findet man an vielen Ufern, und alle die, welche glasiert sind oder auch hellrot oder weiß aussehen, sind sicher nicht aus der Steinzeit. Wohl aber können dunkelschwarze Scherben, die relativ weich wirken, sehr alt sein. Denn damals konnten die Menschen noch nicht jene hohen Temperaturen erzeugen, die für härtere Keramik notwendig sind. Hat man eine Scherbe gefunden, die ein irgendwie geartetes (z.B. geritztes) Muster aufweist, ist eine genaue Datierung möglich. Hier einige Beispiele:

(3) *Flintsteinklingen*
Zwar haben die Menschen der Steinzeit keineswegs nur mit Feuerstein gearbeitet. Je nachdem wurden auch andere Steine für Werkzeuge verwendet, zum Beispiel Radiolarit oder sogar Sandstein. Aber

Flintstein ist relativ leicht zu erkennen – und wann immer du zwischen dem Kies ein relativ flaches, spitzes Stück Feuerstein findest, solltest du es näher betrachten. Wenn es nicht ganz frisch gebrochen ist – was nur sehr selten vorkommt –, sondern schon etwas älter wirkt, kann es aus der Steinzeit stammen.

Ein gutes Kriterium hierfür ist, ob die Klinge bei genauerem Hinsehen weitere Bearbeitungsspuren aufweist. Das sind sogenannte Retuschen, zum Beispiel sägezahnartige Einkerbungen. Sie zeigen oft eindeutig, dass die Klinge nicht einfach nur „zufällig" abgebrochen ist, sondern gezielt bearbeitet wurde, um sie schärfer zu machen. Hast du ein Stück gefunden, das solche Retuschen aufweist, kannst du sicher sein, dass auch alle anderen, weniger eindeutigen Klingen, die du in der Nähe gefunden hast, ebenfalls keine Zufallsbildungen sind, vielmehr gezielt angefertigt wurden. Erwarte dabei nicht, dass du museumsreife Faustkeile oder Pfeilspitzen entdeckst. Aber Klingen, die erst auf den zweiten Blick ihre Herkunft aus der Steinzeit verraten, findet man häufiger, als die meisten ahnen. Denn genau dort, wo man sich sagt: „Hier könnte jeder etwas finden", ist der Ort, wo noch nie jemand gesucht hat.

(4) *Recht*

Rechtlich gilt in Bayern, Hessen und Nordrhein-Westfalen die Hadrianische Teilung. Danach gehört dem Finder die eine Hälfte und die andere dem Eigentümer des Objekts, in welchem der Fund getätigt wurde (dem Grundstückseigentümer normalerweise). Dies ist die einfachste und nachvollziehbarste Regelung.

Anderswo sind die Regelungen leider wesentlich unvorteilhafter. In Baden-Württemberg etwa muss der Finder seine Funde abgeben, er erhält keine Entschädigung oder Sonstiges. Das führt dazu, dass Finder in Baden-Württemberg ihre Funde in der Regel verschweigen. Deshalb wurden in Baden-Württemberg so gut wie keine Funde keltischer Goldmünzen gemeldet. Dagegen häufen sich die Fundmeldungen rätselhafterweise gleich hinter der Grenze zu Bayern.

Hast du irgendwo etwas Bemerkenswertes gefunden – und ein

Gefühl dafür lebt in jedem Finder –, musst du die Funde bei einem lokalen prähistorischen Museum oder beim Denkmalpfleger oder auch einem universitären Institut für Vorgeschichte vorzeigen. Es ist immer möglich, dass du mit dem Fund einen bisher noch nicht bekannten Fundplatz entdeckt hast. Ein Fachmann kann die Artefakte normalerweise genauer einordnen und wird auch Empfehlungen geben, was zu tun ist. Meistens wird er dir die Funde, nachdem sie dokumentiert wurden, wieder mit nach Hause geben. Die Archive der Museen sind schließlich voll von Pfeilspitzen oder Tonscherben.

87   Verhexte Kiesel

SITUATION: immer dann, wenn man sich klarmachen will, dass das Ganze auch das Gegenteil der Summe seiner Teile sein kann
ZUBEHÖR: ein kleiner Topf oder eine größere, robuste Tasse (z. B. ein größerer „Kaffeepott") oder auch ein anderes zylindrisches Gefäß (z. B. eine Erdnussdose); kleine Kiesel (der Versuch funktioniert auch mit Glasmurmeln oder sogar mit ungesalzenen, geschälten Erdnüssen)

(1) Leg einen Kiesel in das ansonsten leere Gefäß und schwenk es mit der Hand im Uhrzeigersinn: Der Kiesel kreist ebenfalls im Uhrzeigersinn.

(2) Dann geselle zu dem Kiesel eine Handvoll gleich großer Kiesel hinzu und schwenk wieder: Die Kieselfamilie dreht sich nun nicht mehr im Uhrzeigersinn, sondern genau entgegengesetzt! Sie setzt der Bewegung anscheinend einen aktiven Widerstand entgegen!

(3) Die zweite Möglichkeit ist, dem Kiesel nach und nach weitere hinzufügen. So erwischst du den Kipppunkt, an dem das Verhalten des ganzen Systems sich umkehrt. Dies ist besonders eindrucksvoll, wenn du den Versuch statt mit Kieseln mit Murmeln durchführst.

(4) Dass eine Gruppe Menschen sich völlig anders verhalten kann als ein Einzelner, ist bekannt – bei gefühllosen grauen Steinen hätte man eigentlich reine Mechanik und lineares Verhalten im Gleichschritt erwartet. Das Experiment zeigt aber, dass auch die einfachsten Naturphänomene nicht so einfach sind, wie es zunächst den Anschein hat. Die Physik ist erst in den letzten 20 Jahren auf die Idee gekommen, sich das Verhalten von Kies oder Sand oder anderen vermeintlich langweiligen Massen – wie Getreide, Erdnüssen oder Smarties – genauer anzusehen. Es erwies sich, dass gerade die banalsten aller Alltagsdinge voller Mysterien stecken. Wir sprechen von der „granularen Physik", die oft fast wie eine transzendentale Physik wirkt, und bezeichnen damit einen Phänomenbereich, der noch viele neue Entdeckungen verspricht.

88   Rätselhafte Strandbeobachtungen

SITUATION: an Stränden

(1) Strände sind Orte der Auseinandersetzung zwischen Kies, Sand, Fels, Wasser und Wind. Das Wasser kommt angeschwappt oder angeflutet und verwirbelt Kies und Sand. Das Resultat ist aber nicht ein Durcheinander, sondern es entstehen ganz merkwürdige Ordnungsformen. Im feinen Sand oder Schlick vor einem Strand bilden sich Rippeln. Sie haben die fast unheimliche Eigenschaft, sich zu regenerieren, wenn man ihr Muster gestört hat.

(2) Besteht der Strand dagegen ausschließlich aus Kies, auf dem hier und da Muschelschalen verteilt sind, meinen wir oft, eine völlig strukturlose Ansammlung vor uns zu haben. Aber sagte nicht ein französischer Philosoph, jedes Chaos sei in Wahrheit eine Ordnung, deren Prinzip man noch nicht verstanden habe?

(3) Sieh hin: Das Wasser wirft die Kieselsteine, den Sand und die Muschelschalen nicht wahllos an Land. Vielmehr sortiert es die Dinge auf eine geheimnisvolle Art und Weise, die sich oft erst auf den zweiten Blick erschließt. Häufig liegen Steine ähnlicher Form und Größe beieinander – eine Beobachtung, die schon der griechische Philosoph Demokrit machte, der sie zu dem Satz verallgemeinerte, dass Gleiches sich gern zu Gleichem gesellt.

(4) An Stränden geschehen die merkwürdigsten Sachen. Auf der Insel Gomera im Atlantik gibt es Strände, an denen das Wasser im Winter allen Sand wegspült, so dass nur noch die Kiesel übrig bleiben. Im Frühjahr wird der Sand vom Wasser wieder angeschwemmt, als hätte der Ozean ihn für die neue Saison reinigen wollen. Seltsam ist auch ein Phänomen, das die Augsburger Familie Freyn vor wenigen Jahren bei Marseille entdeckte. Eltern und Kinder lasen in ungebremster Sammelfreude einige Säcke Herzmuschelschalen am Strand auf. Eine genauere Analyse durch den Augsburger Universitätsbiologen Eckhardt Hartmann ergab, dass es sich bei den fast 1.000 Schalen fast ausschließlich um *linke* Schalenhälften handelte. Die rechten kamen nur selten vor (Muscheln haben immer rechte und linke Schalen, wie wir rechte und linke Füße bzw. Hände haben). Da jede Muschel, wenn sie stirbt, in zwei Schalen zerfällt, wäre eine genaue Gleichverteilung das Wahrscheinlichste. Weshalb sollte das Wasser linke Schalen bevorzugt an den Strand spülen? Eines von vielen Rätseln, die das ewig anrollende Wasser uns im wahrsten Wortsinne am Strand vor die Füße wirft. Mit der nächsten Welle wird es weggewischt und sogleich ein neues hingelegt.

(5) Manchmal bilden die Kiesel an Stränden, vor allem an den Stränden von Flussinseln, eine regelrechte Architektur, die sogenannte Dachziegelstruktur. Wie die Schuppen eines Fisches sortieren sie sich; und zwar so, dass sie der Strömung oder der Brandung maximalen Widerstand bieten. Sie stellen sich quer, genau wie die Sandrippeln, die im Wasser vor dem Strand meist quer zu den Wellen entstehen. Es ist, als wollte sich der Kieshaufen gegen die Kraft des anstürmenden Wassers verteidigen. Die Verteilung der Kiesel an einem Kiesstrand erinnert an eine Herde Büffel, deren stärkste, kräftigste Bullen außen einen Ring bilden, während der Nachwuchs und die Kühe in der Mitte bleiben. Bisweilen sieht es so aus, als wolle sich der Kies gegen das anströmende Wasser panzern, als bedecke er sich ganz oben absichtlich mit schwer beweglichen, dickeren Steinen, damit die darunterliegenden leichteren Steine besser geschützt sind.

89   Rechnen, um zu staunen: Kies und Sand

(1) Keinen anderen Rohstoff verwenden wir in solchen Mengen wie Kies (und Sand). Jeder Mensch in Deutschland verbraucht pro Jahr im Durchschnitt fünf Tonnen Kies (in den USA doppelt so viel, zehn Tonnen)! Wie viel das ist, kann man etwa nachvollziehen, wenn man im Baumarkt oder Gartencenter einen Zehnkilosack hochhebt: 500 Stück davon müsste man transportieren, um auf fünf Tonnen zu kommen.

(2) Aber wofür diese Unmengen an Kies? Kies wird für Straßen und Häuser, für Brücken und Bahnhöfe gebraucht. Asphalt besteht zum überwiegenden Teil aus Kies oder Split, nur 15 Prozent sind Teer. Auch Gebäude werden überwiegend mit Kies erbaut – denn Beton besteht zu ca. 80 Prozent aus Kies; der Rest sind Zement, also das eigentliche Bindemittel, und Stahlträger.

90   Rechnen, um zu staunen: innere Oberfläche

(1) Denken wir uns einen Würfel von einem Zentimeter Kantenlänge, dies entspricht einem kleineren Kiesel. Er hat eine Oberfläche

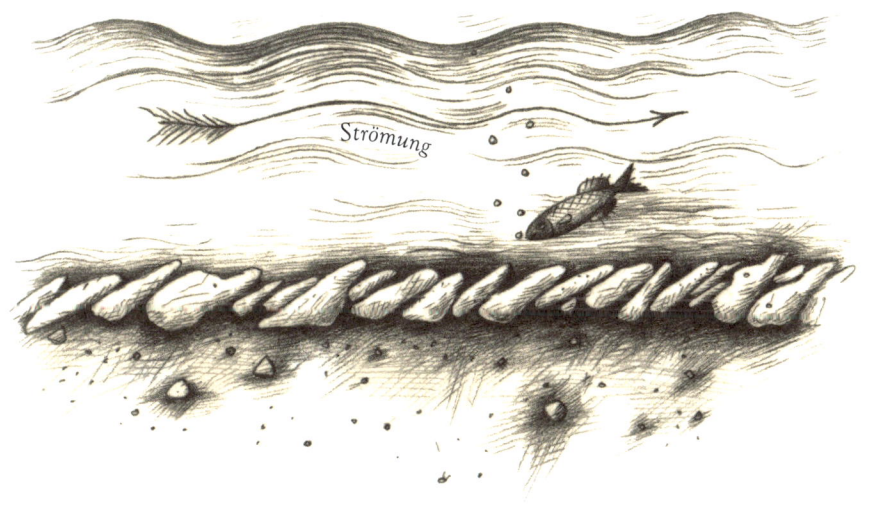

[Fig. 48]

von sechs Quadratzentimetern. Diesen Würfel zerlegen wir in kleinere Würfel von je 0,1 Zentimetern Seitenlänge – das entspricht der
Umwandlung des Kiesels in groben Sand. Ein solcher 0,1-Zentimeter-
Miniwürfel hat eine Oberfläche von 0,06 Quadratzentimeter. Die
Zerlegung ergibt 1.000 Würfel. Die Gesamtoberfläche dieser Würfel
beträgt 60 Quadratzentimeter. Machen wir aus einem dieser Miniwürfel nochmal 1.000 weitere, noch kleinere Würfel, dann erhalten
wir Mini-mini-Würfel mit einer Kantenlänge von 0,01 Zentimeter.
Jeder dieser Mini-mini-Würfel hat eine Oberfläche von 0,006 Quadratzentimeter. Man ist dann an den Grenzen des Sandreiches und
fast schon im Staubreich. Von diesen Mini-mini-Würfeln bekommen
wir eine Million Stück. Die bringen zusammen eine Oberfläche von
6.000 Quadratzentimetern zustande. Der Kiesel braucht nur eine Fin-
gerspitze Platz auf unserem Schreibtisch. Wenn er zu Sand verarbeitet
wird, bedeckt er eine Handbreit, und wird er zu Staub pulverisiert, die
ganze Tischoberfläche.

(**2**) Diese Zahlen sind nichts Abstraktes, sie bedingen vielmehr ein grundlegend anderes Verhalten von Kies-, Sand- oder Staubböden. Wenn Kiesel und Sande in der Abwasserbehandlung eingesetzt werden, zeigen sich die Unterschiede: Sandböden haben eine viel größere Filterwirkung als Kies. Und am allerfeinsten filtern die Staubböden.

(**3**) Bestimmte Stäube werden daher, in Form eines krümeligen Granulats, zur Reinigung von Aquarien und Gartenteichen eingesetzt. Besonders wirkungsvoll ist der sogenannte Bentonit, der in Bayern abgebaut wird. Bentonit ist verwitterte Vulkanasche und hat eine enorme innere Oberfläche. Er wird nicht nur in Aquarien, sondern auch als Premium-Granulat für Katzenklos verwandt.

XIV

ERDE

XIV   ERDE

Lied eines Erdessers

Andere essen Pommes, Würstchen oder Steak,
Äpfel, Birnen, Trauben oder auch Tofu.
Ich mag Erde.
Ja, ihr habt richtig gehört!
Erde. Da tritt man nicht nur drauf.
Die kann man auch essen.

Das ist etwas ganz Besonderes! Erde stinkt nicht.
Nimm die richtige: Sie duftet. Sie fühlt sich weich an.
Ist mal krümelig, schmilzt mal wie Butter auf der Zunge.

Viele essen Erde! Die Babys auf dem Spielplatz.
Ihre Omas rufen: „Nein! Da haben doch Hunde Pipi hingemacht!"
Die Kinder hören nicht, stopfen sich händeweise das Zeug
in den Mund.
Noch lieber den Split, denn der ist ein bisschen gesalzen.

Auch die Omas essen Erde, aus dem Reformhaus,
schön verpackt als „Heilerde". Heimlich, zu Hause, rühren sie das
Zeug in ihren Tee. Damit die Verdauung wieder klappt.
Und die gestresste Mama, die isst auch Erde. Kieselerde, damit
Fingernägel und Haare wieder schön werden.

Selbst die Turbomanager essen Erde, in silberne Pillen verpackt, früh
am Morgen, als Nanosilicium, zehn Euro pro Stück! Zur finalen Leis-
tungssteigerung. Drinnen in den Pillen ist reines Steinpulver. Erde.

Die Chinesen tun es.
Die Afrikaner tun es. Sie nehmen ein bisschen Lehm, rollen ihn zu
Kügelchen und lassen sie auf der Zunge zergehen.
Die Muslime tun es. Sie nehmen Staub vom Grab des Propheten,
backen daraus einen kleinen Kuchen und verspeisen ihn.

Ich mag sie gern hell und nicht knirschend.
Mach sie mir erst heiß, dann beiß ich rein. Und dazu ein Glas Wasser.
Lecker!

Entdecke den Schmutz!

91   Eine Handvoll Gartenerde

SITUATION: im Garten

(1) Wenn du Gartenerde genauer anschaust, erkennst du eine krümelige Struktur. Woher kommen die Krümel? Viele weisen eine typische Form auf, mal rund, mal zylindrisch, und eine typische Größe. Es handelt sich oft um winzige Kotballen; der gesamte Humus scheint daraus zu bestehen.

[Fig. 49]

(2) Wer hat da verdaut? Die Lebewesen siehst du in Gartenerde nur selten. Sie verstecken sich gut. Wenn du dagegen in einem Laubwald eine Handvoll Streu in die Hand nimmst, dann erblickst du jene Geschöpfe: kleine Milben, winzige, hüpfende Insekten und Würmer. Sie sind meist weiß, da sie im Dunkel keine Pigmente benötigen, die sie vor der Sonne schützen. Vor dem Licht laufen, kriechen und hüpfen sie in alle Richtungen davon.

92   Bodenerosion

SITUATION: überall, besonders in geneigtem Gelände

(1) Sehen wir uns Trampfelpfade im Gebirge an, dann erkennen wir, dass Erdboden dort, wo er nicht mehr von einer Pflanzendecke bedeckt ist, leicht weggespült wird. Je steiler das Geländer, desto rascher schaut der nackte Fels hervor.

(2) Diese Beobachtung gilt allgemein: Überall dort, wo der Boden entblößt wird, wird der Erdboden nach und nach weggeweht und weggeschwemmt. Je geneigter die Fläche, desto rascher. Auch Ackerflächen unterliegen der Erosion, weil hier die Erde eine Zeit lang ohne schützende Pflanzendecke daliegt. Es dauert mehrere Jahrhunderte bis Jahrtausende, bis sich eine fingerdicke Schicht Boden gebildet hat. Durch Erosion kann sie aber schon in einem Jahrhundert weggeschwemmt oder weggeweht werden. Die Wahrscheinlichkeit ist groß, dass guter Boden früher knapp wird als Erdöl. Nur in den Lössgebieten der Erde, in den Great Plains, in manchen Gebieten Europas und in China ist die Bodenerosion weniger problematisch, weil der fruchtbare Boden hier viele Meter dick ist.

(3) Gegen Bodenerosion hilft zum Beispiel die sogenannte konservierende Bodenbearbeitung, eine Form der Landwirtschaft, die ohne Pflug auskommt. In Europa und in den USA gewinnt sie zunehmend Freunde.

93   Extremerde

SITUATION: in der Stadt
ZUBEHÖR: eventuell ein Thermometer

(1) Böden in Städten sind oft asphaltiert oder betoniert, aber zwischen den Ritzen quillt überall Erde hervor. Und auf dem Beton bildet sie sich neu, aus angewehtem Staub, zusammengehalten und aktiv gesammelt von Moosen, Flechten und kleinen Pflanzen. Zieh eine Pflanze heraus und sieh dir ihre Wurzeln an: Sie umklammert noch die kleinsten Sandkörner.

(2) Wenn du an einem heißen Sommertag den Asphalt berührst, kann er so heiß sein, dass du dich fast verbrennst. Ein auf dem Boden liegendes Thermometer kann leicht 50, 60 Grad anzeigen. Temperaturen, die man eher in Wüsten erwartet! Und doch ertragen die kleinen Pflanzen diese Hitze.

(3) Und sie ertragen noch mehr: Schwermetalle, dauerndes Getretenwerden, Streusalz im Winter. Da haben sie es schon verdient, dass du dich einmal niederkniest und dir ansiehst, was dort unten lebt. Trotzdem gibt es Leute, die gerade dieses heroische Leben, diese Pioniererde, mit dem Küchenmesser wegkratzen, weil sie sich in ihrem Ordnungs- und Schönheitsempfinden gestört fühlen!

XV

STAUB

XV STAUB

Die Staubbeschimpfung hat eine lange Tradition, und diese Tradition besagt: *Staub macht schmutzig, Staub macht krank.* Staub macht sogar traurig, weil er oft entsteht, wenn etwas anderes vernichtet wurde. Insofern ist der Staub eine ziemlich depressive, melancholische Materie. Wäre eine Welt ohne Staub eine bessere Welt? Lungenärzte, Arbeits- und Umweltmediziner und Feinstaubbekämpfer aller Länder werden hier vermutlich begeistert und unisono *Ja!* rufen.

Ich sehe das anders. Zugegeben, bestimmte Staube entfalten schädliche Wirkungen. Davon aber einmal abgesehen, ist auch der Staub ein positives Naturphänomen, das wir loben, lieben und preisen sollten. Denn Staub ist der Anfang aller Kultur. Ihm verdanken wir Nahrung, Wissenschaft und Kunst.

Eine alte Geschichte liefert ein ergreifendes Beispiel. Als die Kelten, welche die Stadt Numantia in Spanien verteidigt hatten, von den Römern überwältigt und in die Sklaverei geführt wurden, warfen sie sich, wie uns der griechische Geschichtsschreiber Diodor berichtet, auf den Boden, „küssten die Erde unter Wehklagen und taten sich eine Handvoll Staub in den Bausch ihrer Gewänder, so dass das ganze Heer von Mitleid und Mitgefühl ergriffen wurde. Denn jeder ... wurde von einem heiligen Schauer überwältigt, als er sah, dass auch die tierhaften Seelen der Barbaren, wenn das Schicksal sie vom gewohnten Leben in der Heimat trennt, dennoch nicht die innige Liebe zum Land, das sie genährt hat, vergessen."

Auf Staub haben nicht nur die Kelten von Numantia, sondern überall die Ackerbauern ihre Pflüge gezogen und ihre Saat ausgebracht. Staubboden bringt bis heute die besten Ernten. Ich meine das nicht im übertragenen Sinne – so wie man manchmal von schwarzem

Humus sagt, dass er eigentlich Staub sei –, nein, ich meine es wörtlich. Denn die neolithischen Bauern ackerten in Europa – wie auch in Mesopotanien und in China – am liebsten auf Lössböden. Sie lebten auf Staub, auf Land, das der Wind herbeigeweht hatte. Das heute international gebrauchte Wort „Löss" stammt ursprünglich aus dem Süddeutschen, genauer, aus dem Alemannischen, es bedeutet so viel wie lasch, lose. Löss ist ein in den unteren Schichten gelblicher, pulveriger, aber sehr standfester Boden. Er besteht aus Gesteinsstaub. Entstanden ist er vor allem durch die Frostverwitterung von Gesteinen im Vorfeld der großen Gletscher. Gerade die Vorfelder der Alpen, in denen sich auch der Starnberger See erstreckt, waren einst gewaltige Staubschleudern. Im Winter, wenn die Gletscherabflüsse zugefroren waren, trocknete und verwehte der Wind das feine Gesteinsmehl der Gletscher. Der Wind kam damals wie heute oft aus westlicher Richtung. Den Staub nahm er mit und lagerte ihn im Osten ab. Der Staub, der vor den Alpen aufgewirbelt wurde, wurde vor dem Gebirge des Bayerischen Walds wieder abgelagert, ähnlich, wie in einem Zimmer die Staubflusen vor den Wänden deponiert werden. Der sogenannte Dungau, die Lössgegend vor dem Bayerischen Wald, gilt bis heute als Kornkammer Bayerns. Der Staubboden ist dort meterdick.

Löss enthält keine größeren Steine, die die Pflugschar zerbrechen könnten – schließlich können solche Steine nicht vom Wind transportiert werden –, er ist locker und sehr mineralreich. Er ist das, was Staub meistens ist – ein bunt zusammengewürfelter Haufen von Partikeln. Und gerade das macht ihn perfekt, denn er enthält alle Nährstoffe, die eine Pflanze braucht. Er ist hygroskopisch, zieht also die Feuchtigkeit aus der Luft, speichert sie und stellt sie den Pflanzen zur Verfügung. Und weil seine Partikel so klein sind, haben sie eine große Oberfläche – sie geben daher leicht Ionen an das Wasser ab, sind höchst fruchtbar und lassen sich überdies mit einfachen Geräten beackern. Überall, wo er vom Wasser oder durch den Menschen angeschnitten wird, bildet er senkrechte, glatte Wände. Tiere, aber hier und da auch Menschen, graben Höhlen in die leicht zu bearbeitenden Lösswände und benutzen sie als Wohnungen.

Gras und Getreide wächst gut auf ihm; dem Wald aber ist der Löss-boden eher feindlich, weil der Löss zu wasserdurchlässig ist. Lössbö-den bilden daher nicht selten Lichtungen in bewaldeten Gegenden. Die ersten Ackerbauern Europas hatten eine Nase für diese Böden und siedelten sich hier mit Vorliebe an. Archäologen wissen, dass sie über-all dort, wo es Lössböden gibt, auch auf Reste alter Siedlungen sto-ßen. Der bayerische Dungau, zu dem der Staub aus dem Voralpenland geweht ist, war seit 5500 v. Chr. besiedelt.

Auch sonst finden wir die fruchtbarsten, hochwertigsten Ackerflä-chen sehr häufig auf Lössböden. Nicht nur in Europa, sondern auch in den USA – dort befindet sich der Löss in den Great Plains, wo einst-mals Komantschen und Lakota-Indianer Jagd auf Bisons machten. Heute bilden die Great Plains die Kornkammer der USA – die Hälfte des in den USA erzeugten Weizens wird hier angebaut, und 60 Prozent der amerikanischen Rinderherde weiden hier.

Für Chinas Ernährung spielt die Gegend rund um den Gelben Fluss eine enorme Rolle. Das dicht besiedelte Nordchina lebt über-wiegend von den Erträgen der dortigen ausgedehnten Lössböden. Diese Böden sind bisweilen einige Hundert Meter dick – bei uns in Mitteleuropa erreichen sie gerade einmal 20 oder 30 Meter.

Löss könnte man als die Primadonna unter den Böden bezeich-nen – er liefert Spitzenresultate, hat aber auch die einen oder ande-ren Empfindlichkeiten. So kann er auf unangemessene Behandlung höchst aufbrausend reagieren. Wie sein Name schon sagt, löst er sich gern. Wird er durch unweise Methoden des Ackerbaus gereizt, er-hebt er sich massenhaft und macht sich mit seinem alten Freund, dem Wind, wieder auf und davon. In den Great Plains der USA geschah dies nach dramatischen Dürren in den 1920er- und 1930er-Jahren. Damals setzten gewaltige Staubstürme den Menschen so zu, dass sie massen-haft ihre Heimat verlassen mussten. Auch in China sind solche Staub-stürme nicht selten.

Staub hat also, sage ich, die Menschen ernährt. Aber das ist noch nicht alles! Jeder Lidschatten oder jedes Rouge ist nichts anderes als feiner Staub, der mit Pinseln oder Watte auf die Haut aufgetragen wird. Mit schwarzem (Kohle), grauem (Asche), weißem (Kreide) oder rotem (Ocker) Staub malten schon die Steinzeitmenschen sich an. So lernten sie, sich zu verwandeln, und schützten mit dem Pulver zugleich ihre Haut. Die lästige Klebrigkeit des Staubs wurde nützlich.

Und es geht noch weiter. Staub ist der Vater der Schrift. An jedem halbwegs trockenen, sommerlichen Lagerplatz entblößt sich mit der Zeit der Boden, und auf ihm bildet sich eine feine Staubschicht, die sich, wenn man darüber läuft, seidig anfühlt. Selbst Ameisenspuren lassen sich darauf verfolgen! Unwillkürlich beginnt man, auf dieser Schicht zu malen, Zeichen und Spuren zu hinterlassen. Wer nicht campt, den ergreift derselbe Drang, wenn er staubbedeckte Fahrzeuge sieht. Sie verleiten dazu, Botschaften zu hinterlassen. Könnte die Entwicklung der Schrift auf staubbedeckten Wegen und Plätzen ihren Ausgang genommen haben?

Jedenfalls wissen wir, dass in der Antike Staubflächen als natürliche Schreibtafeln angesehen wurden. Hier schrieben Gelehrte ihre Formeln auf. Von Archimedes berichten die antiken Biografen, dass er in jeden Staub hineinkritzelte, auch in die Herdasche, und dass er den Tod fand, als er ein geometrisches Problem in den Sand geschrieben hatte und ein römischer Soldat ihn aufstörte. „Du hast nie den gelehrten Staub berührt!", ruft Cicero in einem seiner Dialoge aus, um einen Menschen vorzuführen, der nichts von Mathematik verstand. Mathematik treiben hieß in der Antike *pulvis eruditus attingere*, den gelehrten Staub berühren.

Es gibt sogar eine Theorie, wonach die Null ihre Entstehung dem Staub verdankt. Diese Lehre wurde erst jüngst wieder von dem Harvard-Mathematiker Robert Kaplan in Erinnerung gerufen. Er weist darauf hin, dass die alten Zahlmeister rechneten, indem sie Tabellen mit Hundertern, Zehnern und Einsern in den Staub zeichneten und dann mit Kieselsteinen die jeweiligen Zahlen darstellten. Später nutzten sie Rechenbretter, die mit Staub bedeckt waren. Und der Staub hatte eine wichtige Funktion: Er diente der Kontrolle der Rechnung.

Die einfache Aufgabe 47 minus 34 sieht auf einem Rechenbrett ohne Staub so aus

[Fig. 50]

In dieser Form kann man Flüchtigkeitsfehler oder Schummeleien nicht mehr gut erkennen. Wird hingegen Staub auf das Rechenbrett gestreut, dann kann man nachprüfen:

[Fig. 51]

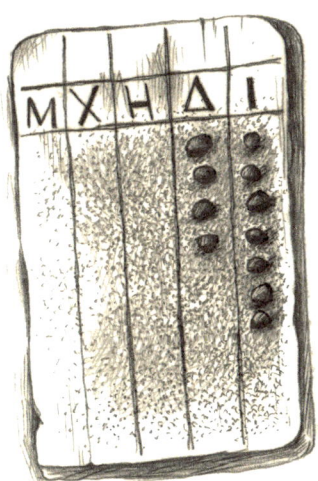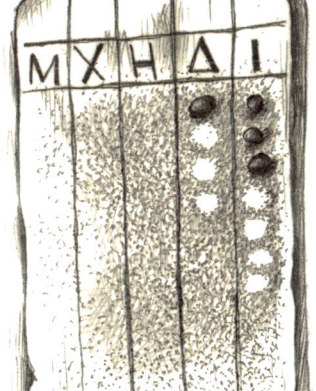

Wenn die Steine fortgenommen werden, bleibt ein runder Abdruck zurück – ein hohler Kreis. Inspirierte dieser Anblick die alten Mathematiker zu der Idee der Null? Es wäre zu schön, wenn gerade der Staub, dieses Fast-Nichts, die Menschen auf den Weg zum wichtigsten Nichts-Begriff gebracht hätte.

Schließlich und endlich beeinflusst der Staub auch maßgeblich das Aussehen der Welt! Er ist ein Künstler, der mit kleinsten Mitteln große Schönheit hervorbringt. Nicht nur, weil er für Wolken sorgt. Er ist es, der jene leichte Dunstigkeit in die Luft bringt, der die Luft sichtbar macht, der die Berge entrückt und blau wirken lässt. Ohne Staub gäbe es nur Hell-Dunkel, keine weichen, sondern nur tiefschwarze Schlagschatten. Und dann ist da schließlich noch das Abendrot, das beliebteste und meistfotografierte Naturphänomen. Seine Ursache ist der Staub in der Luft – deshalb ist nach großen Staubereignissen, etwa nach Vulkanausbrüchen oder nach großen Staubstürmen stets ein besonders intensives Abendrot zu erblicken.

So hat also der Staub, der so unscheinbar im Sonnenlicht auf und nieder tanzt, ganz beträchtliche Effekte und ist ein Freund der Menschen. Meistens zumindest. Hier ist mein Vers auf ihn:

> *Es wispert der Krümel,*
> *es murmelt die Fluse,*
> *Oh Staub!*
> *Du wurdest uns*
> *zur Muse.*

Entdecke das Winzige!

94   Wie klein ist klein? – Die Größe von Staubkörnern

SITUATION: in einer ruhigen Minute
ZUBEHÖR: eine Eincentmünze

(1) Mit dem Staub begeben wir uns an die Grenze zwischen Etwas und Nichts, ja, er wirft die Frage auf: Ab wann ist etwas etwas – und ab wann ist nichts nichts? Jedenfalls ist ein Staubkorn das kleinste Ding, das wir gerade noch mit bloßem Auge sehen können. Was sind die Maßstäbe, mit denen wir Staub messen können? Ein Tausendstelmeter ist ein Millimeter (mm), ein Tausendstelmillimeter ist ein Mikrometer (µm) – und ein Tausendstelmikrometer ist ein Nanometer (nm). Im Alltag haben wir allenfalls mit Millimetern zu tun, aber niemals mit Mikrometern und mit Nanometern auch nur dann, wenn wir in Werbeprospekten von Nanopartikeln oder überhaupt von Nano als Fortschrittssymbol lesen. Ist also ein Millimeter das kleinste Maß, das noch halbwegs erkennbar ist? Wir unterschätzen unsere Sinne, ihre Reichweite ist größer. Denn auch der Mikrometerbereich ist noch anschaulich, erst unterhalb dieses Bereichs lassen uns unsere Sinne im Stich, und wir müssen Geräte zur Hilfe nehmen.

(2) Nimm eine Eincentmünze. Sie hat einen Durchmesser von 1,6 Zentimetern. Auf der Vorderseite, also da, wo die Zahl eins steht, zeigt das Centstück einen Globus, auf dem Europa zu sehen ist.

(3) Sechs Sternchen finden sich an beiden Seiten dieses Globus. Die Sternchen haben einen Durchmesser von einem halben Millimeter, also von 500 Mikrometern. Unterhalb eines jeden Sterns ist ein winziger Buckel, den du spätestens dann siehst, wenn du die Münze

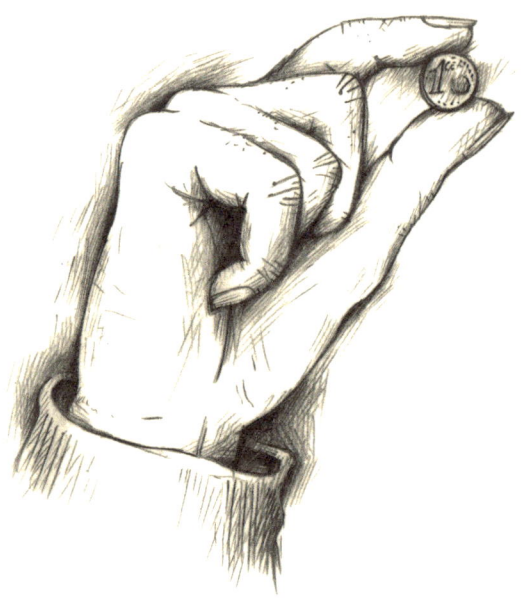

im Licht ein wenig hin- und herdrehst. Diesen Buckel kannst du auch
erfühlen. Ich habe ihn mit einem Präzisionsmikroskop vermessen – er
hat einen Durchmesser von genau 54 Mikrometern. Fünf Hundertstel-
millimeter! Ist es nicht erstaunlich, dass wir etwas so Kleines noch gut
wahrnehmen können? Allerdings sind die Wahrnehmungsbedingun-
gen aufgrund der spiegelglatten Fläche der Münze auch besonders
vorteilhaft. Nicht immer können wir so kleine Dinge sehen.

(4) Und mit den 54 Mikrometern haben wir auch fast schon die
Grenze des menschlichen Auges erreicht, die ungefähr im Bereich von
zehn Mikrometern liegt. Viel kleinere Objekte können wir beim besten Willen nicht mehr wahrnehmen. Mit den 54 Mikrometern sind wir
ja auch schon mitten im Staubreich! Das Staubkorn fängt unterhalb
des Sandkorns an, ist also normalerweise kleiner als ein Millimeter.
Die typische Staubdimension ist der Mikrometerbereich. Hier unterscheiden wir Grobstaub – größer als zehn Mikrometer – und Fein-

staub, der kleiner ist als zehn Mikrometer. Partikel, die kleiner sind als 2,5 Mikrometer, bilden den sogenannten Ultrafeinstaub. Sie entstehen vor allem bei Verbrennungsprozessen, etwa aus Heizfeuerungsanlagen oder auch Verbrennungsmotoren. Aber auch Zigarettenrauch besteht zu einem guten Teil aus solchem Fein- und Ultrafeinstaub. Dessen Partikel können wir einzeln nicht wahrnehmen, dass sie aber in der Luft schweben, ist an einer allgemeinen, milchigen Trübung zu erkennen.

95   Staub sehen

SITUATION: an sonnigen Tagen morgens, mittags und abends; im Winter in Städten, wenn Schnee gefallen ist

(1) Staub ist fast wie ein scheues Tier, er zeigt sich nur an ganz bestimmten Tageszeiten und bei ganz bestimmten Wetterlagen. Am besten siehst du ihn, wenn du aus einem Zimmer heraus bei tief stehender Sonne schräg in Richtung Sonne blickst. (Nicht direkt in die Sonne sehen!) Vor dunklem Hintergrund taucht dann eine goldene Unendlichkeit von Staubpartikeln auf, die in den Sonnenstrahlen auf und ab tanzen, ein wunderschöner, friedvoller Anblick.

(2) Siehst du dagegen, wenn die Sonne in deinem Rücken steht, dem Staub hinterher, dann erkennst du nur mühsam einzelne Staubteilchen.

(3) Du kannst auch in einem Sonnenstrahl etwas Deo zerstäuben – gegen das Licht erkennst du die Tröpfchen weitaus besser als mit dem Licht. Ähnlich strahlen die feinen Wassertröpfchen an einem Wasserfall wesentlich deutlicher, wenn du den Wasserfall gegen die Sonne beobachtest, als wenn du ihn mit der Sonne im Rücken ansiehst. Dünne, leichte Wolken sind manchmal, wenn man sie in Rich-

tung der tief stehenden Sonne beobachtet, deutlich heller, als wenn man ihnen, die Sonne im Rücken, hinterhersieht.

(4) Legst du dich in einem sonst dunklen Zimmer vor eine helle Lampe, und zwar so, dass die angezogenen Knie die auf dich gerichtete Lampe gerade verdecken, dann siehst du feinsten Staub, der von den Knien aufsteigt. Reibst du beide Knie aneinander, wirkt es bei dieser Beleuchtung fast, als steige Rauch auf. Siehst du dir dasselbe bei normaler Beleuchtung an, erkennst du nichts.

(5) Staub (und auch feine Wassertropfen kann man als Staub bezeichnen) ist nicht unsichtbar. Vielmehr ist ihm eine ganz merkwürdige Halbsichtbarkeit zu eigen, er gleicht einem Ding mit einer Tarnkappe, die allerdings etwas verrutscht ist, so dass ein Teil noch sichtbar bleibt. Staub steht genau auf der Scheide zwischen den sichtbaren und den unsichtbaren Dingen. Er ist halbsichtbar. Nur wenn er zwischen uns und der Lichtquelle umherschwebt und wenn wir in dieser Situation nicht vom Licht geblendet werden, erblicken wir ihn.

(6) Mittags ist Staub daher normalerweise unsichtbar. Du kannst ihn dann in den Nachmittagsstunden, wenn die Sonne wieder tief steht, nochmals schön sehen, und die Staubteilchen, die im späten Licht des Nachmittags tanzen, haben eine besonders hypnotische Wirkung. Frühmorgens wird der Staub auf dem Fußboden und in den Ecken aufdringlich sichtbar, was zweifellos weniger entspannend ist. Es sei denn, man wartet ab: Denn abends, im künstlichen Deckenlicht, sieht man den Staub wieder bedeutend weniger; an bedeckten Tagen mit ihrem diffusen, überallher kommenden Licht ist er praktisch unsichtbar.

(7) Eine besondere Gelegenheit, den Staub in der Luft zu sehen, bietet der Winter. Denn zum einen wird im Winter viel geheizt – so gelangt in den Städten und Dörfern viel Staub in die Luft. Zum anderen sind die Winde im Winter schwach, die ganze „Soße", wie die Ae-

rosolforscher* ihren Forschungsgegenstand gerne nennen, sammelt sich dann in den Städten und kommt nicht raus. Die Luftschichtung ist stabil: Unten hockt die kalte, schmutzige Luft, darüber lagert die leichtere warme. Diese Situation kann man manchmal sehen, wenn man an sonnigen Januartagen von erhöhter Warte auf eine Stadt oder auf ein Dorf herabsieht. Deutlich grenzt sich dann die bräunliche, dunstige Stadtluft von der klareren Luft darüber ab. Im Januar und Februar ist die Luft hierzulande meist besonders schlecht, vor allem die Feinstaubgrenzwerte werden in diesen Monaten in vielen Städten überschritten. Wenn es schneit, dann sammeln die Schneeflocken den Staub ein. Sie sind ideale Partikelsammler, denn sie haben eine sehr große Oberfläche, und sie fallen ganz langsam. (Regentropfen hingegen haben die kleinstmögliche Oberfläche und rasen mit einem Tempo von 8 Metern in der Sekunde nach unten.) Schnee ist daher der schmutzigste Niederschlag, auch wenn er so weiß aussieht. Wenn man eine Handvoll frisch gefallenen Schnee schmilzt, erkennt man oft viele kleine Staubkörnchen darin. Zerreib sie zwischen den Fingern und du erkennst, dass es oft Rußpartikel sind: Sie hinterlassen dünne, schwarze Streifen. Frisch gefallener Schnee in der Stadt hat einen ganz seltsamen, pelzig-unangenehmen, manchmal metallischen Geschmack, der vermutlich von dem Ruß und von anderen Luftschadstoffen herrührt. Alter Schnee an Autobahnrändern sieht oft erschreckend schmutzig aus – auf ihm haben sich die Rußpartikel aus den Autoabgasen abgesetzt.

---

* Aerosol ist ein Begriff, der sowohl feste wie auch flüssige Partikel in der Luft umfasst. Er entspricht daher der ursprünglichen Bedeutung von Staub, denn auch Staub meinte ursprünglich sowohl Tröpfchen wie auch feste Partikel.

96   Die Staubfluse als Staubfilter

SITUATION: beim Staubwischen oder Staubsaugen

Unvergesslich ist mir ein Besuch bei der Firma Deutsche Montan Technologie (DMT) in Essen, einer Firma, die unter anderem Staubmessungen durchführte. Im Flur stand eine Sammlung verschiedener Staubsorten. Der Staubexperte, der mich begleitete, wies auf ein Gläschen mit grauem, aschefarbenem Staub, sagte: „Das ist der frühere Abteilungsleiter!" – und klopfte mir, als er mein verdutztes Gesicht sah, kräftig auf den Rücken: „Ha, war nur Spaß!" Bei der DMT wurden Staubsauger untersucht. Mein Begleiter eröffnete mir, dass längst nicht jeder Staubsauger die Luft staubfreier mache – manche Geräte würden den Staub nur umverteilen. „Andere erzeugen sogar Staub!", rief er aus, indem er sich dem Teststand näherte. Dort lag, wie auf einer Intensivstation, ein Staubsauger, überall verkabelt und mit Schläuchen verbunden. Er saugte aus Leibeskräften – und seine Abluft wurde online analysiert. Der Staubsauger-Chefprüfer erklärte, dass Staub eines der besten Mittel gegen Staub sei: „Staub frisst Staub!" Wenn ein Staubsaugerbeutel leer sei, sauge der Sauger verhältnismäßig schlecht, auch wenn es eigentlich „ein guter" sei. Erst mit dem Essen komme der Appetit. Daher sauge ein Staubsauger mit halb gefülltem Beutel viel besser. Denn der Staub selbst halte den Staub zurück. Es war ein Nachmittag voller Erkenntnisse.

Jahre später, an einem Sonntag in Augsburg, als mein kleiner Sohn auf dem Schlafzimmerbett herumhopste, während ich halb unter demselben Bett lag und versuchte, einen darunter gerollten Flummi hervorzuangeln, erblickte ich ein Phänomen, das die Staublehren des Mannes aus Duisburg („Wir kommen aus der Kohle!") unmittelbar illustrierte. Da sah ich nämlich, wie sich mit jedem Sprung meines Sohnes die kleinen Staubflusen hin und her schoben, fast wie Wischlappen. Die Luft pulsierte mit jedem Sprung durch sie hindurch und über sie hinüber – und fütterte die Fluse dabei mit weiterem Staub. Ich holte eine hervor und beobachtete, wie an den größeren Flusen wieder kleinere hingen und an den kleinen noch kleinere – sie schienen einander anzuziehen; vermutlich sind auch Staubflusen elektrostatisch aufgeladen. Insgesamt wirkt die Fluse wie ein riesiges Netz, wie ein dreidimensionales Filtergewebe, in dem sich selbst winzigster Staub verfängt.

Die Wollmaus wirkt also ähnlich wie der Staub im Staubsaugerbeutel, wurde mir klar. Sie zieht neuen Staub an und hält ihn fest. Vielleicht, sagte ich mir, indem ich den Flummi endlich mit einem Schwung des Besenstiels unter dem Bett hervorschubste, wären ja patentierte, technisch optimierte Wollmäuse eine umweltschonende, energie- und zeitsparende Alternative zum Staubsaugen? *GHOST TURDS EXTRA STARK* stünde auf den Packungen: *Nie wieder staubsaugen*. Man würde diese Hightechprodukte unter Betten und Heizungen auslegen – und sie würden sich im Luftstrom hin und her wälzen und dabei den ganzen Staub wegfiltern. Nach einer Betriebsdauer von einigen Monaten oder einigen Jahren wären die ursprünglich schneeweißen, wattebauschgroßen High-Tech-Flusen unter den Heizungen, unter den Betten und Schränken angewachsen zu zotteligen, grauen, vor lauter Staub unbeweglichen Flusenungetümen. Dann würde man sie einsammeln und ersetzen.

97   Staubkügelchen

SITUATION: in der Küche
ZUBEHÖR: Paprikapulver (süß), Gefäß (am besten eignet sich eine leere Erdnussdose; ein hohes Glas funktioniert aber auch)

(1) Sehen wir uns den Puderzucker oder die Speisestärke in der Küche näher an und rütteln ein wenig daran, dann stellen wir Folgendes fest: Das Rütteln führt nicht, wie man denken könnte, dazu, dass die Oberfläche schön glatt wird, vielmehr bilden sich im Gegenteil kleine Kügelchen.

(2) Das kannst du genauer untersuchen, indem du etwas Paprikapulver in ein Gefäß füllst und mit einem Stift oder Löffel leise daranklopfst. Auf der Oberfläche bilden sich nun kleine Klümpchen, die größer oder kleiner werden, je nachdem, ob du das Glas schräg hältst oder gerade, je nachdem, wie du rüttelst oder klopfst. Diese muntere Welt der Kugeln und Kügelchen kannst du mit einem Schlag nahezu zum Verschwinden bringen, indem du das Gefäß kräftig auf den Tisch „knallst". Der Staub bildet dann wieder eine ganz glatte Oberfläche, als sei nie etwas gewesen. Gibst du ein, zwei Tropfen Wasser in das Gefäß und drehst kreisförmig, dann bilden sich wohlgeformte Kugeln, die, wenn sie trocknen, überraschend stabil bleiben.

(3) Auch hier zeigt sich, dass Staub gar nicht so gestaltlos und „tot" ist. Man muss ihn nur ein wenig anregen, und schon produziert er höchst überraschende Formen und entfaltet seltsame Aktivitäten. Alltägliche Dinge bergen Mysterien!

(4) Ähnliche Kügelchen bilden sich auch in der Natur, und zwar bei plinianischen Vulkanausbrüchen. Plinianisch heißen sie, weil der römische Senator und Schriftsteller Plinius der Jüngere als Erster einen solchen Vulkanausbruch beschrieben hat, nämlich den des Vesuvs, bei dem sein Onkel Plinius der Ältere ums Leben kam. Bei Plinianischen Vulkanausbrüchen entsteht eine riesige, von Blitzen durchzogene Staubwolke. In dieser Wolke wirbeln die Partikel auf und ab, sie laden sich elektrostatisch auf und ziehen andere Partikel an. So können, wenn noch ein bisschen Feuchtigkeit da ist, durchaus Kügelchen entstehen, die groß wie Murmeln sind. Die werden durch etwas Feuchtigkeit – in vulkanischen Staubwolken oft reichlich vorhanden – zusätzlich zusammengebacken und fallen dann nach unten. Oft sind diese Kügelchen so stabil, dass sie, wenn sie hinabfallen, bestenfalls eine kleine Delle abbekommen, sich ansonsten aber erhalten. Fachleute nennen diese Kügelchen „akkretionierte Lapilli". Es gibt sogar versteinerte Lapilli, die von prähistorischen Vulkanausbrüchen zeugen, mancherorts in solchen Mengen, dass diese Kügelchen mit dem

Bagger abgebaut und in Waschmaschinen geschaufelt werden, wo sie mithelfen, Jeans ihren Stonewashed-Look zu verleihen. In Chemnitz, wo vor 260 Millionen Jahren ein gewaltiger Vulkanausbruch einen ganzen Schachtelhalmwald mitsamt seinen Riesenlibellen und Riesenamphibien unter Staub begrub, habe ich solche Lapilli, die zudem auch hübsch anzusehen sind, selbst gesammelt. Man findet sie, habe ich mir sagen lassen, auch in Pompeji, am Nördlinger Ries (einem Meteoritenkrater in Bayern) und angeblich auch auf dem Mars.

98 Staub hören

SITUATION: in einer ruhigen Minute
ZUBEHÖR: eine Prise möglichst feinen Staubs (zur Not eine Prise feinen Pulvers aus dem Gewürzschrank, z.B. Pfefferpulver), ein Blatt Papier

[Fig. 53]

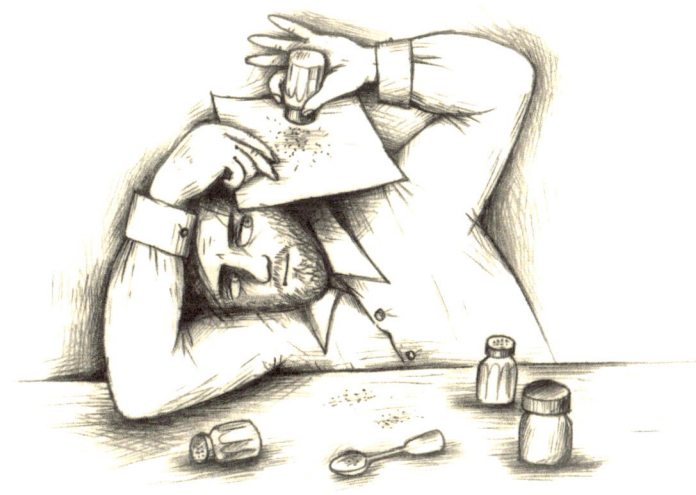

(1) Das Niederrieseln von Staub scheint völlig geräuschlos zu sein. Man kann es aber hörbar machen. Leg dich auf die Seite und deck ein Blatt Papier auf dein Ohr.

(2) Lass nun mit einer Hand eine Prise feinsten Staubs auf das Papier rieseln. Das Aufprallen der Partikel ist deutlich zu hören. Auch das Getrappel von Ameisen oder Spinnen wird so wahrnehmbar.

99 Prinzipien der Staubwelt

ZUBEHÖR: eine kleine Kiste Würfelzucker, eine Zeitung, ein Blatt Papier

(1) Wir haben bereits festgestellt, dass in der Welt der winzigen Dinge die Oberfläche wichtiger ist als Masse und Schwerkraft. Der folgende Versuch soll ein Gefühl dafür vermitteln. Für den Versuch brauchst du ein oder zwei Packungen Würfelzucker, die du am besten auf einem Stück Zeitungspapier ausbreitest. Es muss nicht unbedingt Würfel*zucker* sein – du kannst auch andere Würfel verwenden.

(2) Baue aus den kleinen Würfeln größere mit einer Kantenlänge von zwei, drei, vier, fünf oder sechs Würfeln. Trage in einer Tabelle die Gesamtoberfläche der entstehenden größeren Würfel ein (gemessen als Zahl der sichtbaren Würfelflächen), die Masse (gemessen als Zahl der verwendeten Würfel) und die Kantenlänge.

(3) Es zeigt sich rasch, dass Oberfläche und Masse nicht im Gleichschritt gehen. Die Masse wächst viel stärker als die Oberfläche. Das hat eine wichtige Konsequenz: Je größer die Dinge werden, desto mehr wird ihr physikalisches Verhalten von der Masse bestimmt. Irgendwann wird die Schwerkraft zur alles bestimmenden Größe. Sie ist für große Wesen viel gefährlicher als für kleine. Eine Spitzmaus kann drei Meter in die Tiefe springen, sie kommt heil an. Ein Mensch würde sich mindestens eine Verstauchung zuziehen, und bei einem Elefant könnte der Sprung tödlich ausgehen.

(4) Umgekehrt zeigt das Zuckerwürfelexperiment, dass dann, wenn man den Würfel zerkleinert, die Masse viel schneller abnimmt als die Oberfläche. Daher wird die Schwerkraft für sehr kleine Partikel wie auch für sehr kleine Tiere zu einer vernachlässigbaren Größe. Dafür gewinnen Oberflächenkräfte, insbesondere die elektrostatische Kraft, und auch die Oberflächenspannung an Bedeutung. Für Menschen, Mäuse und Pferde ist sie kein Problem, für eine Fliege schon. Wenn eine Fliege etwas trinken will, ist sie in ernster Gefahr, etwa so wie ein Mensch, der sich über einen Abhang beugt. Gerät die Fliege einmal in den Griff der Oberflächenkräfte, dann kann es leicht sein, dass sie nicht mehr herauskommt und ertrinkt. Vielleicht ist das einer der Gründe dafür, dass viele Insekten Rüssel haben, die einen sicheren Abstand zwischen der gefährlichen Wasser- oder Nahrungsquelle und ihnen selbst herstellen.

100   Warum fliegt der Staub?

SITUATION: vor dem Mülleimer
ZUBEHÖR: ein Papiertaschentuch

(1) Wenn du ein Papiertaschentuch ausbreitest und fallen lässt, dann segelt es langsam zu Boden; wenn du es hingegen zusammenknuddelst, was man meist tut, wenn man es wegwerfen will, dann fällt es ziemlich rasch und zielstrebig hinunter.

(2) Der Durchmesser eines zusammengeknuddelten Papiertaschentuchs beträgt etwa vier Zentimeter, sein Radius r (Halbmesser)

damit zwei Zentimeter. Es gibt nun eine Formel, mit der du, wenn du den Radius einer Kugel kennst, die Oberfläche berechnen kannst. Diese Formel lautet Oberfläche $A = 4 \cdot \pi \cdot r^2$ (π = pi ist dabei die Zahl pi, deren Wert etwa 3,14… beträgt). Rechnet man die Formel für das Papiertaschentuch aus, dann kommen etwa 48 Quadratzentimeter als Resultat heraus.

(3) Breitest du das Tuch hingegen aus, dann hat es auf jeder Seite eine Oberfläche von etwa 20 mal 20 Zentimeter = 400 Quadratzentimeter. Wenn wir die Seitenflächen vernachlässigen, sind das zusammen 800 Quadratzentimeter! Das Gewicht des Taschentuchs hat sich nicht verändert. Was sich geändert hat, ist das Verhältnis von Oberfläche zu Gewicht. Deshalb verhält sich das zusammengeknüllte Taschentuch anders als das ausgebreitete. Und analog verhält sich auch ein kompakter Klumpen anders als ein Pulver!

101 Klebriger Staub

SITUATION: in der Küche.
ZUBEHÖR: Luftballon, Salz und Pfeffer, ein Schälchen Öl

(1) Es gibt verschiedene Techniken, Schwebstaub aus der Luft zu entfernen. Man kann die Luft durch Fasermatten blasen, man kann sie durch feinporiges Papier schicken, oder man kann den Staub elektrostatisch abscheiden. Wie dies funktioniert, kannst du durch ein einfaches Experiment mit einem Luftballon (mit einem Plastiklöffel funktioniert es auch) ausprobieren. Reib den Luftballon mit einem Wollstoff (z.B. einem Pullover). Durch die Reibung lädt sich der Ballon elektrisch auf: Er zieht Haare an, wenn er über den Kopf gehalten wird – und auch kleine Papierschnipsel. Der Luftballon bildet ein inhomogenes elektrisches Feld, welches auch zu einer Ladungsverschiebung in den Papierschnipseln führt. Ist die anziehende

elektrostatische Kraft des Luftballons auf die Papierschnipsel größer als die Schwerkraft, so „fliegen" sie auf den Luftballon. Misch Salz und Pfefferpulver und bring einen durch Reibung aufgeladenen Luftballon in die Nähe des Gemischs. Da Pfefferpulver leichter ist als Salzkristalle, fliegt es zuerst zum Luftballon. Eine vollständige Trennung ist auf diese Weise allerdings nicht zu erreichen.

(2) Füll ein kleines Schälchen mit einem beliebigen Öl und bring den Luftballon, den du zuvor durch Reiben an einem Wollstoff oder einem Fleecestoff aufgeladen hast, in die Nähe des Schälchens. Bei einer bestimmten Distanz „hüpfen" feine Öltröpfchen zum Luftballon. Elektrostatische Abscheider werden vielfach in der Industrie, aber auch in Großküchen eingesetzt.

102 Das Allerdümmste

SITUATION: auf dem Fußboden
ZUBEHÖR: ein Kehrblech

(1) „Nichts gibt so sehr das Gefühl der Unendlichkeit als wie die Dummheit", schrieb Ödön von Horvath in seinen *Geschichten aus dem Wienerwald*. Nun vermittelt der Staub am allerstärksten von allem ein Gefühl von Unendlichkeit, woraus man schließen könnte, dass Staub das Allerdümmste ist.

(2) Wer Staub mit dem Kehrblech aufkehrt, erkennt: Es bleibt ein Rest. Den fegt man dann, aus einer anderen Richtung, diametral zur ersten, erneut auf. Und wieder bleibt ein Rest. Wie auch immer man es anstellt, man bekommt niemals alle Staubflusen und -körnchen auf das Kehrblech. Etwas bleibt immer liegen. Wie gehen wir damit um? Wir verteilen es einfach mit dem Wischlappen und erklären, dass nun „alles sauber" sei.

103 Staubende Pflanzen

SITUATION: im Frühjahr
ZUBEHÖR: Sonnenbrille

(1) Nicht nur der Mensch produziert zu verschiedenen Zwecken Staub, auch die Pflanzen stauben ganz ordentlich – und zwar zum Zweck der Fortpflanzung.

(2) Das Staubjahr beginnt im März, wenn die Birken blühen, Ende April folgen die Fichten. Ihre hellgelben Pollen sind dann oft an Pfützenrändern zu sehen, und wenn es sonnig und trocken ist, kann man die Staubgefäße durch bloßes Antippen schon anregen, eine dicke Staubwolke loszulassen. Legst du in dieser Zeit in der Nähe einer Fichte eine eben noch getragene Sonnenbrille ab, erkennst du auf dem dunklen Glas schon sehr bald helle Pünktchen: Fichtenpollen. Sie weisen eine spezielle Form auf, die man schon mit der Lupe erahnen kann: Sie besitzen rechts und links je einen luftgefüllten Flugsack – diese Konstruktion hilft ihnen, weite Distanzen zu überbrücken.

(3) Im Juni beginnen dann die Gräser und Getreidesorten zu blühen – auch diese Pollen sind für viele Allergiker besonders problematisch.

104 Bestäubende Pflanzen

SITUATION: im April oder Mai an einer blühenden Mahonie siehe Fig. 54, (das ist ein Strauch, der in vielen Gärten wächst. Er hat dunkelgrüne, lederige und stachelige Blätter, im Frühjahr kleine gelbe Blüten und bringt im Herbst dunkelblaue Beeren hervor, die einen tiefvioletten Saft haben.)
ZUBEHÖR: eine Nadel oder ein dünner, spitzer Grashalm

[*Fig. 54*]

(**1**) Viele Pflanzen vertrauen ihren Staub nicht auf gut Glück dem Wind an, sondern nutzen Boten: die Insekten. Ihnen schmieren sie beim Blütenbesuch den Staub an die Seite oder an die Beine. Zwei Sträucher, die in Gärten recht häufig angepflanzt werden, die Mahonie und die Berberitze, tun noch mehr: Ihre Blüten bewegen sich aktiv, um die Insekten einzupudern.

(**2**) Krabbelt nämlich ein Insekt in die Blüte und berührt die Innenseite der Staubblätter, dann schlagen diese in Sekundenbruchteilen nach innen und drücken dabei den Pollen auf den Rücken des Insekts.

(3) Nimm eine Nadel oder einen Grashalm und piekse damit ins Innere einer der kleinen gelben Mahonienblüten. Die Staubblätter schließen sich auf diesen Reiz hin und schmieren den Pollen an den Halm (oder die Nadel). Diese Bewegung zählt zu den schnellsten überhaupt, die man im Pflanzenreich beobachten kann.

105 Wie Pflanzen sich entstauben

SITUATION: im Garten im Frühjahr, Sommer oder Herbst
ZUBEHÖR: einige Blätter der Kapuzinerkresse, Pinsel, etwas fein-pulvriger Staub (z. B. Staub vom Wegrand oder Paprikapulver oder Heilerde aus dem Drogeriemarkt), Wasserzerstäuber

(1) So großzügig Pflanzen mit ihren Blüten Staub verteilen, so wenig mögen sie ihn auf ihren Blättern. Denn jedes Körnchen Staub wirft einen Schatten und hindert die Pflanze daran, Photosynthese zu betreiben, also Energie in Zucker umzuwandeln. Auch kommen mit dem feinen Staub Pilzsporen herangeweht, die sich, wenn sie sich auf der Pflanze absetzen, im Handumdrehen in schädliche Pilze verwandeln. Wie wird die Pflanze den Staub wieder los? Da sie keine Hände hat, um sich zu reinigen, besitzen viele Pflanzen eine sogenannte selbstreinigende Oberfläche. Sie besteht aus winzigen Wachskristallen, die wie Noppen über die Blattoberfläche verteilt sind und verhindern, dass Wasser oder Staub haften bleiben. So ergeben sich nur sehr kleine Kontaktflächen zwischen Blattoberfläche und Wassertropfen; die Tropfen perlen nahezu ohne Rückstand von der Oberfläche ab. Die Wirkungsweise dieser Oberflächen wurde von dem Bonner Botaniker Wilhelm Barthlott am Beispiel des Lotus erforscht, daher heißt der Effekt auch Lotuseffekt. In Asien wird der Lotus aufgrund der stets makellosen Reinheit seiner Blätter als heilige Pflanze verehrt, einige Zenmeister haben Gedichte und Abhandlungen über ihn geschrieben. Doch ist der Lotus nicht die einzige Pflanze mit einer

selbstreinigenden Oberfläche. Viele Wiesenpflanzen, etwa die meisten Grassorten, Klee, Pimpinelle, Akelei und andere verfügen auch über einen Lotuseffekt. Um den Lotuseffekt kennenzulernen, ist die Kapuzinerkresse besonders geeignet. Sie kann leicht aus Samen gezogen werden und erzeugt fleißig viele recht große Blätter, die alle eine selbstreinigende Oberfläche haben. Hier einige Experimente, die du mit der Kapuzinerkresse durchführen kannst:

(2) Sprühe mit einem Wassersprüher, wie man ihn etwa zur Vorbereitung von Bügelwäsche verwendet, über ein Kapuzinerkresseblatt: Es wird dir nicht gelingen, das Blatt zu benetzen. Die Tropfen perlen wie Quecksilber ab. Wenn du ein Blatt in Wasser tauchst, bildet sich eine silbrig spiegelnde Luftschicht darum herum.

(3) Bestäube ein Blatt mit etwas feinem Staub und besprüh es dann mit Wasser. Du stellst fest, dass die Wassertropfen den Staub gewissermaßen aufsammeln und mit ihm abrollen. Der Schmutz klebt stärker am Wasser als am Blatt, daher wird er von den Wassertropfen mitgenommen. Schon ein wenig Nebel reicht der Pflanze, um dank ihrer besonderen Oberflächenstruktur wieder sauber zu werden.

(4) Reibe ein Blatt an einer Stelle ein wenig und besprüh es dann wieder: Das Wasser bleibt an der beriebenen Stelle haften. Die Oberflächenstruktur, welche den Selbstreinigungseffekt bewirkt, ist zerstört. Hier erkennst du auch eines der Probleme, die sich der technischen Imitation des Lotuseffekts in den Weg stellen. Die Oberflächen sind recht berührungsempfindlich.

XVI

KIESELALGEN

XVI KIESELALGEN

„J edes noch so kleine Stückchen Materie ist ein Garten voller Pflanzen und ein Teich voller Fische", sagt Leibniz, und in einem Brief an den Mathematiker Jakob Bernoulli äußert er seine Überzeugung, dass in den kleinsten Stäubchen Welten enthalten seien, die der unsrigen an Schönheit und Mannigfaltigkeit nicht nachstünden. Im Tode vollziehen die Lebewesen den Übergang in solche Welten.

Leibniz schrieb dies unter dem Eindruck der Entdeckung jener Mikroorganismen, die der Holländer Antoni van Leuuwenhoek mit einem von ihm konstruierten Mikroskop erstmals sichtbar gemacht hatte. Kaum ein zweites Naturreich gab zu derart tief empfundenem, reinem Enthusiasmus Anlass wie das Reich der Mikroben. Die Begeisterung, die Leuuwenhoeks Entdeckungen auslösten, kann allenfalls noch mit der Begeisterung über die Entdeckung Amerikas verglichen werden.

Denn das Mikroskop zeigte, dass die Natur bis ins unendlich Kleine organisiert ist, dass die Schöpfung mit dem, was wir mit unbewaffnetem Auge sehen können, noch lange nicht aufhört. In jedem Wassertropfen lebt eine Fülle von Wesen. Schon immer hatten die sehr kleinen Tiere Anlass gegeben, über die unendliche Feinheit der Natur zu staunen – aber dass der Floh oder die Milbe bei Weitem noch nicht die kleinsten Wesen sind, das war neu und höchst aufregend. Es erweiterte und vertiefte die Idee, die der Mensch von der Schöpfung hatte.

Es gibt keine bessere Möglichkeit, die Begeisterung von Leibniz mitzuerleben, als die, einen Kieselstein aus dem Wasser zu nehmen, der nach Möglichkeit mit einem braungrauen Schleim umgeben ist – und diesen Schleim unter dem Mikroskop zu betrachten. Dem Betrachter offenbart sich eine unglaubliche Formenvielfalt. Kleine

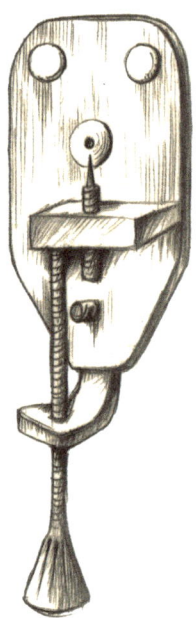

[Fig. 55. Leuuwenhoeks Mikroskop]

Unterseeboote rasen hin und her: Dies sind die Kieselalgen, auch Diatomeen genannt. Sie alle haben höchst skurile, ornamentale Formen, einige erinnern an geklöppelte Spitze, wieder andere an Science-Fiction-Raumschiffe.

Die Schalen abgestorbener Kieselalgen rieseln in Seen fortwährend herab – als ein weißer Regen, der sich am Seegrund ablagert. So können sich meterdicke Schichten bilden, die in manchen Gegenden als Kieselgur abgebaut werden. Die weltweit ersten großen Abbaugebiete befanden sich in der Lüneburger Heide, es sind die Bodenschichten großer Seen, die sich dort vor 300.000 bzw. 120.000 Jahren befanden. Diese Kieselgur wurde von der einheimischen Bevölkerung von Zeit zu Zeit aufs Brot geschmiert und gegessen. Sogar Pfannkuchen und Brote sollen daraus gebacken worden sein! Jedenfalls gedenkt der Universalgelehrte Johann Georg Krünitz in einem Band seiner *Oeconomischen Enzyklopädie,* der Ende des 18. Jahrhunderts erschien, des

sogenannten „Bergmehls" – „oder wohl auch Mondmilch, minerali-
sches Mehl, farina fossilis, Agaricus mineralis, Lac lunae, Morachtus"
genannt, das eine „feine und subtile weiße Erde" sei, „welche hin und
wieder sich in Höhlen und Klüften" befinde oder gar an der Erdoberfläche hervorquelle. Dieses Mehl sei gelegentlich, in schlechten Zeiten,
etwa „zur Zeit des dreyßigjährigen Krieges", in manchen Gegenden zu
Brot gebacken und gegessen worden. Und dieser Brauch werde teilweise, schreibt Krünitz, immer noch gepflegt: „Da ich davon hörete,
ließ ich mir etwas gebackenes Brod zuschicken, fand es aber in der
Hand so schwer, dass ich es für eine höchst schwer verdauliche Speise
ansehen musste." Krünitz kostete die ihm zugestellte Probe des mit
Bergmehl gebackenen Brotes nicht – „ob mich schon manche versichert, dass es von den Leuten ohne Schaden gegessen werde". Unwillkürlich stellt man sich die Not, ja, den nagenden Hunger jener Menschen vor, aber auch ihren naiven, tiefen Glauben, der sie meinen ließ,
jenes weiße Pulver, das sich ähnlich anfühlt wie Mehl, sei tatsächlich
solches, vom Herrgott an geschütztem Ort für sie deponiert. Wer sich
in die Lüneburger Heide begibt und in den offen gelassenen Gruben
ein Stück Kieselgur entdeckt, wird verblüfft sein, wie treffend die Be-
zeichnung Bergmehl für die weißen, wie Styropor leichten Brocken
ist. Übergießt man trockene Kieselgurbrocken mit Wasser, gehen sie
ein wenig auseinander, scheinen aber unendlich viel aufsaugen zu
können und werden zu einer Art Teig. Auch an Seeufern oder Fluss-
ufern lässt sich Kieselgur finden – als weiße Kruste, die sich zum Beispiel an langsam austrocknenden Pfützen bildet. Sie ist dicker als eine
normale Kalkablagerung und ausgesprochen bröselig.

Heute wird Kieselgur in manchen Reformhäusern als eine besondere „Heilerde" angeboten. Verwendet wird der Stoff aber vor allem
im Hochtechnologiebereich – denn seine Bestandteile, die unendlich
feinen, in sich noch vielfach ziselierten Algenschalen, verleihen ihm
viele höchst bemerkenswerte Eigenschaften.

Zum einen hat Kieselgur eine hohe Saugfähigkeit – deshalb verwandte Alfred Nobel Kieselgur für die Produktion von Dynamit.
Er verknetete sein „Sprengöl" – Nitroglyzerin – mit dem weißen

Pulver, das in der Lüneburger Heide gewonnen wurde, und erhielt einen Sprengstoff, der relativ gefahrlos transportiert werden konnte. Mit dieser Erfindung schuf Nobel sein enormes Vermögen, aus dessen Zinsen heute noch die Nobelpreise finanziert werden.

Die Algenschalen können aber noch viel mehr! 1891 entdeckte Wilhelm Berkefeld, ein langjähriger Kieselgurlieferant Nobels, dass gebrannte Kieselgur die Fähigkeit besitzt, aus Flüssigkeiten Schwebstoffe, sogar Bakterien herauszufiltern. Er stellte Wasserfilter daraus her, die bei der Choleraepidemie in Hamburg im Jahre 1892 erstmals zum Einsatz kamen. Man hatte erkannt, dass verseuchtes Trinkwasser die Ursache für das Ausbrechen der Seuche war. Berkefelds Filter wirkten effektiv; sie retteten mancher Hamburgerin, manchem Hamburger das Leben und waren von da an berühmt. Kieselgur wird auch heute noch in der Trinkwasseraufbereitung eingesetzt – aber auch zum Filtern von Wein, Bier und Säften.

Die weißliche Erde, die, wenn sie gebrannt wird, auch rötlich aussehen kann, ist zudem als Wärmeisolierstoff in Gebrauch und auch als Trägermaterial für Katalysatoren. Die bei Weitem merkwürdigste Nutzung ist aber die Anwendung als Insektizid. So mischen Kakteenfreunde Kieselgur unter ihre Kakteenerde, um Wurzelläuse zu bekämpfen. Tatsächlich hat Kieselgur, weil sie so fein ist, die Fähigkeit, Insekten auszutrocknen; zudem schieben sich die feinen Algenscherben zwischen die Gelenke der Tiere und hindern sie offenbar am Weiterkriechen oder -krabbeln. Auch im Biolandbau ist das weiße Pulver inzwischen als Insektenvertilgungsmittel zugelassen – wobei man den weißen Staub nach Möglichkeit nicht einatmen sollte. Wurde die Kieselgur nämlich bei zu hohen Temperaturen gebrannt, dann können die feinen Schalen kristallisieren – und kristalline Kieselsäure kann zu einer sogenannten Asbestlunge, zu Silikose, führen. Diese Gefahr besteht aber nur bei scharf gebrannter Kieselsäure – die normale Kieselgur, die aus der Erde kommt, ist nicht kristallin und damit auch nicht gefährlich.

Aber kehren wir von den Kieselalgenschalen wieder zu den Kicselalgen selbst zurück! Sie sind Einzeller, die sich bewegen können, und betreiben Photosynthese, was man ihnen nicht unmittelbar ansieht. Denn sie sind ja gerade nicht grün, sondern eher graubraun. Ein bestimmtes Pigment, das Fucoxanthin, überdeckt die Chlorophyllfarbstoffe in der Zelle.

Wenn die Kieselalgen auch Einzeller sind, so heißt das keineswegs, dass es sich um primitive oder gar besonders archaische Lebewesen handelt. Vielmehr sind es hoch entwickelte Mikroorganismen, die erst relativ spät die Bühne des Lebens betreten haben. Die ersten Diatomeen traten etwa zur selben Zeit auf wie die ersten Säugetiere, nämlich zur frühen Jurazeit, vor 190 bis 180 Millionen Jahren. Sie entwickelten sich genau in jener Phase, in der sich auch die Säugetiere weltweit verbreiteten.

Heute sind die Diatomeen die bedeutendsten Biomasse- und Sauerstoffproduzenten im Süßwasser und im Meer und die wichtigste Nahrungsquelle der meisten Kleinlebewesen. Zuckmückenlarven, Wasserflöhe oder Ruderfußkrebse, die man allesamt gerade noch mit bloßem Auge wahrnehmen kann, ernähren sich überwiegend von Kieselalgen. Wenn man sie fängt und sich ihre Mägen unter dem Mikroskop ansieht, so sind sie meist gut gefüllt mit Kieselalgen. Und diese kleinen Tierchen ihrerseits werden wieder von anderen Tieren gefangen, zum Beispiel von kleinen Fischen. Die Diatomeen haben damit im See und im Meer die gleiche Funktion wie das Gras an Land: Sie sind der Ausgangsstoff der Nahrungskette. So wie der Löwe letzten Ende herumlaufendes und brüllendes Gras ist, so sind Hecht oder Hai letzten Endes nichts anderes als umgewandelte Kieselalgen. Das meiste, was im Meer oder im See herumschwimmt, verdankt seine Existenz den Kieselalgen. Sie bilden den größten Teil des Planktons, also derjenigen Lebewesen, die in den lichtdurchfluteten Zonen des Meeres und der Seen umherschwimmen (wie eine Planke, beide Worte haben dieselbe Wurzel). Wissenschaftler schätzen, dass sie etwa die Hälfte aller organischen Urstoffe im Meer oder in den Seen produzieren.

Die Kieselalgen wären trotz ihrer extremen Bedeutung für die Nahrungsketten in den Gewässern nie so berühmt geworden, wenn sie nicht eine so außergewöhnliche, ornamentenreiche Formensprache hätten. Heute sind etwa 250 Gattungen mit über 12.000 Arten bekannt, und sehr viele werden wohl in Zukunft noch entdeckt werden. Schon jetzt gelten die Kieselalgen als umfangreichste Klasse aller einzelligen Lebewesen. Es gibt zwei Baupläne – nämlich den kugeligen und den camembertschachtelartigen. Jede Art ist ein Wunder an Feinheit und ausgewogener Symmetrie.

Kieselalgen lassen sich schon optisch gut unterscheiden, was längst nicht für alle Mikroorganismen in gleichem Maße gilt. Wozu mögen die vielen Spitzen, mit denen sie ausgestattet sind, wohl dienen? Vielleicht helfen die feinen Auswüchse den Tieren dabei zu schweben. Andererseits könnten die Stacheln wie bei den Kakteen auch ein Schutz gegen gefräßige Räuber sein. Denen bleibt dann die Mahlzeit buchstäblich im Halse stecken. Sie ist schwer verdaulich; doch viele der Minikrebse scheint das nicht zu kümmern. Sie konsumieren die Kieselalgen in rauen Mengen, es macht ihnen wenig aus, sie mit Schale zu futtern – als würden wir ein Glas Saft nicht nur trinken, sondern gleich komplett aufessen.

Da sich Kieselalgenschalen über Jahrmillionen erhalten können, sind sie für Geologen wichtige Indikatoren. Die winzigen Schalen helfen, die Geschichte der Erde zu entziffern. Man kann an den Diatomeensorten, die man in verschiedenen Gesteins- oder Meeresbodenschichten findet, Schlüsse auf das Klima ziehen, aus Diatomeenfunden im antarktischen Hochgebirge konnte man sogar einen Meteoriteneinschlag im Meer rekonstruieren.

Bis heute werden Diatomeen sowohl von Laien wie auch von Profiwissenschaftlern erforscht. Und der Beitrag der Laien zum Verständnis dieser Lebewesen ist dem Beitrag der Profis mindestens gleichwertig! Der Diatomeenforscher Friedrich Hustedt etwa war Volksschullehrer in Bremen. Seit er 1906, im Alter von 20 Jahren, sein erstes Diatomeenpräparat angefertigt hatte, widmete er einen großen Teil seiner Freizeit den Kieselalgen – 1939 wurde er vom Schuldienst beurlaubt, um sich ganz auf seine Forschung zu konzentrieren. Er beschrieb über 2.000 neue Arten, kein Mensch hat sich vor ihm oder nach ihm intensiver mit Diatomeen beschäftigt.

So viel Lebenszeit für so kleine Dinge! Kieselalgen ihrerseits leben meist nur wenige Tage, höchstens einige Wochen. Wer aber jemals im Schattenspiel des Mikroskops diese kleinen, filigranen Wesen hin und her flitzen gesehen hat, in einer eigenartig entrückten Szenerie, der wird Hustedt verstehen. Die Faszination durch das Schöne selbst ist es, die jeden, der ihnen begegnet, sofort für die Kieselalgen einnimmt. Beim Betrachten der Algen mit dem Mikroskop stellt sich wie von selbst eine heiter-melancholische Stimmung ein, wie beim Besuch eines tschechischen Schwarzlichttheaters. Die kleinen Wesen flitzen vor unseren Augen umher, in eiligen Geschäften begriffen, aber zugleich absolut stumm. Immer wieder umkreist die eine Kieselalge einen Krümel, scheint sich zu schütteln, wandert aber weiter – eine andere dreht sich währenddessen wie ein aufgedrehtes Rumpelstilzchen rasend um sich selbst. Andere Darsteller bleiben im Hintergrund, schwanken nur ein wenig hin und her. Wie blind scheinen die kleinen Wesen einander zu suchen und finden sich nicht, bis sie plötzlich zusammenstoßen – um daraufhin eilends und purzelnd Reißaus zu nehmen. Andere wiegen sich gemütlich und behaglich hin und her, bis sie schlagartig, wie von der Tarantel gestochen, davonrennen. Die Stille der mikroskopischen Bühne steigert den Eindruck des Lustig-Leichten noch.

Wäre das Mikroskopieren nur ein mechanisches Identifizieren von Arten nach Maßgabe bestimmter Kataloge, dann würde es wohl kaum viele Menschen in seinen Bann ziehen. Das Mikroskop wäre dann nur ein notwendiges Hilfsmittel, ein nüchternes Gebrauchsgerät. Es ist aber viel mehr: Wenn wir unser Auge dem Okular nähern, verwandelt sich der Lichtfunke, der uns durch das Objektiv entgegenblinkt, in eine eigene Welt, die uns in den Bann zieht und augenblicklich entrückt.

Ohne es zu wollen, ja ohne es zu bemerken, gerät der Betrachter, der die Pantomimen beobachtet, die dort leben, in eine tiefe ästhetische Andacht. Die Szenen erinnern an einen alten humoristischen Stummfilm, sie sind von einer hintergründigen atmosphärischen Dichte. In phantastischen, aufwendigen Kostümen trippeln und purzeln die Darsteller ins Licht der Bühne. Ihre Feinheit und unirdische

Leichtigkeit bezaubern ebenso wie die Grazie und der leise Humor ih-rer Bewegungen. Die Schönheit ist ein Versprechen des Glücks, sagte der französische Dichter Stendhal einmal, und ganz sicher schenkt das Betrachten von Kieselalgen durch das Mikroskop ein ganz unverhoff-tes, kindliches Glück. Der unscheinbare Lichtfunke, der auf der Linse des Okulars flackert, eröffnet, sobald man hineinsieht, eine Sphäre des heiteren Schwebens, entlastet von der Mühe des Arbeitsalltags.

Es ist, als hätten jene Kieselalgen, die vor unseren Augen hin und her sausen, eine dringende Botschaft für uns, die wir nur nicht richtig verstehen. So intensiv ist der Eindruck, den sie von *Leben* vermitteln, dass es uns sehr viel ausmacht, wenn die kleinen Geschöpfe plötzlich, weil der Objektträger zu heiß geworden ist, eingehen. Wem dies ein-mal passiert ist, der wird dafür sorgen, dass die Tiere beim nächsten Mal unbedingt heil ins Wasser zurückgelangen.

Entdecke die Mikroorganismen!

Kieselalgen kannst du mit jedem Mikroskop beobachten; es genügt dazu, ein wenig von dem Überzug eines in einem See liegenden Steins auf einen Objektträger zu geben und ein Deckglas locker daraufzulegen. Aber auch mit bloßem Auge sind Phänomene sichtbar, die unmittelbar mit Kieselalgen zusammenhängen:

106   Atmende Steine

SITUATION: an einem See oder Bach
ZUBEHÖR: ein leeres Glas

Nimm aus einem See ein paar kleine Kieselsteine heraus, die mit bräunlichem Gries oder Schleim überzogen sind. Gib sie mit etwas Seewasser in ein Glas und stelle es an die Sonne: Bald sind auf den Steinen feine Gasbläschen zu sehen. Dies ist Sauerstoff, den die Diatomeen im Zuge ihrer Photosynthese bilden. Die Kieselalgen sind tatsächlich *Algen*, das heißt, sie können mithilfe von Photosynthese Kohlendioxid aus dem Wasser in organisches Material und in Sauerstoff umwandeln.

107   Trübes Wasser, klares Wasser

SITUATION: an einem See oder am Meer Anfang Mai und Anfang Juni

(1) Kieselalgen bilden den Hauptbestandteil des sogenannten Phytoplanktons. Wie auch das Gras im Garten nicht während des ge-

samten Jahres gleichmäßig wächst, so gedeihen die Kieselalgen in bestimmten Monaten des Jahres besonders reichlich, während sie zu anderen Zeiten das Wasser nur dünn besiedeln.

(2) Im Starnberger See – und in vielen anderen Seen – kann man die Kieselalgen im Mai regelrecht *sehen*: Dann beginnt sich nämlich das Wasser zu trüben. Zuvor haben die Frühjahrsstürme das Wasser kräftig durchgemischt und dafür gesorgt, dass die Nährstoffe aus den bodennahen Schichten nach oben kommen, wo sie die Algen gut füttern. Die Sonnentage des Frühlings befördern das Wachstum noch mehr. Im Frühsommer, wenn die Badesaison beginnt, ist das Wasser wieder klarer, da die Durchmischung des Seewassers, durch welche die Algen mit Nährstoffen versorgt wurden, nun ausbleibt.

(3) Vielmehr bildet sich eine stabile Schichtung des Seewassers aus, die der Schwimmer oft spüren kann: Es trennt sich ein oberflächennahes, warmes Wasser von einem deutlich kälteren Tiefenwasser. Damit gehen den Algen nach und nach die Nährstoffe wieder verloren, denn wenn eine Alge stirbt, sinkt sie mit ihrem kieseligen Panzer auf den Seegrund – und wenn sie nicht gefressen wird, dann nimmt sie auch die von ihr gespeicherten Nährstoffe mit nach unten.

(4) Im oberflächennahen Warmwasser aber vermehren sich nun die kleinen Wasserflöhe, die Mückenlarven und die Minikrebse, die sich allesamt von den Kieselalgen ernähren. Aus diesem Grund wird das Wasser des Starnberger Sees – und das vieler anderer Seen – Ende Mai bzw. Anfang Juni wieder deutlich klarer. Schon der Reiseschriftsteller Lorenz von Westenrieder schrieb dazu in seinem 1784 erschienen Buch über den *Wurm- oder Starenberger See*: „Alle Frühjahr blühet oder reinigt sich der See, während dem seine Oberfläche, wie mit einer feinen Haut bedeckt und dasselbe trüb ist. Außer dieser Zeit ist das Wasser lieblich und klar, wie das reinste Quellwasser, und, wie die Fische, welche er nähret, beweisen, überaus gesund und nahrhaft." Wenn solche Algenblüten Anfang Mai auftreten, so ändert sich auch der Ge-

ruch des Wassers, es riecht an manchen Uferstellen fast „meerartig“. Bisweilen kommt es im Frühherbst erneut zu einer Algenblüte.

(5) Ähnliche Phänomene wie an Seen kannst du auch im Meer beobachten; Meerwasser trübt sich ebenfalls im Frühjahr und wird anschließend wieder klarer. Je blauer es aussieht, desto weniger Kieselalgen enthält es. Das Leben und Sterben der Kieselalgen spielt aufgrund der ungeheuren Zahl dieser Wesen in den Weltmeeren eine wichtige Rolle im globalen Kohlenstoffhaushalt. Wenn die absterbenden Kieselalgen hinabsinken, nehmen sie einen Teil des gebundenen Kohlenstoffs mit ihren Körpern in die Tiefe. Werden die Kieselalgenleichen rasch von Sedimenten bedeckt, dann erhalten sich nicht nur ihre Schalen, sondern es erhält sich auch ein wenig von ihrem Saft. Dieses Gemisch wandelt sich, wenn noch etwas Wärme und Druck hinzukommen, langsam in Erdöl um, das sich im Gestein ablagert und dem Kreislauf des Kohlenstoffs vorerst entzogen ist.

XVII

BAKTERIEN

XVII   BAKTERIEN

Erhabene Berge, idyllische Täler mögen uns beeindrucken, können sie uns aber erschüttern? Bis in unsere Tiefen wühlt uns dagegen eine wabernde, bräunliche Schleimkugel auf, die beim Schwimmen plötzlich vor uns auftaucht und in der sich möglicherweise ein toter, faulender Fisch verbirgt ... Brrr! Wir ergreifen schnellstens die Flucht! Und das, obwohl das Zeug, das da auf uns zutreibt, keine Zähne hat, sich langsam bewegt und so weich ist, dass man es mit den Fingern leicht zerteilen kann ...

Das Verfaulende ist seltsamerweise nicht nur abstoßend, sondern zugleich anziehend. Anders ist es nicht zu erklären, dass schleimige und verfaulende Dinge weltweit verzehrt werden, und zwar nicht notgedrungen, sondern mit voller Absicht! Es ist erstaunlich, wie viele Völker verfaulte Speisen mit Hochgenuss essen, die ihre Nachbarn sofort in den Müll werfen würden! Bei uns liebt man stark riechenden Käse, die Chinesen halten ihn für unerträglich. Die Chinesen ihrerseits mögen 100-jährige Eier, die Isländer vergraben einen bestimmten Fisch im Kies, wo er langsam vor sich hin gärt, um den Kadaver später zu verspeisen, die Schweden schließlich lassen Ostseeheringe so lange in Salzlake stehen, bis sie erbärmlich stinken, und verzehren sie dann.

Was wir als schleimig und ekelig bezeichnen, ist meistens ein Wohnsitz von Bakterien. Sie erzeugen auch die starken Gerüche, die das Ekelhafte so grässlich und so anziehend zugleich machen. Mit Schleim und Schmutz werden Bakterien meistens identifiziert – und im Schleim wurden die Bakterien auch zuallererst entdeckt.

Der niederländische Tuchhändler und Mikroskoppionier Antoni van Leuuwenhoek schrieb am 12. September 1683 an François Aston, den Sekretär der *Royal Society* in London, dass er in dem weißlichen Zahnbelag, den er mit dem Mikroskop betrachtet hatte, etwas Besonderes entdeckt habe: „Mit großer Verwunderung habe ich nun gesehen, dass fast überall in der vorerwähnten Materie viele, sehr kleine Tierchen sich befanden, die sich sehr ergötzlich bewegten." In seinem eigenen Zahnbelag fand Leeuwenhoeck allerdings nicht viele dieser Tierchen, und er wusste auch weshalb: „Meine Gewohnheit ist, des Morgens die Zähne mit Salz abzureiben, dann den Mund mit Wasser auszuspülen, und wenn ich gegessen habe, die Backenzähne wiederholt mit dem Zahnstocher zu reinigen sowie mit einem Tuch stark abzureiben, wodurch meine Backen- und anderen Zähne so sauber und weiß bleiben, wie sie nur wenige Leute von meinen Jahren besitzen." Entsprechend fand Leeuwenhoeck auch viel mehr jener kleinen Tierchen im Zahnbelag eines alten Mannes, dessen Vorderzähne „stark bewachsen waren". Leeuwenhoeck entdeckte ähnliche Tierchen auch im Essig. Er nannte sie Essigaale oder Essigälchen: „In meinem Hause besuchten mich einige Frauen, um die Essigälchen zu sehen. Sie haben sich so geekelt, dass sie nie wieder Essig verwenden wollen." Diesen Ekel vor Bakterien hielt Leeuwenhoeck für übertrieben, er gibt nämlich zu bedenken: „Was mag aber nun geschehen, wo ich solchen Leuten in Zukunft sagen muss, dass an schmutzigen Zähnen mehr Tierchen im menschlichen Munde existieren als Menschen im ganzen Reich; dies besonders im Munde der Leute, die ihn niemals spülen und aus deren Mund ein solcher Foetor entweicht, dass es unangenehm ist, sich mit ihnen zu unterhalten."

Schon bei dieser ersten Beobachtung wurde also ein Zusammenhang zwischen Bakterien und Fäulnis hergestellt. Bakterien galten bereits hier als Zerstörer und als Produzenten fauliger Gerüche. So lernen die meisten von uns diese Lebewesen zuerst kennen. Ich erinnere mich noch genau, wann ich das erste Mal von Bakterien erfuhr – das war in einem Buch namens *Karius und Baktus*, in dem zwei strubbelhaarige Bazillen mit Hammer und Pickel einem kleinen Jungen, der zu allem Überfluss auch noch Jens hieß, die Zähne anbohrten und sich darin häuslich niederließen. Vielleicht erfahren ja die meisten

Menschen beim Zahnarzt erstmals von der Existenz von Bakterien. Kein Wunder, wenn wir ihnen wenig Sympathie entgegenbringen.

Unter dem Mikroskop sehen Bakterien völlig unscheinbar aus, keineswegs so auffällig wie etwa die Kieselalgen. Sie erinnern von der Form her oft an Pillen, obwohl auch spiralförmige Bazillen existieren. Viele weisen eine längliche, „stöckchenartige" Gestalt auf, die Anlass für ihren Namen war. Aber diese unscheinbaren Geschöpfe haben es in sich. Tatsächlich ließen sich mehrere gefürchtete Krankheiten auf Bakterien zurückführen, wie insbesondere Pest, Cholera, Milzbrand oder auch Tuberkulose. Doch verdienen die Bakterien ihr negatives Image?

Schon allein ihr Alter sollte uns geneigt machen, die Bakterien mit etwas mehr Respekt zu betrachten. So dünn und zart sie wirken, sind die von Bakterien gebildeten Häutchen und Filme, die das Verrottende oft mit einer schillernden Haut überziehen, die ältesten, widerstandsfähigsten und vielleicht auch bedeutendsten Bestandteile der Natur.

Breite deine Arme aus – die Spanne soll das Alter der Erde darstellen. Wenn wir die Zeit von rechts nach links laufen lassen, dann wurde die Erde an der Spitze des Mittelfingers deiner rechten Hand geboren. Kurz vor deinem rechten Ellbogen entstanden die ersten Lebewesen, winzige, bakterienartige Wesen. Wenn solche Mikroorganismen in Massen auftreten, bilden sie eine Art Schleim, von dem sich bald eine blaugrüne Sorte abzweigte: Cyanobakterien. Dieser Schleim war die maßgebende Gestalt des Lebens über lange Zeit. Er herrschte während der gesamten Länge deines rechten Arms, über den Rücken und die linke Schulter und den linken Ellbogen hinweg, weiter über den linken Unterarm. In der gesamten Geschichte des Lebens spielt er fast die wichtigste Rolle – weil er das CO_2 durch Photosynthese in Sauerstoff und Glucose (Zucker) umgewandelt hat. Und die Geschichte der Tiere, der Pflanzen, der Dinosaurier und der Menschen? Alles das passt in deine ausgestreckte linke Hand, mehr ist es nicht. An der linken Handwurzel entstehen die ersten Fische, bald die ersten Landpflanzen, dann folgt die Ära der Dinosaurier, die sich über den Handteller erstreckt. Warum erscheinen die höheren Tiere erst so spät? Weil sie Sauerstoff als schnellen Energiespender brauchen. Der stand aber erst nach der Milliarden Jahre währenden Tätigkeit der Cyanobakterien zur Verfügung. Nicht einmal eine Fingerkuppe lang währt die Geschichte der Säugetiere. Und wenn du mit der Nagelfeile über den rechten Mittelfinger streichst, dann ist schon die ganze Menschheitsgeschichte verschwunden ...

Das Reich des bakteriellen Schleims hat nicht nur eine unermessliche Erstreckung in der *Zeit*, es hat auch eine unermessliche Ausdehnung im *Raum*. Wieder könnte ich sagen: Breite deine Arme aus ... Denn auch, was den Raum angeht, ist der Teil, den die Menschen besiedeln, verschwindend klein gegenüber dem, was die Bakterien bewohnen. Wir Menschen haben uns auf nicht mehr als der Spitze jenes Mittelfingers eingerichtet. Die Bakterien besiedeln die Erde viel intensiver. Sie leben noch in der tiefsten Tiefsee, in heißen Vulkanschloten und im Eiswasser unter Gletschern.

Weil sie praktisch überall sind, machen Bakterien einen erstaunlich großen Teil der Gesamtmasse aller Lebewesen auf Erden aus. Unter einem Quadratmeter Erde können etwa ein Kilogramm Bakterien leben! Je nach Schätzung beläuft sich das Gesamtgewicht aller Bakterien auf das 5- bis 25-fache des Gewichts aller Tiere. Nur die Pflanzen bringen noch mehr auf die Waage. Und nur die Pilze machen den Bakterien in ihren Lebensräumen ernsthaft Konkurrenz; sie sind zwar nicht so alt, aber ähnlich robust und anpassungsfähig. So war es kein Zufall, dass das erste wirksame Mittel, das man gegen Bakterien fand, das Penicillin, von einem Pilz stammt. Dieser Pilz, der an vielen Orten verbreitete *Penicillium notatum*, lebt zum Beispiel auf feuchtem, vergammelndem Obst. Seinen Namen kann man mit Pinsel übersetzen. Der Pilz mit pinselförmigem Aussehen hatte sich bekanntlich im warmen Sommer des Jahres 1928 auf dem Nährboden einer Bakterienkultur niedergelassen, die der britische Arzt Alexander Fleming angelegt und dann offenbar vergessen hatte. Als Fleming die Kultur wieder hervorholte und sah, dass sich Schimmel darauf abgesetzt hatte, muss sein erster Impuls gewesen sein, sie gleich wegzuwerfen. Aber in einem für die

Menschheitsgeschichte bedeutungsvollen Moment des Zögerns hielt er inne. Er sah das Schälchen genauer an. In der unmittelbaren Umgebung des Pilzes wuchs die Bakterienkultur nicht mehr weiter. Offenbar produzierte der Pilz einen Stoff, der die Bakterien schädigt, was aus Sicht des Pilzes Sinn macht, weil er die Bakterien auf diese Weise von seiner eigenen Nahrungsquelle fernhält. Jener Stoff wurde isoliert, aus ihm wurde das Penicillin.

Um sich ungestört von lästiger Konkurrenz ausbreiten zu können, hat der Pilz im Laufe der Evolution einen Stoff entwickelt, der gegen Bakterien wirkt. Und ebendieser Stoff hält bei Bedarf auch in unserem Körper die Bakterien in Schach.

Seit dem Penicillin sind viele Bakterizide entwickelt worden, sogenannte Antibiotika. Sie werden vor allem in der industriellen Tierhaltung in großen Mengen eingesetzt. Das belastet nicht nur die Umwelt, sondern führt dazu, dass viele Bakterien gegen die Stoffe resistent werden. Den Kampf gegen die Bakterien können wir Menschen auf lange Sicht nicht gewinnen.

Ohnehin ist es übertrieben, in ihnen nur Gegner zu erblicken. Wir schulden ihnen einen gewissen Respekt – der Mensch stammt schließlich nur in erster Näherung vom Affen ab, unser aller Urahn ist ein Bakterium.

Wir haben ihnen viel zu verdanken! Bakterien haben die Welt, wie wir sie kennen, überhaupt erst eingerichtet. Sie schufen Himmel und Erde. Denn sie waren es ursprünglich, die die Welt mit Sauerstoff versorgt haben. Die ersten Wesen, die aus Kohlendioxid Zucker und Sauerstoff herstellten, waren nicht großblättrige Pflanzen, sondern die schon erwähnten unscheinbaren Geschöpfe, die zu der Familie der Cyanobakterien zählen. Was aber wäre aus dem Leben geworden ohne Sauerstoff? Der britische Chemiker James Lovelock verglich die Rolle des Sauerstoffs für das Leben einmal mit der Rolle der Elektrizität für die Zivilisation: „Es ginge auch ohne, doch wären die Möglichkeiten dann wesentlich eingeschränkt." Sauerstoff ist ein recht aggressives Gas, auch wenn wir es als Lebenselixier loben. Es reagiert schnell und heftig mit vielen Stoffen, und dabei wird schlagartig eine große Menge Energie frei. Erst dieser Energielieferant ermöglichte die Entwicklung höherer Tiere. Erst als das Antriebsmittel Sauerstoff in ausreichender Menge zur Verfügung stand, konnten die ersten Tiere entstehen, die sich aus eigener Kraft fortbewegten. Dieser Sauerstoff wurde den Lebewesen zuerst von den Bakterien zur Verfügung gestellt. Heute wird er vor allem durch Landpflanzen produziert – aber auch sie hängen von den Bakterien ab. Man vermutet nämlich, dass es sich bei den Chloroplasten, die in den Pflanzenzellen für die Photosynthese zuständig sind, um nichts anderes als unselbständig gewordene Bakterien handelt, die sich dort niedergelassen haben.

Die Bakterien waren die ersten Lebewesen auf Erden – und sie werden höchstwahrscheinlich auch die letzten sein. Wie lange die Schöpfung sich noch auf dem Planeten Erde weiterentwickeln wird, kann niemand sagen. Hoffen wir, dass der Planet möglichst lange für eine möglichst große Vielfalt von Lebewesen bewohnbar bleibt! Am gelassensten können jedenfalls die Bakterien in die Zukunft blicken. Ihre Nahrung wird nicht ausgehen; sie kommen mit allem zurecht und können sich, ganz anders als wir, von nahezu jedem Stoff ernähren, sogar von Erdöl, erst recht von Schwefel und Wasserstoff, die wohl auch in der fernsten Zukunft noch aus den Tiefen der Erde strömen. Wenn daher die Spitze deines linken Mittelfingers das Ende der Geschichte der Menschen bedeutet und zwei Handbreit weiter bereits das Ende allen höheren Lebens, wie es manche Wissenschaftler vorauszusehen glauben, dann haben die Bakterien noch etwa eine Armeslänge Zeit, sich weiter zu vermehren, bis schließlich auch ihr letztes Stündlein geschlagen hat.

Entdecke die ältesten Lebewesen!

108 „Sternschnuppen"

SITUATION: im Sommer nach ergiebigen Regenfällen an Wegrändern oder auf Rasenflächen

(1) Bisweilen finden wir an den Rändern von Kieswegen oder an den Rändern von Schotterpisten, oft in der Nähe von Moosen nach kräftigen Regenfällen eine unscheinbare, höchstens einen Kinderfinger dicke, gelee- bis gummiartige, glibberige Masse, die zunächst an irgendeinen grünlichen Auswurf erinnert und insofern nicht gerade einladend ist. Scheint dann die Sonne, trocknet die Masse rasch zu einem schwärzlichen Belag ein.

(2) Dies sind Bakterienkolonien, und zwar handelt es sich um ein Cyanobakterium namens Nostoc. (Früher hielt man diese Wesen für Algen, daher der gelegentlich noch immer verwandte Name Blaualge. Von Algen und anderen Gewächsen können wir sie anhand ihrer Farbe unterscheiden: Wenn ein Glibberzeug *zu* grün ist, handelt es sich sicher *nicht* um Cyanobakterien. Die sind nämlich bestenfalls grünlich.) Andere Arten der gleichen Bakterienfamilie finden sich im Sommer in Teichen, sie schwimmen herum, sind glibberig und bräunlich und sehen wenig appetitlich aus. Cyanobakterien sind, wie ich bereits sagte, ganz besondere Lebewesen – haben sie doch im Laufe von Jahrmilliarden die Sauerstoffatmosphäre der Erde geschaffen und damit alles höhere Leben überhaupt erst ermöglicht.

(3) Nostoc ist seit langen Zeiten bekannt, aufgrund seiner Glibberigkeit hat das Zeug schon früh die Aufmerksamkeit der Menschen erregt. Früher glaubte man, es handle sich nicht etwa um einen

irdischen Organismus, sondern um eine Art Rotz aus dem Kosmos. Man meinte nämlich, die Sterne seien Lebewesen, die auch mal erkältet sind. Wenn sie niesen müssen, dann sieht man am Himmel Sternschnuppen und findet auf der Erde hier und da grünliches Zeug. So schreibt etwa Paracelsus in seinem Buch *Meteororum* in herrlichem Urdeutsch: „So merckendt nuhn weither / das die Sternen sich reinigen." Sie ernähren sich ja schließlich auch, lehrt der Philosoph, also geben sie auch Exkremente ab. Diese sieht man, so Paracelsus weiter, am Nachthimmel als Sternschnuppen („Himmlitzen") dahersausen: „Da wird es sichtbar / un fallt gen boden / da ligt es / un ist gleich wie ein Sulz."

(4) Die Alchemisten nannten das grünliche Zeug *Materia astralis* oder auch *Sperma astrale*, da man es denkbar fand, es liege hier direkt Sperma der Sterne vor. Die Sterne schnäuzen nach Überzeugung der barocken Denker also nicht nur ... Das sind schon recht lebendige Sternlein! Jedenfalls hielten die weisen Gelehrten jenen Nostoc hoch in Ehren, legten ihn in ein Glas, stellten es in die Sonne und bemerkten, dass er sich verflüssigte, rot wurde und schließlich gelb. Auch ein feiner Niederschlag bildete sich. Dieser wurde als Stein der Weisen, als Gold, identifiziert. Es gibt Zeugnisse von Alchemistenfamilien, die ein und dasselbe Glas mit Nostoc über 100 Jahre pflegten. Es wurde in der Familie immer weitervererbt, vom Vater auf den Sohn bis zum Enkel und Urenkel. In einer alten Kladde wurde über die stattfindenden Veränderungen penibel Buch geführt, die Flüssigkeit sowie die organische Materie wurden immer wieder ergänzt.

(5) Ich habe versucht, jenen alchemistischen Nostoc-Aufguss ebenfalls anzusetzen, muss jedoch sagen, dass ich bislang keine größeren Veränderungen bemerken konnte; vielleicht muss ich noch einige Jahre warten. Immerhin habe ich bei diesen Versuchen festgestellt, dass Nostoc ein sehr angenehmer Wohngenosse ist. Wenn man ihn in eine Schüssel mit etwas Wasser gibt und ans Fenster stellt, dann ist er dankbar und breitet sich ganz gemächlich aus. Lernt man Nostoc aus der

[Fig.56]

Nähe kennen, vergisst man völlig, dass man ihn ekelhaft finden könnte, vielmehr kommt einem dieses Urzeitwesen, je länger man es betrachtet, desto schöner vor. Und es hat etwas, wenn man dieses Wesen berührt, das durch Zellteilung direkt von jenen Cyanobakterien abstammt, die in der Urzeit unsere Sauerstoffatmosphäre geschaffen haben.

109   Salpeter

SITUATION: in alten Kuhställen, in modrig riechenden Gemäuern

(1) In einem alchemistischen Traktat des Basilius Valentinus wird der Adept angewiesen, den „kalten Drachen / so seine wohnung in den

Steinfelsen lange Zeit gehabt / und in den Speluncken der Erden sich aus und einschleifft" herzunehmen und auf den „hellischen Stuhl" zu setzen. Gemeint ist der Salpeter, ein Salz, das vom Alchemisten unter anderem zur Herstellung von „Königswasser" verwendet wurde, einem Gemisch aus Salpetersäure und Salzsäure, welches selbst Gold (den „König") löst. Viel häufiger aber wurde es für die Herstellung von Schwarzpulver benötigt. Warum aber wird das Salz als kalter Drache bezeichnet? Weil es sich zum einen an kühlen, schattigen Mauern bildet, und zum anderen, weil das Salz, obwohl es an kalten Orten gefunden wird, dennoch in der Lage ist, ein Feuer kräftig auflodern zu lassen. Schließlich und endlich lässt sich aus dem Salz Salpetersäure gewinnen, eine ätzende, rauchende Flüssigkeit, die selbst Kupfer auflöst bzw. verschlingt.

(2) In modernen Kellerräumen oder an neueren Mauern wird man den Salpeter vergeblich suchen. Ich selbst habe hierzulande erst ein einziges Mal echten Mauersalpeter entdeckt; das war in der hessischen Wetterau, tief in der Provinz, in einem Ort namens Gelnhausen. Dort gab es am Bahnhof eine uralte, nie renovierte Unterführung mit quitschgelb gekachelten Wänden. Offenbar überkommt dank der gelben Kacheln die hier vorbeistreifenden Männer ein dringendes und unabweisbares Pinkelbedürfnis, das sofort und auf der Stelle erleichtert werden muss. Jedenfalls blühten zwischen der gelben Kachelwand und dem schmuddeligen Estrich dicke weiße Schichten von Mauersalpeter.

(3) Solcher Mauersalpeter, der in unserer gut isolierten, hellen und trockenen Wohnungswelt eine Rarität geworden ist, ist ebenfalls das Werk von Bakterien (der Gattungen Nitrobacter und Nitrosomas). Und zwar ist er das Endprodukt einer mehrstufigen Synthese. Am Anfang steht meist Urin. Darin ist Harnstoff enthalten. Der wird von Bakterien zu Ammoniak umgebildet, jenem Stoff, dessen Geruch einem in jedem schlecht gereinigten Klosett oder Pissoir entgegenschlägt. Aus Ammoniak bilden wieder andere Bakterien unter Zuhil-

fenahme des Luftsauerstoffs Salpetersäure, die sich mit Kalk zu Calciumnitrat umsetzt.

(4) Salpeter – in Gestalt von Calciumnitrat – war bis in die Neuzeit hinein eine höchst wichtige, strategische Ressource, weil daraus zunächst Kaliumnitrat und mit diesem Schwarzpulver hergestellt wurde. Es gab daher den Beruf des Salpeterers oder Salpetersieders. Er verkaufte seine Ware direkt und ausschließlich an den Landesherren. Von diesem war er mit einem Brief ausgestattet, der ihm erlaubte, bei jedem Bauern seine Schubkarre abzustellen, sein Werkzeug herauszuholen und ohne weitere Umstände den Salpeter von den Hauswänden abzukratzen oder auch die Erde in Ställen oder wo sonst es ihm geeignet schien, auszuheben, mitzunehmen und auszukochen. Der Sud wurde dann gereinigt und eingedampft. So wichtig war der Salpeter, dass zum Beispiel die ständig Krieg führenden Preußen im 18. Jahrhundert verfügten, dass ihre *Salpeterverordnung* vierteljährlich in den Kirchen von der Kanzel verlesen werden müsse! Man legte auch sogenannte Salpetergärten an, überdachte Hügel oder Mauerimitate, die aus einem Gemisch aus Jauche, Kot und Kalk errichtet waren. Nach einem Jahr Gärung hatte sich in der Regel durch die Tätigkeit der Bakterien aus Harnstoff und Kalk Calciumnitrat gebildet, das man mit Wasser herauslösen und mithilfe von Holzasche zu Kaliumnitrat umwandeln konnte.

(5) Auch in der Erde selbst bildet sich durch die Tätigkeit der Stickstoffbakterien Salpeter. Er ist dort aber nicht unmittelbar zu sehen, man erkennt ihn – und damit die Anwesenheit der entsprechenden Bakterien – nur indirekt. Nämlich an besonderen Pflanzen, die nur dort stehen, wo reichlich Salpeter (oder „Nitrat", wie die Bodenkundler sagen) im Boden vorkommt. Es sind meist sehr dicke, schnellwüchsige Pflanzen, denen es ersichtlich gut geht, wie zum Beispiel Brennnessel oder Löwenzahn. Sie finden sich oft an den Rändern von Feldwegen, wo Hunde für den Urin sorgen, der dann in den Böden in Salpeter umgewandelt wird, welchen wieder die Pflanzen für

ihr Wachstum gut gebrauchen können. In alten Zeiten wurden von den Salpetersiedern nicht nur die Mauern abgekratzt, sondern auch der Erdboden von Wegen abgetragen, abtransportiert und ausgekocht. Wir können uns vorstellen, dass der Salpeterer bei der Bevölkerung nicht gerade beliebt war.

(6) Unser Salpeter wird nicht mehr biotechnologisch gewonnen. Er wird vielmehr großindustriell aus Luft und Erdgas hergestellt. Das Ganze geschieht mithilfe von Katalysatoren, auch hoher Druck und große Mengen Energie sind dabei nötig. Dabei wird zunächst mithilfe des Haber-Bosch-Verfahrens Ammoniak aus Luftstickstoff und Wasserstoff (den man aus Erdgas erhält) gebildet, dann wird der gewonnene Ammoniak mit Luft zu Salpetersäure umgesetzt. Damit lassen sich alle gewünschten Salpetersalze, etwa Kaliumnitrat oder auch, wenn man will, Calciumnitrat herstellen. Offensichtlich hat dieses Verfahren höchste militärische Bedeutung; es wurde während des Ersten Weltkriegs zur Produktionsreife entwickelt, um Deutschlands Schießpulvernachschub sicherzustellen. Vielleicht handelt es sich um eines der wichtigsten Industrieverfahren überhaupt — denn aus Ammoniak lassen sich auch Düngemittel herstellen.

110   Nitrobakterien für Liebhaber

SITUATION: im Aquarienfachgeschäft

(1) Viele Süßwasserfische scheiden im Zuge ihres Stoffwechsels nicht etwa Harnstoff, sondern Ammoniak über ihre Kiemen aus — und der Ammoniak ist für das Tier ziemlich giftig. Deshalb ist es für Aquarianer, wenn sie ein neues Becken einrichten, sehr wichtig, Ammoniak effektiv aus ihrem Aquarium zu entfernen — indem es in das für Fische unschädliche Nitrat umgewandelt wird. Genau diese Aufgabe übernehmen die Nitrobakterien, die sich meist, wenn man dem Be-

cken genug Zeit lässt und nicht zu schnell zu viele Fische einsetzt, im Aquarium von selbst ansiedeln. Andere nehmen aus einem bereits gut eingefahrenen Aquarium einige Steine heraus und bringen diese in das neue ein. Mit den Steinen werden die Bakterien übertragen.

(2) Im Aquaristik-Fachgeschäft kannst du die Bakterien unter verschiedenen Namen (z. B. Bacter oder Baktinette usw.) kaufen. Achte darauf, dass in dem Produkt wirklich lebende Mikroorganismen enthalten sind und nicht bloß Enzyme! Ins Aquarium eingesetzt, wandeln die einen Bakterien das Ammoniak zunächst in Nitrit um. Dann kommen andere Bakterien und machen Nitrat daraus, das für die Fische in normalen Konzentrationen unschädlich ist, als Düngemittel allerdings für verstärktes Wachstum der Algen sorgt. Die Ammoniak- und auch die Nitratkonzentration kann mit Teststäbchen, die du ebenfalls im Aquarianerladen erhältst, gemessen werden.

111   Methanbakterien

SITUATION: an stehenden Teichen oder Sümpfen; zu Hause
ZUBEHÖR: größerer Eimer, Wasser, Feuerzeug, Kerze

(1) Wenn du den Grund von schwarzen Sumpfgewässern mit dem Stock aufrührst oder barfuß auf dem Grund umherwanderst, blubbern fast immer große Gasblasen nach oben. Die beste Ausbeute hast du dort, wo das Wasser besonders schwarz ist und wo möglichst schon ohne äußere Reizung Gasblasen aufsteigen.

(2) Die Gasblasen aus Sümpfen oder sumpfigen Uferzonen sind in der Regel Methan. Du kannst es manchmal entzünden, wenn du eine brennende Kerze (Feuerzeuge oder Streichhölzer sind ungeeignet) in die Nähe der aufsteigenden Blasen hältst. Man könnte auf die

Idee kommen, diese Blasen mit Trichtern aufzufangen, aber bleiben wir lieber bei harmlosen Experimenten.

(3) Die eindrucksvollste Methanstichflamme erhielt ich per Zufall. Wir hatten im Garten einen mit Erde gefüllten Zehn-Liter-Blumentopf vergessen, der während des ganzen Sommers unter Wasser stand, so dass sich oben bereits eine Algenschicht gebildet hatte. Als ich den Topf anhob und auf die Erde zurücksetzte, wurden die unzähligen Methanbläschen, die sich in seinen Tiefen gebildet hatten, freigesetzt, sie entwichen jedoch nicht gleich, sondern bildeten in der schleimigen Algenschicht eine Art Schaum. Ich zündelte mit der Flamme einer Kerze an dem Schaum und erhielt eine ansehnliche Stichflamme! Anschließend probierte ich aus, ob man mit einem zur Hälfte mit Erde gefüllten Eimer, den man anschließend mit Wasser auffüllt, so dass die Erde gut bedeckt ist, und im Keller einige Wochen gären lässt, dieselben Ergebnisse erzielt – es funktioniert! Ein schöner Versuch, der allerdings mit dem nötigen Respekt vor Stichflammen durchgeführt werden muss!

(4) Methan wird in der sauerstoffarmen Zone am Grund der Seen von verschiedenen methanbildenden Mikroorganismen produziert, die es oft direkt aus Wasserstoff (der meist von bestimmten Bakterien geliefert wird) und Kohlendioxid erzeugen. Diese Mikroorganismen sind so altertümlich, dass die Biologen sie inzwischen gar nicht mehr als eigentliche Bakterien bezeichnen, sondern zu den sogenannten Archaea zählen, einer Organismengruppe, von der man annimmt, dass sie dem gemeinsamen Urahn allen Lebens ziemlich nahe steht.

(5) Methanbildner finden sich oft in extremen Umgebungen; nur Sauerstoff sollte so fern wie möglich sein. Ansonsten aber sind sie ziemlich robust. So gehen sie zum Beispiel ihren Geschäften selbst in der tiefsten Tiefsee oder in heißen Quellen nach. Andererseits betätigen sie sich auch in fast vereisten Böden. Natürlich haben sie sich auch

in den Mägen von Kühen und anderen Wiederkäuern eingerichtet und ebenso in jeder Klär- oder Biogasanlage. Selbst in den Mägen von 30 bis 50 Prozent aller Menschen verrichten sie ihr Werk. Diese Menschen haben das eigenartige Privileg, dass ihre Winde brennbar sind.

(6) Methan, übrigens auch der Hauptbestandteil von Erdgas, ist ein relativ starkes Treibhausgas, es ist 23-mal wirksamer als Kohlendioxid. Es wird in der Luft zu Kohlendioxid oxidiert, doch dafür braucht es einige Jahre. Das von den ca. 14 Millionen deutschen Kühen ausgeschiedene Methan trägt in der deutschen Bilanz immerhin zwei Prozent zum anthropogenen Treibhauseffekt bei.

112 Bakteriengerüche

SITUATION: in der Küche

(1) Bakterien sind optisch sehr unscheinbar, meistens machen sie sich allenfalls als schleimige Schicht bemerkbar. Geräusche produzieren sie überhaupt keine. Dafür aber erzeugen sie eine unendliche Mannigfaltigkeit von Gerüchen. Der Duft der Welt wäre arm und lau ohne sie. Sie lassen das Meer nach Meer riechen, sie geben dem Heu seinen Duft. Ohne sie wäre Schweiß kein Schweiß, kein Löwe röche nach Löwe, kein nasser Hund nach nassem Hund, und den typischen Duft der Erde nach einem Sommerregen gäbe es auch nicht.

(2) Viele extreme und für bestimmte Gegenden typische Speisen sind Bakterienprodukte. Zu den europäischen Speisen, die fast ausschließlich ein Werk von Bakterien sind (bei den meisten Fermentierungs- und Reifungsprozessen spielen Bakterien, Hefen und Schimmelpilze, auch Enzyme zusammen), zählt das Sauerkraut ebenso wie jener vergorene Fisch, den die Schweden als Surströmming genießen. Die leichte Fäulnis steigert nicht nur das Aroma (faulender Fisch riecht

fischiger als frischer; erst fermentierte Kakaobohnen, die unter einem Haufen faulender Kakaofrüchte in der heißen Sonne vor sich hin gärten, schmecken schokoladig), sie macht viele Speisen auch bekömmlicher und bewahrt sie paradoxerweise vor der völligen Verwesung. Gezieltes Anfaulenlassen nach definiertem Rezept ist eine weltweit verbreitete, sehr alte und sehr effektive Konservierungstechnik.

(3) Weltweit kommen angegammelte Speisen auf den Tisch, meist sogar an prominenter Stelle. Setzt sich darin die alte menschliche Tradition des Aasessens fort? Ist andererseits der starke Geruch, den die Fäulnisbakterien erzeugen, nur ein zufälliges Nebenprodukt ihres Stoffwechsels, oder wollen sie damit potenzielle Esser gezielt anlocken, um zum Beispiel in ihren Mägen und Därmen angenehm weiterzuleben? Und wie verhält es sich mit dem Mundgeruch, der ebenfalls von Bakterien bewirkt wird? Ist er nur ein lästiges Phänomen oder vielleicht Relikt einer ursprünglichen Symbiose? Immerhin nutzen manche Raubtiere ihre erbärmlich stinkende Mundflora, da diese ihren Biss gefährlicher macht.

(4) Fragen über Fragen. Öffnen wir den Kühlschrank, dann finden wir zwar nicht die Antwort, dafür steht dort ein Erdbeerjoghurt. Auch sein Aroma hat mit Bakterien zu tun.

(5) Denn es gibt sogenannte Erdbeerbakterien (*Pseudomonas fragi* und andere), die Erdbeerduft produzieren. Sie wurden erstmals in einem Stück ranziger Butter entdeckt, die sonderbarerweise nicht stank, sondern deutlich nach Erdbeeren roch. Später stellte sich heraus, dass diese Bakterien nicht nur auf ranziger Butter oder in gärender Milch gedeihen, sondern auch auf Holz. Sie werden heute von der Aromaindustrie auf Sägespänen gezüchtet, wobei sie die Späne tropischer Hölzer ganz besonders mögen. Das Erdbeeraroma, das sie produzieren, umgibt uns allenthalben: In allen konventionellen Erdbeerjoghurts, in den meisten Erdbeereissorten und Erdbeersüßigkeiten ist es enthalten. Ausgewiesen wird es mit jener feinen Ironie, die für die

Lebensmittelindustrie so typisch ist, nicht als künstliches, sondern als natürliches Aroma, da es zwar nicht von Erdbeeren stammt, aber eben doch von natürlichen Organismen. Auch Pfirsich- und Ananasaroma wird meist von Bakterien gebildet.

113   Bakterien wachsen lassen

SITUATION: in der Küche

ZUBEHÖR: Zucker, Wattestäbchen, kleine, weithalsige Marmeladengläschen oder gespülte Babynahrungsgläschen, Agar-Agar-Pulver (Dies ist ein gelierender Stoff, der aus Algen gewonnen wird. Vegetarier verwenden ihn anstelle von Gelatine, die bekanntlich aus Tierresten hergestellt wird, als Geliermittel. Man erhält ihn in vielen Naturkostläden oder in Asia-Shops.)

(1)   Bakterien können wir sozusagen pflanzen, wir können sie hegen und sie vermehren. Füttern und versorgen wir sie gut, dann wachsen sie so rasch, dass sie als Kolonie sogar sichtbar werden. Von normalen Pflanzen unterscheiden sich Bakterien allerdings deutlich, und damit ist auch das Gärtnern ein anderes. Pflanzen lassen sich, wenn wir einmal verstanden haben, wie sie funktionieren, relativ einfach halten. Denn eigentlich wollen alle Pflanzen dasselbe – Wasser, Kohlendioxid, ein bisschen Erde, Wärme und Licht. Die Pflanzen unterscheiden sich nur in der Menge, die sie von diesen Stoffen jeweils benötigen. Bakterien sind weitaus vielfältiger, was ihre Lebensweise angeht! Manche Bakterien leben nur im Dunkel, andere brauchen Licht. Die einen brauchen extreme Hitze, andere kommen nur in eisigem Wasser zurecht. Und in ihrer Ernährung sind sie völlig exotisch. Die einen ernähren sich von Papier, andere von Zucker, wieder andere benötigen Schwefelwasserstoff oder Methan! In der mikrobiologischen Abteilung von Krankenhäusern gibt man Abstriche oder Blut- und Urinproben von Patienten, die man auf Bakterien untersuchen

möchte, häufig auf Schafsblut. Denn die Bakterien, die man identifizieren will, mögen offenbar Blut, sonst würden sie sich im menschlichen Blut ja nicht vermehren. Hat man sie genügend herangezogen, kann man sie leicht identifizieren. Zugleich kann man bei solchen Proben auch gleich ausprobieren, auf welche Antibiotika diese Bakterien empfindlich reagieren und gegen welche sie schon Resistenzen gebildet haben.

(2) Es gibt verschiedene Methoden, Bakterien wachsen zu lassen. Die wichtigste wurde im 19. Jahrhundert von dem Bakteriologen Robert Koch bekannt gemacht. Grundlage ist die Feststellung, dass sich auf bestimmten Lebensmitteln, die heutzutage weniger in Mode sind, auf Sülze nämlich, leicht dünne Flecken bilden – Bakterienkolonien. Koch nutzte die Trägermasse, die Gelatine, mit Erfolg für die Aufzucht seiner Bakterien. Allerdings wird Gelatine von manchen Bakterien zersetzt, zudem verflüssigt sie sich bei 37 Grad Celsius, was schlecht ist, weil viele humanpathogene Keime gerade bei dieser Temperatur, der menschlichen Körpertemperatur, gut gedeihen. Koch hatte nun einen Assistenten namens Walther Hesse dessen Frau Fanny Angelina zufälligerweise von ihrer Mutter ein Rezept für Agar-Gemüsesülze und Agar-Fruchtgelee erhalten hatte. Als in einem heißen Sommer die Gelatinekulturen von Walther Hesse sich verflüssigten, fragte er seine Frau, weshalb denn ihre Marmeladen trotz der hohen Temperaturen so schön fest blieben. Fanny Angelina Hesse erzählte ihrem Mann von ihrem Küchengeheimnis und schlug ihm vor, doch einmal Agar-Agar als Kulturmedium zu benutzen. Es eignete sich hervorragend. Walther Hesse informierte umgehend Robert Koch über die Entdeckung, und dieser setzte Agar-Agar mit großem Erfolg ein. In seiner berühmten Publikation über die Entdeckung des Erregers der Tuberkulose 1882 erwähnte Koch nebenbei, dass er bei seinen Untersuchungen Agar-Agar als Kulturmedium verwendet habe. Wem er den Tip zu verdanken hatte, sagte er nicht. Daher wird die Entwicklung der Agar-Technik, der die Bakteriologie entscheidende Fortschritte verdankt, bis heute ausschließlich ihm zugeschrieben.

(3) Das grundlegende Procedere ist also, dass man Wasser mit etwas Agar und etwas Bakteriennahrung (z. B. Zucker oder Fleischbrühe) anrührt, in keimfreie Gefäße gibt und mit Bakterien impft. Dann wird das Gefäß verschlossen und ins Warme gestellt, wo die Kolonien wachsen.

(4) Zunächst müssen die Gläser entkeimt werden, denn sonst können wir nicht unterscheiden, was wir von außen auf das Nährmedium aufgebracht haben und was aus dem Glas stammte. Dazu legst du sie einige Minuten in einen Topf mit kochendem Wasser. Statt sie mit dem Geschirrtuch abzutrocknen, lässt du sie abtropfen. Völlig keimfrei sind sie dann zwar nicht. Aber für unsere Zwecke reicht es.

(5) Gib nun in einen kleinen Topf ein Glas Leitungswasser, löse darin einen Teelöffel Zucker auf. Dann gib zwei Teelöffel Agar-Agar hinzu, bring das Ganze gelinde zum Kochen und lass es einige Minuten köcheln. Gieß die entstandene Masse in die vorbereiteten Gläser. Sie sollen nicht randvoll sein; vielmehr reicht es, wenn der Boden etwa ein bis zwei Zentimeter hoch bedeckt ist. Verschraub die Gläser und stell sie zum Abkühlen weg.

(6) Jetzt muss die Masse noch mit Bakterien beimpft werden. Dazu nimmst du das Wattestäbchen und sammelst damit ein paar Bakterien ein. Sie sind überall. Tauch das Wattestäbchen zum Beispiel in eine Pfütze, oder wisch damit über die Haut in der Achselhöhle oder auch über ein Blatt. Wenn die Oberfläche trocken ist, feuchte das Wattestäbchen mit ein wenig abgekochtem Wasser an. Verteil dann die Bakterien mit dem Wattestäbchen vorsichtig auf dem Agar. Dabei möglichst nicht die Oberfläche verletzen. Anschließend schraubst du den Deckel zu und wartest. Du kannst den Deckel auch lose aufschrauben, dann werden eher die Bakterien gefördert, die mehr Sauerstoff brauchen.

(7) Jetzt wähle die Bedingungen, unter denen die Bakterien reifen: In der Wärme? Bei Zimmertemperatur? Im Sonnenlicht? Im Dunkeln? Je nachdem werden jeweils andere Sorten sich gut entwickeln.

(8) Es dauert einige Tage, bis sich aus den einzelnen Sporen und Bakterien ganze Kolonien gebildet haben. Sie zeigen sich als glänzende, verschiedenfarbige Flecken auf dem Gel. Manchmal können solche Flecken auch Hefen sein, eine andere Sorte von Mikroorganismen. Auch Schimmelpilze werden sich bilden (hoffentlich nicht bei Proben aus der Achselhöhle), die erkennst du an den meist unscharf begrenzten, flaumigen Flecken.

(9) Wenn du genau hinsiehst, stellst du fest, dass sich zwischen manchen Kolonien, zum Beispiel zwischen Schimmelpilz- und Bakterienkolonien, klare Grenzstreifen gebildet haben: Dies ist das Phänomen der Antibiosis, des Kampfs der Kolonien. Sie bekriegen sich bisweilen wie verfeindete Städte, die einander Gift zuleiten, um den anderen zu schwächen oder zu töten und Raum zu erobern.

(10) Die Nährlösung für die Bakterien kannst du vielfältig variieren. Statt Zucker nimmst du zum Beispiel ein Büschel Gras, das du mit Wasser aufrührst und abgießt, du kannst etwas Erde oder Kompost nehmen, sogar Pferdemist, den du mit Wasser aufrührst. Anschließend filterst du die Brühe durch einen Kaffeefilter und gelierst sie wie beschrieben mit Agar. Der Phantasie sind keine Grenzen gesetzt! Wichtig: nie zu viel von einem Nährstoff anbieten. Es kann sogar lehrreich sein, gar keinen Nährstoff anzubieten und zu beobachten, was passiert. Speziell ausgewählte Rezepte werden andere Bakterien zum Wachstum anregen als reichliche Büfetts, die vor allem den Allesfressern und den Opportunisten unter den Bakterien gut schmecken.

(11) Kannst du auch andere Geliermittel verwenden? Gute Frage. Gelatine funktioniert ebenfalls, wird aber von einigen Bakterien oder

Pilzen zerlegt. Sie war, wie gesagt, das erste Kulturmedium, mit dem Robert Koch experimentierte. Auch Kartoffeln erprobte er mit Erfolg, und zwar sowohl roh wie auch gekocht (man schneidet sie durch und impft die Schnittflächen). Pektin hingegen benötigt zum Gelieren sehr viel Zucker, was das Wachsen der Bakterien behindert.

(12) Bei den hier vorgeschlagenen Versuchen ist übrigens ein Aufkommen gefährlicher Bakterien unter normalen Umständen nicht zu befürchten. Dennoch solltest du mit den Kulturen vorsichtig umgehen und sie immer gut verschlossen aufbewahren. Nach Versuchsende entsorgst du sie im Restmüll.

114   Schwefelbakterien im Marmeladenglas

SITUATION: an einem stillen, schattigen Karpfenteich, am Wattenmeer; zu Hause
ZUBEHÖR: ein möglichst hohes Marmeladenglas oder auch Mayonnaiseglas oder auch eine hohe Plastik-Getränkeflasche mit weiter Öffnung, etwas Magnesiumsulfat (Bittersalz aus der Apotheke), schwarze Pappe oder Alufolie zum Abdecken, Klebefilm

(1)   Am Wattenmeer erlebt der Wanderer sehr oft, dass direkt unter der obersten Schlickschicht tiefschwarzer Matsch liegt, der faulig riecht. Ähnlich schwarzes Zeug findet sich auch in vielen stillen Tümpeln, besonders, wenn sie von Weiden beschattet werden. Diese schwärzliche Schicht ist ein erstaunliches Biotop.

(2)   Hier leben verschiedene Schichten Schwefelbakterien. Die einen reduzieren die Sulfate im Wasser und produzieren Schwefelwasserstoff, andere leben gerade von diesem Schwefelwasserstoff, den sie wiederum oxidieren. Diese mehrstöckige Wohn- und Arbeitsgemeinschaft der Schwefelbakterien kannst du zu Hause gut kultivieren.

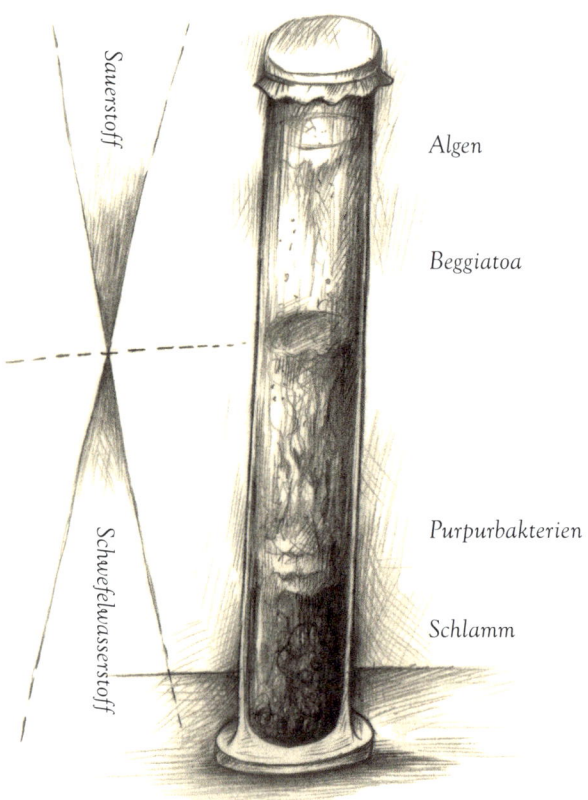

[Fig. 57]

Sauerstoff

Schwefelwasserstoff

Algen

Beggiatoa

Purpurbakterien

Schlamm

(3) Dazu entnimmst du mit einer Schaufel oder mit einem Schöpflöffel oder einfach mit der Hand etwas von dem schwärzlichen Schlamm. Du gibst ihn in ein gereinigtes, möglichst hohes Marmelade- oder Mayonnaiseglas, fügst noch eine Handvoll halb verfaulter Blätter hinzu und einen Teelöffel Bittersalz (Magnesiumsulfat; als Schwefelquelle, du könntest auch etwas hart gekochtes Eidotter oder auch eine tote Schnecke als Schwefelquellen verwenden; aber mit Magnesiumsulfat ist die Angelegenheit angenehmer). Dann verschließt du das Glas, umhüllst es zu zwei Dritteln mit schwarzem Karton oder auch mit Alufolie und stellst es in die Nähe eines Fensters, damit es etwas Licht abbekommt, aber nicht zu viel. Ein Fenster, das nach Norden hinausgeht, ist meist optimal.

(4) Nach einigen Tagen oder Wochen sollte sich in dem Glas ein deutlich erkennbarer, milchiger Schleier entwickelt haben: Es handelt sich um Schwefelbakterien der Gattung Beggiatoa, die in ihren Körpern winzige Schwefelkügelchen abscheiden und deshalb gut sichtbar sind. Wir finden diese Bakterien übrigens auch in großen Ansammlungen in Schwefelquellen. Sie siedeln sich an der Grenze von Licht und Schatten an.

(5) Über dem milchigen Schleier bildet sich oft noch eine weitere Schicht von blass purpurfarbenen Schwefelbakterien (der Gattung Chromatium) und über diesen noch eine Schicht grünlicher Cyanobakterien. Die Purpurbakterien siedeln sich oft auch im Schlamm an.

(6) Die Bakterienkultur kannst du in dem Gefäß monatelang halten, du musst nur ab und zu etwas Leitungswasser hinzugeben und die Sache von Zeit zu Zeit ein bisschen drehen, so dass jede Seite ein wenig Licht abbekommt. Immer wieder gibt es etwas Neues zu entdecken: Die Farben ändern sich, neue tauchen auf. Man kann lange Freude daran haben.

(7) Diese Methode, Bakterien zu züchten, lässt sich auch auf viele andere Bakteriensorten anwenden, sie wurde von dem russischen Chemiker und Botaniker Sergei Winogradsky ersonnen. Nach ihm wird das Verfahren als Winogradsky-Säule (auch Vinogradskij-Säule geschrieben) bezeichnet. Während das Agar-Verfahren die Bakterien isoliert, eignet sich Winogradskys Methode sehr gut dazu, Bakterien in ihrer ökologischen Gemeinschaft zu erkunden.

115 Eine schöne Leiche: Leuchtbakterien

SITUATION: in einem dunklen, kühlen Keller
ZUBEHÖR: ein grüner Hering (als unbehandelter Fisch, nicht geräuchert, nicht eingelegt) oder eine frische Makrele (im Fischgeschäft erhältlich), Kochsalz, eine alte Schüssel, in die der Fisch komplett hineinpasst und die man hinterher wegwerfen kann

(1) Löse in einem Liter Wasser etwa 30 Gramm Kochsalz auf (eher weniger als mehr). Du erhältst eine dreiprozentige, Meerwasser entsprechende Kochsalzlösung. Leg nun den Fisch in die Schüssel und bedeck ihn zur Hälfte mit der Kochsalzlösung. Stell das Ganze in einem kühlen Keller auf den Boden, und zwar so, dass kein kleines Kind und auch keine Katze herankann.

(2) Nach ein bis zwei Tagen werden die Fischpartien, die nicht von Wasser bedeckt sind, in einigen Teilen, vielleicht auch nur in Pünktchen leuchten. Das Leuchten siehst du nur bei absoluter Dunkelheit und nur, wenn deine Augen an die Dunkelheit gewöhnt sind. Es handelt sich um Leuchtbakterien (früher *Photobacterium phosporeum* genannt, heute *Vibrio phosphoreum*). Der Anblick erinnert entfernt an eine hier und da bewohnte Insel, die man nachts mit einem Flugzeug anfliegt. Eine wirklich schöne Leiche.

(3) Allerdings: Die Leiche stinkt leider schon bald, weshalb du das Experiment, nachdem sich das Leuchten gezeigt hat, schleunigst abbrechen solltest ... Den Fisch entsorgst du, gut verpackt in eine Plastiktüte, im Restmüll. Wasch dir nach Berührung des leuchtenden Fischs die Hände gründlich mit Seife. Gib acht, dass keine Haustiere von dem Fisch naschen. Fisch, der von Bakterien zersetzt wird, ist nicht gerade gesund! Willst du die Schüssel, in welcher der Fisch lag, wiederverwenden, musst du sie mit kochendem Wasser gründlichst reinigen.

(4) Merkwürdig ist, dass manche Leuchtbakterien, obwohl sie sich auf dem toten Fisch offenbar wohlfühlen, dennoch höchst sensibel in puncto Wasserqualität sind. Enthält das Wasser bestimmte Schadstoffe, dann leuchten sie weniger. Da sich dieses Leuchten leicht messen lässt, verwendet man in den Wasserämtern diese Bakterien zur Kontrolle der Wasserqualität.

116   Wie Moose Mikroben bekämpfen

SITUATION: in der Küche
ZUBEHÖR: Agar-Agar-Pulver, Zucker, ein Glas Wasser, kleine, weithalsige, gespülte Marmeladengläschen oder Babynahrungsgläschen, ein Kaffeefilter, etwas klein gehacktes Moos

(1) Direkt am Erdboden lebt eine unscheinbare, wenig beachtete Pflanzensorte, die Moose. Sie sind bescheiden, brauchen nur Wasser und Staub. Und sie fühlen sich dort wohl, wo es oft feucht ist, wo es nur so wimmelt von Schimmelpilzsporen und Bakterien. Dennoch sehen Moose fast immer grün und kerngesund aus. Wie gelingt ihnen das? Wie setzen sie sich gegen die Bakterien und Pilze zur Wehr? Moose haben im Laufe ihrer langen Geschichte mächtige Antibiotika entwickelt. Nur deshalb konnten sie inmitten all der Bakterien und Pilze überleben. Ihr Antibiotikagehalt macht manche Moossorten zu wirksamen Heilmitteln. Moose werden weltweit in der Volksmedizin eingesetzt — als Auflage für Wunden, als Heilmittel bei Ekzemen, als Mittel gegen Hexen und Geister sowie generell als Wundermittel. Der Einsatz von Moosen ist in der chinesischen Volksmedizin so geläufig wie bei den Indianern Nordamerikas oder bei den Maori in Neuseeland.

(2) Mit dem folgenden Experiment kannst du dir einen Eindruck von der antimikrobiellen Wirksamkeit der Moose verschaffen. Dazu

bereite zunächst wieder eine Agar-Nährlösung, wie oben beschrieben. Füll sie in zwei Gläschen.

(3) Nun sammle wieder einige Pilzsporen und Bakterien, indem du mit dem Wattestäbchen zum Beispiel die Bodenfliesen in einer Ecke des Badezimmers abstreifst – oder auch den Telefonhörer. Du kannst auch etwas feinpulvrige, trockene Erde aus dem Garten nehmen. Verteil die Bakterien vorsichtig und sparsam in den beiden Gläsern.

(4) Jetzt kommen die Moose ins Spiel. Pflücke dazu ein paar grüne Stängel eines beliebigen grünen Mooses. Am wirksamsten sind Torfmoose (*Sphagnum*-Arten); du kannst es aber auch mit anderen Moosen versuchen. (Der Moosforscher Jan Peter Frahm von der Universität Bonn berichtete mir von einem Pferdefreund, der eine hartnäckige Pilzerkrankung seines Pferdes mit einer selbst bereiteten Paste aus Moosen heilte, die unmittelbar vor dem Pferdestall wuchsen, gewissermaßen auf dem Pferdemist!) Wenn du die Moose gepflückt hast, feuchtest du sie etwas an, zerschnippelst und zermanschst sie mit einem Messer. Schneide aus einem Kaffeefilter ein kreisrundes Stück von etwa einem halben Zentimeter Durchmesser heraus. Da der Kaffeefilter aus zwei Lagen Papier besteht, entstehen zwei gleich große, kreisrunde Schnipsel. Du wälzt das eine Filterpapier in der Moospampe, legst es in das eine Glas. In das andere Glas kommt das andere Filterpapier, das du, damit es gut haftet, zur Not noch etwas mit Wasser befeuchtest.

(5) Nun werden die Gläser verschlossen; stell sie an einen warmen, aber nicht sonnigen Ort, damit die Bakterien und Pilze gut gedeihen können.

(6) Nach ein, zwei Wochen sollte sich zeigen, dass in dem Gläschen mit dem moosimprägnierten Papier die Bakterien und Pilze zwar gedeihen, aber einen Bogen um das Papier machen. Das moosge-

tränkte Filterpapier ist von einem kleinen Hof umgeben, in dem nichts wächst. Bei dem anderen Gläschen dürfte kein solcher Hof zu sehen sein. Falls das nicht der Fall ist, war es das falsche Moos, versuche es mit einem anderen …

XVIII

KOHLENSTOFFATOME

XVIII KOHLENSTOFFATOME

Fischer hatten auf dem See eine merkwürdige Erscheinung beobachtet; auf dem Wasser breitete sich ein schillernder Glanz aus, er wirkte wie ein geschmolzener Regenbogen, purpur und golden. Sie riefen Mönche vom nahe gelegenen Benediktinerkloster herbei. Die Erscheinung war nicht natürlich, sie war ein Wunder, ein Fingerzeig Gottes! Aber was um alles in der Welt wollte Gott den Menschenkindern mitteilen?

Man holte den Abt; er kam, gestützt auf zwei jüngere Mönche, schritt an den Steg und betrachtete schweigend das Farbenspiel. Dann sprach er: „Seht ihr nicht, dass der Regenbogen auf die Kapelle unseres heiligen Quirin weist? Ihm verdanken wir dieses Mirakel. Und dort ins Röhricht läuft die Spur. Seht nach, ob ihr etwas findet." Mit den Fischern setzten sich zwei Mönche in das Boot, und als sie nach einer Stunde zurückkamen, zeigten sie dem Abt Schilfrohre, an denen eine klebrige, schwärzliche Masse hing. „Das fanden wir zwischen den Binsen. Hiervon geht der Schimmer aus." Der Abt besah den Fund, tauchte den Stängel in den See – ein kleiner Regenbogen löste sich und schwamm auf dem Wasser. Er bekreuzigte sich und sagte: „Es scheint mir etwas Heiliges zu sein, vielleicht Blut vom Heiligen, das er verloren hat, als sein Sarg am Ufer unseres Sees vorbeigetragen ward? Sammelt den Stoff, wir wollen ihn unserem Philosophen zeigen."

In kleinen Phiolen sammelten die Mönche nun die schwarze, rätselhafte Masse, sie hielten dazu Schilfblüten ins Wasser, an denen sich die Masse verfing, so dass man sie herausziehen konnte. Der Apotheker des Klosters, der zugleich Alchemist war, untersuchte die Proben und erklärte, es handle sich um eine schon von den Alten beschriebene wundersame Masse namens Naphtha, die man im Reich Erdharz oder auch Erdöl nenne. Sie sei heilkräftig, umso mehr, da die Quelle offenbar von dem heiligen Quirin selbst herrühre. Es scheine ihm dieses Öl etwas ganz Besonderes zu sein, schimmere es doch zugleich purpurn und grünlich, ähnlich wie man es von dem gebenedeiten Stein der Weisen behaupte. Fortan benutzten die Mönche das Öl als Heilmittel. Sie rieben kranke Wallfahrer damit ein, die oft von weit her zum Kloster kamen, sie tropften es in eiternde Wunden, rieben es auf schmerzende Gelenke, gaben es auch ins Ohr und träufelten es in entzündete Augen. Das schwarze Öl, das nun überall als Quirinusöl bekannt wurde, erwies sich als höchst kraftvolle Medizin. Wunder über Wunder ereigneten sich. Blinde konnten wieder sehen, Lahme erhoben sich und liefen wieder, selbst Tiere gesundeten. Der Abt ordnete an, dass die sumpfige Stelle, die der Quellort des Öls zu sein schien, eingefasst und eine hölzerne Kapelle darüber errichtet würde. So geschah es. Die Mönche legten ein Mirakelbuch an, in dem alle Heilungen sorgfältig verzeichnet wurden. Das Öl wurde Teil der Quirinuswallfahrt, jährlich kamen Hunderte Wallfahrer, sie beteten zum Heiligen und erwarben von der frommen Kongregation ein Fläschchen mit dem kostbaren Öl. In der Quirinkapelle stellten sie Wachsvotive auf, die sie mitgebracht hatten – kleine Skulpturen aus duftendem Bienenwachs, die einen waren als Hand geformt, andere als Auge, wieder andere als Bein, je nachdem, unter welchem Gebrechen der Gläubige litt. Viele kehrten geheilt in ihre Dörfer zurück. So ging es mehr als 300 Jahre lang. Doch 1803 wurde Bayern von den Truppen Napoleons erobert, das Kloster säkularisiert, die Quirinuswallfahrt verboten. Einige Jahre noch verkaufte man das heilkräftige Öl, dann versiegte die Quelle. Heute existiert nur noch ein einziges gefülltes und versiegeltes Fläschchen von dem alten Öl. Zugetragen haben sich die Ereignisse nicht am Starnberger See, sondern an dem nicht weit davon entfernten Tegernsee; kleine Erdölvorkommen gibt es an mehreren Orten des Voralpenlandes. Sie liefern allerdings nur magere Ausbeuten.

Erdöl ist eine der merkwürdigsten Substanzen, die es gibt. Heute hat es einen üblen Ruf, doch was kann das Erdöl dafür, wenn die Menschen Kriege führen, um sich in seinen Besitz zu bringen? Erdöl ist ein phantastischer Stoff, nicht zuletzt deshalb, weil es die außerge-wöhnlichen Kräfte, die der Kohlenstoff birgt, fühlbar macht. Es sieht wirklich höchst seltsam aus, im Licht fluoresziert es grünlich, und winzigste Tropfen vermögen sich auf dem Wasser unglaublich weit auszubreiten, wobei sie sehr ungewöhnliche Farben von hoher Rein-heit und Intensität zeigen. Erdöl riecht auch merkwürdig – aroma-tisch, eigentlich nicht unangenehm. Es ist verständlich, dass die Mönche ihm so große Kraft zusprachen.

Im Alpenraum, wo hier und da, nicht nur am Tegernsee, Erdöl zu-tage tritt, sind Sagen verbreitet, die das Erdöl als Blut ansehen, das ein Riese im Kampfe vergossen hat. Nach der Christianisierung wurde aus dem Riesen mancherorts ein Heiliger.

In der Tat gibt es Ähnlichkeiten zwischen Blut und Erdöl. Beide sind dickflüssig, klebrig; und Blut kann ähnlich wie Erdöl zu einer schwarzen Masse gerinnen. Die moderne Lehre vom Erdöl ist nicht weit von der alten Bluttheorie entfernt. Die Erdölchemie hat gezeigt, dass Erdöl tatsächlich aus den Säften und Resten vergangener Lebe-wesen entstanden ist, die unter Druck erhitzt wurden. Erdöl enthält sogenannte Chemofossilien, molekulare Fragmente der Säfte jener Mikroorganismen, aus deren Leichen das Erdöl entstand. Blutreste fand man im Öl, zudem Abbauprodukte des Chlorophylls. Erdöl ist ein Konzentrat vergangenen Lebens, angefüllt mit Energie. Trinken darf man es nicht, aber in kleinen Mengen äußerlich angewandt, ent-faltet es Heilkräfte, weil die darin enthaltenen Phenole antibakteriell wirken.

Erdöl besteht im Wesentlichen (zu über 80 Prozent) aus Kohlen-stoff; deshalb erzeugt es bei seiner Verbrennung so viel CO_2. Doch nicht nur quantitativ steht es für Kohlenstoff, es vermittelt vor allem einen *qualitativen Eindruck* von diesem Element, von dieser Atomsorte, und zwar weitaus besser als selbst Kohle, die doch fast zu 100 Prozent aus Kohlenstoff besteht.

Erdöl ist nämlich nicht nur eine tote Ansammlung von Kohlen-stoffatomen, sondern ein Kosmos, eine Verdichtung alles dessen, was Kohlenstoffatome können. Wer mit Erdöl umgeht, diesem abgründig dunklen, fluoreszierendenden Stoff, der bekommt ein Gefühl für das, was Kohlenstoff ist, einen treffenden Eindruck von der schillernden Vielgestaltigkeit dieses Atoms. Man findet im Erdöl lang gestreckte Ketten von Kohlenstoffatomen, man findet kreisförmige Verbindungen, Netze und alle möglichen Kombinationen. 17.000 unterschiedliche Kohlenstoffverbindungen stecken in Rohöl, und wenn man sehr feine Spuren beachtet, sind es noch viel mehr! Ein Tropfen davon ist von einer ungeheuren Tiefe.

Kohlenstoff ist ein schillerndes Element, zugleich kontaktfreudig und ungreifbar. Es ist nicht zu schwer und nicht zu leicht, nicht zu groß und nicht zu klein und hat die Fähigkeit, auch mit sich selbst Verbindungen einzugehen. Nicht nur paarweise, sondern auch zu fünft, zu zehnt oder sogar zu Hunderttausenden in gewaltigen Molekülen mit komplizierten Architekturen, die eher Staaten ähneln als Verbindungen. Andere Atome treten nur mit ganz bestimmten anderen in Verkehr – vom Rest der Atomgemeinschaft sind sie isoliert wie der Hochadel. Kohlenstoff ist dagegen ein Atom von überschäumender Geselligkeit und Spielfreude. Er ist das Weltkind des periodischen Systems der chemischen Elemente, sitzt in der Mitte und verbindet sich sowohl mit den Atomen zu seiner Rechten wie mit den Atomen zu seiner Linken. So kommt es, dass 95 Prozent aller chemischen Verbindungen, die wir überhaupt kennen, Kohlenstoffverbindungen sind; alle anderen Elemente des Periodensystems – und das sind rund 100 – teilen sich in die übrigen fünf Prozent!

Deshalb ist Kohlenstoff auch der Grundstoff allen Lebens, die Lebewesen können aus diesen Atomen – und einigen weiteren, insbesondere Wasserstoff, Stickstoff und Sauerstoff – alles herstellen, was sie wollen, härteste Schalen wie Chitin oder auch elastische Fäden, Klebstoffe, Säuren, Gifte, Zucker …

Die Musik des Lebens ist unendlich vielfältig, sie klingt immer wieder berauschend anders, aber ihr Schlüssel ist das C. Alle Lebewesen, so bunt und schillernd sie aussehen mögen, sind in ihrer Seele schwarz, sie bestehen aus Kohlenstoff. Wir Menschen sind Leben inmitten von Leben. Das meiste, was uns umgibt, besteht aus Kohlenstoff – der Tisch, die Stühle, unsere Kleidung, unsere Nahrung, die Medikamente und so weiter. Blicken wir in die Natur, dann sehen wir allenthalben Kohlenstoffverbindungen. Kohlenstoff scheint also ein ziemlich häufiges Element zu sein. Auch sein Name scheint das anzuzeigen, der ordinär klingt und an wenig angesehene Berufe denken lässt. Wie vornehm klingt dagegen zum Beispiel Silicium!

Der Schein trügt.

Kohlenstoff ist auf Erden selten. Er ist eine seltene Erde. Eine Rarität. Würde man alle Atome durchmustern, aus denen die Erde aufgebaut ist, dann fände man unter 10.000 Atomen gut 5.000 Sauerstoffatome und rund 1.600 Siliciumatome. Aber nur sieben Kohlenstoffatome! Diese paar Atome müssen die Pflanzen und die Algen aus der Masse anderer Atome heraussieben, um daraus ihre Körper aufzubauen. Sind die Pflanzen gewachsen, dann stellen sie für die Tiere, die sich nicht die Mühe machen, selbst Kohenstoffatome an der Basis zu sammeln, die ideale Ernährung dar. Denn eine Pflanze besteht ja, wenn man die Trockenmasse untersucht, zu etwa 50 Prozent aus Kohlenstoff. Wenn Tiere, die ihre Körper aus Pflanzen aufgebaut haben, sterben, sinken ihre Leichen zu Boden oder auf den Meeresgrund. Meist werden sie umgehend verzehrt, so dass die Kohlenstoffatome ständig in Gebrauch bleiben. Über die Zwischenstation in der Luft gelangen sie immer wieder in andere Lebewesen zurück. Gerade weil sie so selten sind, darf nichts verloren gehen!

Und tatsächlich wird auch nahezu jedes Kohlenstoffatom wiederverwertet. Das ist der Grund, weshalb sich von all dem üppigen, prachtvollen Leben vergangener Zeiten und Epochen immer nur kümmerlichste Reste erhalten haben und in den meisten Fällen gerade nicht die Kohlenstoffmaterialien. Die meisten vergangenen Lebewesen stecken in den heute lebenden Lebewesen! Das Leben frisst sich selbst, um weiterleben zu können.

Und doch: Manche Reste fallen ab, nicht alles wird wieder verschlungen und verwertet. Nicht alle Kohlenstoffatome werden vom Leben wieder in Umlauf gebracht, einige versinken für lange Zeit in die Tiefen der Erde. Und damit sind wir wieder beim Erdöl. In relativ flachen Meeren, in Seen, an den Rändern der Ozeane, wo viele Lebewesen unterwegs sind, kann sich aus den herabsinkenden Körpern Erdöl bilden. Auch heute bildet es sich an vielen Stellen, etwa im Mittelmeer oder auch im Schwarzen Meer. Allerdings dauert der Prozess in der Natur sehr lange.

Erdöl ist gewissermaßen eingemachtes Leben, das durch glückliche Umstände dem Schicksal des Gefressenwerdens entging! Ein konzentrierter, destillierter, gefilterter Saft. Der Kohlenstoff darin ist noch nicht, wie in der Steinkohle oder im Graphit, völlig mineralisiert und in Ruheposition, vielmehr vibriert er noch, steckt noch mittendrin in seinen biochemischen Verwandlungen und ist nur eingefroren. Spielt man ihm in den durchsichtigen, fein geblasenen Schlössern und Turmbauten eines Chemielabors ein tanzbares Stück vor, dann strecken die uralten Atome ihre Glieder, sie regen sich und beginnen wieder zu tanzen. Aus dem lebendigen Kohlenstoff des Erdöls kann dann wieder alles werden — man erhält eine Vielfalt an Stoffen, die mit der Vielfalt des Lebens wetteifert, ohne sie je zu erreichen: Aspirin, Farben, unzerbrechliche Angelruten, Kaugummikugeln, Flummis, Bikinis usw. Erdöl ist für die organische Chemie der Stein der Weisen, der universelle Rohstoff und das universelle Heilmittel.

Das Dümmste, was man mit dieser großartigen Substanz, diesem flüssigen Symbol lebendigen Kohlenstoffs, anstellen kann, ist leider genau das, was wir meistens damit tun: es verbrennen. Dann wird aus dem Erdöl sofort wieder CO_2.

Gewiss — aus jeder Kohlenstoffverbindung wird irgendwann CO_2; das farblose Gas ist der letzte Weg allen Lebens, die Asche aller Geschöpfe. Doch in der Natur gehen die Kohlenstoffatome ungezählte Verwandlungen und Verbindungen ein, ehe sie sich schließlich und endlich wieder als CO_2 auf die Reise zur nächsten Pflanze begeben. Der schönste Weg zwischen zwei Punkten ist in der Natur nicht die gerade Linie, sondern eine Kurve. In sich selbst verschlungen und mäandrierend sind die Metamorphosen des Kohlenstoffs in der Natur, ähnlich wie jener in allen Regenbogenfarben schillernde Ölfleck auf bewegtem Wasser, den die Mönche am See beobachteten.

Entdecke das Unsichtbare!

117   Vertrautes neu sehen: CO_2 als lebendige Asche

SITUATION: in der Küche

ZUBEIIÖR: ein leeres Glas oder ein leerer Becher, Wassersprudler (Gerät, mit dem man mithilfe von Kohlendioxid aus Leitungswasser Sprudel bereiten kann)

(1)   In vielen Haushalten steht ein Wassersprudler. Mit ihm können wir Sprudel bereiten, aber auch das CO_2 besser kennen lernen. Nimm den Wassersprudler und stell ein großes Glas darunter. Drück auf den Knopf und lass etwas CO_2 hineinzischen. Gieß dir den Inhalt des Glases in Mund und Nase! CO_2 hat einen unverkennbaren, bizzelig-sauren Geschmack. Als Tochter des Kohlenstoffs ist das Kohlendioxid nur eine schwache Säure. Seine Mildheit spiegelt die ausgeglichene Natur des Kohlenstoffs selbst.

(2)   Woher kommt das CO_2, die „Kohlensäure", in den Wassersprudler-Flaschen (und im Sprudel, in der Cola, in der Limonade)? Fast immer direkt aus der Erdöl- oder Erdgasindustrie. Bei bestimmten Prozessschritten, die man als geordnete Teilverbrennung bezeichnen kann, wird dort sehr reines CO_2 frei. Prinzipiell könnte man das CO_2 für den Sprudel auch aus Kohlekraftwerken gewinnen, dort entstehen ja ungeheure Mengen davon. Aber das Gas müsste aufwendig gereinigt werden.

(3) CO_2 ist das Hauptprodukt der Verbrennung von Kohle, Erdöl und Erdgas, die ihrerseits mumifizierte, verwandelte Reste von Geschöpfen des Meeres oder des Landes sind. Es entsteht auch sonst

überall dort, wo Leben vergeht. Dieses Gas ist „der letzte Weg allen Fleisches", wie der italienische Chemiker und Schriftsteller Primo Levi schrieb. Es ist eine gasförmige Asche, sie steigt auf in die Luft und verteilt sich rasch. Aber sie ist nicht nur der letzte Weg, sondern auch der Anfang allen Lebens. CO_2 wirkt überhaupt nicht tot, sondern unruhig und lebendig und schmeckt sogar erfrischend. Aus der Perspektive des Lebens ist die Luftartigkeit des CO_2 die entscheidende Qualität. Wäre CO_2 wie die meisten Oxide fest und schwer löslich, das Leben wäre rasch erloschen. Wäre es flüssig, so wäre das Leben aus dem Meer nie herausgekommen. Weil es aber gasförmig ist und sich zugleich leicht in Wasser löst, deshalb ist die Knappheit des Kohlenstoffs kein größeres Problem, weil jedes nicht mehr benötigte Atom sofort wieder verfügbar ist, weltweit, in den Höhen und in den Tiefen, überall dort, wo das Leben ist.

118   Ölflecken

SITUATION: an einer regennassen Straße, an Pfützen, in Sümpfen

(1) Ölhäutchen zählen zu den klassischen Anzeichen von Erdöllagern; bei uns allerdings sind solche Ölhäute in der Natur sehr selten anzutreffen, wenn sie vorkommen, dann weisen sie eher auf Umweltsünder hin als auf natürliche Ölquellen.

(2) In Sümpfen finden sich manchmal schimmernde Häutchen auf dem stehenden Wasser, doch handelt es sich dabei meist um Eisen- oder Manganoxid, das von Bakterien abgeschieden wurde. Eisenoxidhäutchen kann man von echten Ölhäutchen unterscheiden: Sie zerfallen beim Berühren in eckige Schollen; die Ölhaut ist dagegen eine flüssige Schicht, die nach Trennung mit der Hand oder mit einem Stock leicht wieder zusammenfließt.

119   Schimmernde Häute

SITUATION: in der Küche
ZUBEHÖR: Suppenteller oder größere Schüssel, schwarzer Karton
(und zur Abwechslung dann auch blauer, weißer, grüner ...), klarer (!)
Nagellack, Gabel

(1) Füll in den Suppenteller (oder in eine Schüssel) zwei bis drei
Zentimeter Wasser. Schneide dann aus dem Karton kreisförmige oder
viereckige Stücke zurecht, die gut in den Teller passen. Tunk sie in das
Wasser, so dass sie unter der Wasseroberfläche liegen. Der Karton gibt
meist ein wenig Farbe ins Wasser ab, doch das soll uns nicht stören.

[Fig. 58]

(2) Schraub nun das Nagellackfläschchen auf, zieh den Pinsel heraus und halte ihn über die Wasseroberfläche – langsam wird sich ein Tropfen Nagellack ablösen und ins Wasser fallen. Dort breitet er sich, getrieben von den Lösungsmitteln im Nagellack, meist schlagartig nach allen Seiten aus, ein schillerndes, kreisförmiges Häutchen entsteht, in dem manchmal noch irisierende Wirbel zu sehen sind.

(3) Du bekommst das Häutchen aus dem Wasser heraus, indem du behutsam den schwarzen Karton hochhebst. Das Lackhäutchen haftet auf dem Karton, du kannst den Karton auf ein Handtuch legen (natürlich so, dass das Häutchen oben liegt) und das Ganze auf diese Weise trocknen lassen. Die irisierende Schicht ist manchmal fast unsichtbar, drehst du das Blatt aber ein wenig im Licht und blickst seitlich darauf, dann tauchen die Farben schlagartig in hoher Reinheit und Intensität auf: das schönste Goldgelb, Purpur und Blau und Grün. Je nachdem, in welcher Weise der Tropfen auseinandergesprungen ist, sieht jeder Fleck anders aus, sie alle sind wunderschön! Betrachtest du die Sache aus verschiedenen Blickrichtungen, dann können die Farben auch wechseln, von Grün zu Blau oder von Purpur zu Gold; ein wirklich geheimnisvolles, hinreißendes Farbenspiel. Ähnlich fremdartige Farben sieht man in der Natur auch auf manchen Vogelflügeln und Insektenkörpern, auch das Perlmutt und der Opal zeigen sie.

(4) Die Schicht, die so gespenstische, dabei ganz reine Farben hervorblitzen lässt, ist unglaublich dünn, weder kann man irgendeine Dicke sehen noch fühlen. Wir können aber ausrechnen, wie dick sie wohl sein dürfte. Dazu müssen wir erstens wissen, wie viel Lack in einem Kubikzentimeter Nagellack enthalten ist. Ich habe das nur für eine bestimmte Nagellackmarke gemessen; dort fand ich, dass in einem Kubikzentimeter etwa ein Drittel Lack enthalten sind, der Rest ist Lösungsmittel. Wahrscheinlich lässt sich dieses Ergebnis verallgemeinern. Aus einem Kubikzentimeter Nagellack kann man etwa 40 Tropfen herausholen, also hat ein Tropfen ein Volumen von 0,025 Kubikzentimetern. Darin sind 30 Prozent Lack, das Lackvolumen in dem Tropfen beträgt also 0,0083 Kubikzentimeter. Nicht sehr viel also. Und dennoch bildet dieses bisschen Lack so breite Flecken auf dem Wasser! Nimmst du möglichst breite Gefäße – zum Beispiel Auflaufformen von etwa 40 Zentimeter Durchmesser –, die du mit Wasser füllst, dann ermöglichst du den Tropfen, sich maximal auszubreiten. Ein einziger Tropfen läuft dann bis zu 20 Zentimeter weit auseinander. Viel mehr scheint nicht zu gehen, jedenfalls nicht mit dem Nagellack, den ich verwendet habe.

(5) Wie dick sind diese schillernden Häutchen? Wir sind nicht mehr weit von der Lösung. Nur noch die Fläche der Flecken ausrechnen, indem wir den Radius (Hälfte des Durchmessers) mit sich selbst multiplizieren und dann mit der Zahl π (pi).

10 cm · 10 cm · 3,14 = 314 cm². Das ist die Fläche des Lackflecks. Teile nun noch das Volumen (gemessen in Kubikzentimeter, cm³) des Tropfens durch die Fläche (gemessen in Quadratzentimetern, cm²).

(6) Heraus kommen 0,000026 Zentimeter oder 0,00026 Millimeter. Das sind 260 Nanometer. So dick oder vielmehr so dünn sind die Häutchen. Damit sind wir schon sehr nahe am atomaren Bereich. Deshalb treten auch die seltsam irisierenden Farben auf, die steten Anzeiger atomarer Dimensionen. Mit solchen Schichtdicken könnten wir ohne Weiteres Nanotechnologie betreiben, wenn wir wollten. Typische Durchmesser einzelner Moleküle oder Atome liegen bei 1 bis 0,1 Nanometern.

120   Moleküle im Sonnenlicht

SITUATION: draußen, bei strahlendem Sonnenschein; im Sommer
ZUBEHÖR: zwei CD-Deckel, besser noch ein Objektträger und ein Deckglas, etwas Milch

(1) Ein zweites Phänomen gestattet einen Blick in die Welt der Atome und Moleküle: die sogenannte Brown'sche Molekularbewegung. Normalerweise sieht man sie nur unter guten Mikroskopen. Man erkennt bei hohen Auflösungen winzig kleine Teilchen, zum Beispiel Fettkügelchen in der Milch, die sich wimmelnd hin und her bewegen. Man hatte lange angenommen, dass diese Bewegung Zeichen einer inneren, in den Mikropartikeln wirksamen Lebenskraft sei. Allerdings zeigte sich die Bewegung auch, nachdem man die Flüssigkeiten gekocht hatte, sie trat auch bei sehr feinem Gesteinsstaub auf und war selbst nach Gefrieren der Präparate weiterhin munter sichtbar. Daher kam man auf eine andere Theorie: Es könnte sich bei diesen Bewegungen um das Resultat von Stößen handeln. Stöße wovon? In Frage kommen wohl nur die Wassermoleküle, die an die viel größeren Fettkügelchen stoßen und diese hin und her bewegen. Je wärmer die Flüssigkeit ist, desto schneller.

(2) Es ist möglich, dieses Phänomen, die Brown'sche Bewegung, die an der Schwelle der mikroskopischen zur molekularen Welt steht, ohne Mikroskop, ohne hundertfache Vergrößerung und ohne Hightech zu sehen. Im Sonnenlicht.

(3) Nimm zwei Deckel von CD-Hüllen, entferne das darin befindliche Cover. Tropfe auf die Außenseite der einen Hülle etwas Milch und leg die Außenseite der anderen darauf, drück beide kräftig zusammen – so dass sich die Milch in dem Zwischenraum verteilt. Halte das Ganze etwa 20 Zentimeter von den Augen entfernt mit beiden Händen fest und richte es so aus, dass die Sonne halbschräg hindurchscheint. Du schaust also Richtung Sonne. Wenn du den richtigen Winkel erwischst, siehst du in der Milch eine wimmelnde Bewegung. *Dies ist die Brown'sche Bewegung!* Es sind die kleinen Fettkügelchen in der Milch, die da hin und her zittern. Du siehst nicht die Kügelchen selbst, wohl aber ihr Zittern und ihr Wimmeln. Dieses aber hängt unmittelbar mit der Atomwelt zusammen: Es wird von den Wassermolekülen verursacht. Sie schubsen die Kügelchen gewissermaßen an.

(4) Noch deutlicher ist die Erscheinung, wenn du statt der CD-Hüllen einen Objektträger verwendest, auf den du einen Tropfen Milch gibst und dann ein Deckglas. Du siehst es aber ausreichend gut mit dem beschriebenen Verfahren. Notwendig ist nur wolkenloser Himmel, die Sonne darf nicht einmal verschleiert sein.

(5) An sich sollte es unmöglich sein, dass man eine so kleine Erscheinung, die unter Mikroskopen normalerweise nur bei größten Vergrößerungen sichtbar ist, mit bloßem Auge überhaupt wahrnehmen kann. Wahrscheinlich ruft das intensive Licht, das auf die Kügelchen trifft und dabei gebeugt wird, aufgrund dieser Beugung – und weil die Kügelchen sich bewegen – auf der Netzhaut des Auges viel größere Bilder hervor, als es ohne diese Beugung der Fall sein würde. Das jedenfalls vermutet der Biologe Hans Molisch, der das Phänomen erstmals, allerdings mit anderem Zubehör, beschrieben hat. Ist es nicht großartig, dass wir mit ganz einfachen Hilfsmitteln bis an die äußerste Grenze des überhaupt Sichtbaren gelangen können?

LITERATUR

Für dieses Buch wurden einige Tausend Fachartikel und Bücher ausgewertet, aus Platzgründen kann ich aber nur wenige Titel aufführen. Ich habe vor allem solche Bücher und Aufsätze ausgewählt, die halbwegs zugänglich sind und von denen ich denke, dass sie sich für eine weiterführende Lektüre besonders eignen.

Nicht nur die professionellen Naturwissenschaftler, auch die Hobbynaturforscher sind im Netz stark präsent, hier werden Bilder gezeigt, Termine für Exkursionen vereinbart oder Fragen gestellt und beantwortet. Die Webseiten der Hobbyornithologen, der Amateurastronomen oder der Fossiliensammler usw. bieten wichtige Informationen und oft auch einen Einstieg in ein Netzwerk von Freunden und Gleichgesinnten; ich schlage daher im Anschluss an die jeweilige Literatur auch geeignete Suchbegriffe für Internet-Suchmaschinen vor. Das ist praktischer und informativer als die Angabe von Webadressen, die nicht selten rasch wieder verschwinden.

EINLEITUNG

Hans Esselborn: *Das Universum der Bilder. Die Naturwissenschaft in den Schriften Jean Pauls*. Tübingen: Niemeyer 1989. In dieser Studie wird auf methodisch sehr klare Weise dargelegt, wie vielfältig und produktiv die Naturwissenschaft auf das Schaffen Jean Pauls gewirkt hat – ein Beispiel dafür, dass naturwissenschaftliches Wissen die Kunst inspirieren kann und nicht entzaubernd wirkt, sondern der Phantasie neue Räume erschließt.

Theodore Burgess: *Epideictic Literature*. Chicago, Ill.: University of Chicago Press 1902. In diesem klassischen Werk wird unter anderem die Tradition beschrieben, der auch die vorliegende Darstellung verpflichtet ist: die *enkomia paradoxa*, die paradoxen Lobreden.

Paolo Rossi: *Die Geburt der modernen Wissenschaft in Europa*. München: Beck 1997. Diese Übersicht über die Geschichte der Naturwissenschaft hat vor anderen den Vorteil, dass sie nicht nur die Physik in den Vordergrund stellt. Sie

geht auch auf die Geologie, die Medizin, die Biologie und andere Naturwissenschaften ein.

STERNE

Denis Berthier: *Sternbeobachtung in der Stadt*. Stuttgart: Franckh-Kosmos 2003.
Die bei Berthier gezeigten Sternkarten waren der Ausgangspunkt für die
von Vitali Konstantinov für dieses Buch gezeichneten Karten.

Hans Blumenberg: *Die Vollzähligkeit der Sterne*. Frankfurt/M.: Suhrkamp 1997. In
mehreren Essays und Kurztexten spricht Blumenberg über philosophische
und poetische Aspekte der Sterne und des Mondes.

Giordano Bruno: *Das Aschermittwochsmahl*. Einleitung von Hans Blumenberg.
Frankfurt/M.: Insel 1969. Auch heute, nach über 400 Jahren, noch eine
herrliche Lektüre!

Pierre Bourge / Jean Lacroux: *Sternbeobachtung für Einsteiger*. Stuttgart: Kosmos
2004. In Frankreich gibt es sehr viele Amateurastronomen und entsprechend auch gute Literatur für Sternfreunde.

Pierre Causeret / Jean-Luc Fouquet / Liliane Sarrazin-Vilas: *Le Ciel à Portée de
Main. 50 Expériences d'Astronomie*. Paris: Belin 2005. Dieses Buch richtet sich
an Anfänger, und es beginnt mit Phänomenen, die jeder am Himmel beobachten kann.

Henri Fabre: *Der Sternhimmel. Vorlesungen aus dem Gebiete der Himmelskunde für
jung und alt*. 3. Aufl., Stuttgart: Franckh 1918. Dieser Klassiker ist immer
noch lesenswert. Er zeigt eine Besonderheit der französischen populären
Astronomieliteratur: Die Geometrie wird nicht versteckt, sondern systematisch genutzt. Dennoch – und darin liegt die Kunst – bleibt alles verständlich und klar.

Wilhelm Gundel: *Sterne und Sternbilder im Glauben des Altertums und der Neuzeit*.
Hildesheim, New York: Olms 1981 (Erstausg. 1922). Was dachten die Menschen in früheren Zeiten über die Sterne? In diesem Buch werden von einem der bedeutendsten Astrologiehistoriker die vormodernen Sternlehren
dargestellt.

Robert Henselings Bücher über die Sterne erschienen zu Anfang des 20. Jahrhunderts. Sie sind aber nicht veraltet, sondern frisch geblieben und antiquarisch (etwa im Internet bei zvab oder abebooks) leicht zu beschaffen. Besonders empfehle ich seine *Kleine Sternkunde* von 1919 und sein Reclam-Büchlein *Die Sternbilder* von 1940.

Das Kosmos-Himmelsjahr, hg. von Hans-Ulrich Keller, ist ein jährlich erscheinender, traditionsreicher Kalender, der uns für jeden Monat und viele Tage sagt, welche Attraktionen am Sternhimmel zu beobachten sind. Neben diesem nach Verlagswerbung „meistverkauften Astronomie-Jahrbuch" gibt es andere empfehlenswerte Sternenkalender, besonders hinweisen möchte ich auf zwei Publikationen aus anthroposophischen Verlagshäusern, nämlich auf Wolfgang Helds *Sternenkalender* und vor allem auf Liesbeth Bisterboschs sehr schönen *Sternen- und Planetenkalender*. Beide erscheinen jährlich.

Wolfhard Schlosser / Jan Cierny: *Sterne und Steine. Eine praktische Astronomie der Vorzeit*. Darmstadt: Wiss. Buchgesellschaft 1996. Mit einem Überblick über Grundlagen der Vor- und Frühgeschichte und der Astronomie.

Oswald Thomas: *Astronomie – Tatsachen und Probleme*. 7. Aufl., Salzburg: Das Bergland Buch 1956. Dies ist das beste Buch über Astronomie, das ich kenne, weil Thomas es vermeidet, den Leser von vornherein mit Technik und Theorien zu überschütten. Er geht vielmehr stets von wahrnehmbaren Phänomenen aus, wobei der Leser spürt, dass Thomas nie etwas beschreibt, das er nicht selbst gesehen hat. Großartig sind seine Zeichnungen, sie zeigen, wie klar man komplizierte Sachverhalte nur mit Stift und Papier, ohne Graustufen, ohne Farben, ohne Grafikprogramme darstellen kann.

Empfehlenswerte Suchbegriffe für die Internetsuche: Sternfreunde, Sternbeobachtung, Astronavigation, Hobbyastronomie, Sternbeobachtung, Sternwarte, Lichtverschmutzung usw. – Die Hobbyastronomen sind im Internet sehr präsent, in vielen Städten gibt es Planetarien oder gar Volkssternwarten: Dort kann man Gleichgesinnte treffen.

Craig F. Bohren: *Clouds in a Glass of Beer. Simple Experiments in Atmospheric Physics*. Mineola, NY: Dover Publ. 2001; Craig F. Bohren: *What Light Through Yonder Window Breaks? More Experiments in Atmospheric Physics*. Mineola, NY: Dover Publ. 1991. Beide Bücher zeigen einfache, oft überraschende Beobachtungen zu atmosphärischen Phänomenen wie Wolken oder Tau.

Paul Colinvaux: *Why Big Fierce Animals Are Rare. An Ecologist's Perspective*. Princeton, NJ: Princeton University Press 1978. In diesem Buch findet sich ein wunderbares Kapitel über die Luft, das den Erfinder der Gaia-Theorie, James Lovelock, nicht unbeträchtlich inspiriert haben dürfte. Auch sonst sind die kurzen Kapitel zu verschiedenen Naturthemen sämtlich empfehlenswert.

Götz Hoeppe: *Blau. Die Farbe des Himmels*. Heidelberg: Spektrum 1999. Ein sehr schönes Buch über Himmelsphänomene, insbesondere über das Blau des Himmels. Eine Kombination aus Erzählungen, Phänomenbeschreibungen und Erklärungen.

Laurent Laveder / Didier Jamet: *Le Ciel. Un Jardin vue de la Terre*. Paris: Belin 2008. Ein schöner, großformatiger Band, der eine Anzahl sehenswerter Himmelsphänomene zeigt und kommentiert.

Marcel Minnaert: *De natuurkunde van 't vrije veld. 2. Geluid varmte, elektriciteit*. Zutphen: Thieme 1972. Von dem dreibändigen Werk *Die Naturkunde des freien Feldes* des niederländischen Physikers wurde nur der erste Teil ins Deutsche und Englische übersetzt. Auch die Teile 2 und 3 enthalten viele großartige Beobachtungsvorschläge. Es ist für einen deutschen Leser mühsam, aber nicht unmöglich, den niederländischen Text zu lesen. Die *natuurkunde* Minnaerts ist ein einzigartiges Buch. Von dem in Physikerkreisen berühmten Werk Jearl Walkers (*Flying Circus of Physics*) unterscheidet sich Minnaerts Werk vorteilhaft: nicht nur durch die viel breitere Wahrnehmung und Auswertung der Fachliteratur, sondern auch, weil Minnaert aus einer Haltung des Sichwunderns, nicht aus einer Haltung des Besserwissens schreibt. Bei Walker werden die Erscheinungen, kaum werden sie stichpunktartig aufgerufen, sofort mit einer „Erklärung" erledigt. – In Minnaerts *natuurkunde*,

Teil 2, Kapitel IV: *Wolkenland* und Kapitel V: *Neerslag* finden sich großartige Anregungen für Wahrnehmungen am Himmel.

Gavin Pretor-Pinney: *Wolkengucken. Eine offizielle Veröffentlichung der Cloud Appreciation Society.* München: Heyne 2006. Ein Buch, das auf angenehm leichte Weise in das Betrachten von Wolken einführt – der Autor ist zugleich Gründer der *Cloud Appreciation Society*.

John Ruskin: *Modern Painters.* 5 Bde. London: Allen 1903–1905. (Ruskin: *Works.* Bd. 3–7.) Ruskin war der berühmteste Kunstkritiker des viktorianischen Zeitalters. Zugleich widmete er sich mit größter Leidenschaft der Betrachtung des Himmels und verband diese Naturbetrachtung auf originelle Art und Weise mit seinen kunsthistorischen Interessen. Ruskin setzte sich zudem früh für den Schutz der natürlichen Umwelt ein, insbesondere für eine Verbesserung der Luftqualität. Ins Deutsche übersetzt wurden leider nur ganz wenige seiner Texte. Eine empfehlenswerte Textsammlung ist: *Was wir lieben und pflegen müssen, Eine Sammlung Natur-Ansichten und Schilderungen aus den Werken des John Ruskin.* Übers. u. zsgest. von Jakob Feis. Straßburg: Heitz 1895.

Hermann Schmitz: *System der Philosophie*, Bd. 3: *Der Raum*; Teil 1: *Der leibliche Raum.* Bonn: Bouvier 1988 (Erstausg. 1967), besonders §§ 118, 123. In diesem Buch, einem Teilband seines zehnbändigen Systems der Philosophie, entwickelt der Phänomenologe Hermann Schmitz seine Philosophie des Raums – ausgehend von seiner Analyse der Leiblichkeit. Ich wüsste niemanden, der sich intensiver und eindringlicher mit dem Phänomen der Weite des Himmels beschäftigt hat als Hermann Schmitz.

Michael Vollmer: *Lichtspiele in der Luft. Atmosphärische Optik für Einsteiger.* München: Elsevier 2006. Auf Mathematik verzichtet der Autor nicht, dennoch und zum Teil auch deshalb ist sein Buch ein ganz besonderer Genuss für alle, die Freude an Himmelserscheinungen haben.

Wilhelm Carl Wells: *Versuch über den Thau und einige damit verbundene Erscheinungen.* Zürich: Geßner 1821. Die Lektüre von Wells berühmtem Büchlein (*Essay on Dew*) ist auch heute noch ein Genuss für jeden Freund der Naturwissenschaften!

Empfehlenswerte Suchbegriffe für die Internetsuche: Wetter-Foto; Hobby-Meteorologie, Wolkenfotos, Sturmjagd, atmosphärische Erscheinungen.

SONNE

Huguette Farges: *Mesurer la terre est un jeu d'enfant*. Paris: Le Pommier 2002. In diesem Buch wird gezeigt, wie man mithilfe von Schattenmessungen an verschiedenen Orten den Umfang der Erde bestimmen kann: nach der Methode, die zuerst der Grieche Eratosthenes vor 2200 Jahren in Alexandria entwickelt hat. Alle Versuche sind so gehalten, dass sie von Schulkindern durchgeführt werden können. Die Zeichnungen, Fotos und Grafiken auf der beigefügten CD zeigen, wie man vorgehen muss – und sie verbreiten gute Laune, denn darunter sind auch viele Kinderzeichnungen!

Beat Gugger: Alpenglühen, in: Stefan Kunz (Hg.): *Die Schwerkraft der Berge*. Basel: Stroemfeld/Roter Stern 1997. Gugger beschreibt das Phänomen und berichtet über die Geschichte seiner Erforschung.

Joachim Köppen: Das CD-Rom-Spektroskop, in: *Sterne und Weltraum*, Nov. 2003, S. 74–79. Köppen beschreibt nicht nur, wie man CDs für die Analyse von Spektren einsetzen kann, er sagt auch, welche Aufschlüsse durch Spektralanalyse von Sonnen- und Sternenlicht zu gewinnen sind.

Roland Szostak: Erkennen von Naturgesetzlichkeit – Astronomie in der Primarstufe, in: Roland Lauterbach (Hg.): *Wie Kinder erkennen*. Kiel: IPN 1991, S. 147–154. In diesem Text erläutert der Physikdidaktiker Szostak mit vielen Details den Sonnenversuch.

Martin Wallraff: *Christus verus Sol. Sonnenverehrung und Christentum in der Spätantike*. Münster: Aschendorff 2001. Wallraff zeigt, dass die christliche Religion zahlreiche Einschlüsse aus der antiken Sonnenfrömmigkeit enthält, am auffallendsten den Kult um den Sonntag und das Weihnachtsfest, eine Übernahme und Umwandlung des in mehreren alten Kulten prominenten Sonnwendfests.

David Whitehouse: *The Sun. A Biography*. Chichester: Wiley 2006. Ein erzählendes Buch über die Geschichte der Sonnenbeobachtung. Leider ist es allzu sehr an Texten orientiert und gibt kaum Hinweise für Beobachtungen.

Die in der Literatur zu den Sternen bereits genannten Bücher von Oswald Thomas sowie von Pierre Causeret, Jean-Luc Fouquet und Liliane Sarrazin-Vilas enthalten ebenfalls lesenswerte Kapitel über die Sonne.

Empfehlenswerte Suchbegriffe für die Internetsuche: Astronavigation; Sternfreunde + Spektroskopie.

MOND

George Howard Darwin: *Ebbe und Flut sowie verwandte Erscheinungen im Sonnensystem*. 2. Aufl., Leipzig: Teubner 1911. Eine sehr ausführliche, in der Klarheit und Tiefenschärfe bislang unübertroffene Darstellung der Phänomene von Ebbe und Flut und ihrer Theorie. George Howard Darwin war der zweite Sohn von Charles Darwin. Lesenswert ist darüber hinaus auch C. Börgens *Anstellung von Beobachtungen über Ebbe und Flut*, in: G. von Neumayer: *Anleitung zu wissenschaftlichen Beobachtungen auf Reisen*, 3. Aufl., Hannover: Jänecke 1906, S. 525–561. Kürzere, aktuellere Darstellungen gibt es einige, zum Beispiel: Hans Joachim Krug: *Ebbe und Flut. Das Wunder der Gezeiten*. 5. Aufl., Hohenkirchen: Küstenverlag 2001.

Bernard Le Bovier de Fontenelle: Gespräche über die Vielzahl der Welten, in: Fontenelle: *Philosophische Neuigkeiten für Leute von Welt und Gelehrte. Ausgewählte Schriften*. Leipzig: Reclam 1989. Ein klassisches Lob der Astronomie.

Rudolf Rustimo: *Kleine Sternkunde*. Ybbs 1891. Dieses Buch, in dem ich den Hinweis auf König Ludwigs Astronomieinteresse fand, ist eine spätromantische Sternkunde. Rustimo kam aus dem Sudan und war Diener von Kaiserin Elisabeth. Auf Anregung von Ludwig II. begann er sich für Astronomie zu interessieren und verfasste, als er aus seinem Dienst entlassen wurde, eine Einführung in diese Wissenschaft.

Arthur Schopenhauer: *Die Welt als Wille und Vorstellung*. Bd. 2. Hg. von Wolfgang Frhr. von Löhneysen. Frankfurt/M.: Suhrkamp 1986 (Erstausg. 1844). In dem Kapitel vom „reinen Subjekt des Erkennens" finden sich schöne Zeilen über den Mond.

Oswald Thomas: *Himmel und Welt*. 2. Aufl., München: Arbeitsgem. f. Kultur u. Aufbau 1929. Kürzer als das schon erwähnte Astronomie-Handbuch, doch gerade in Hinblick auf den Mond besonders ausführlich und lesenswert.

Die in der Literatur zu den Sternen bereits genannten Bücher von Jean Henri Fabre sowie von Pierre Causeret, Jean-Luc Fouquet und Liliane Sarrazin-Vilas und natürlich die genannten Sternenführer und Sternen- und Planetenkalender enthalten ebenfalls lesenswerte Kapitel über den Mond.

Empfehlenswerte Suchbegriffe für die Internetsuche: Vollmond, Mondbeobachtung, Mondsichtung.

SEE

Jacques Bruslé / Jean-Pierre Quignard: *Pas si bêtes les poissons. Scènes de leur vie intime*. Paris: Belin 2006. Ein sehr hübsches Buch über Fische. Das erste Kapitel beginnt mit einem ausführlichen Fischlob.

Wolfgang Engelhardt: *Was lebt in Tümpel, Bach und Weiher? Pflanzen und Tiere unserer Gewässer*. 16., überarb. Aufl., Stuttgart: Franckh-Kosmos 2008. Das klassische Bestimmungsbuch für alle, die sich intensiv mit den Geschöpfen im See befassen wollen.

Martinus Fesq-Martin (Hg.): *Der Starnberger See. Natur- und Vorgeschichte einer bayerischen Landschaft*. München: Pfeil 2008. In diesem bezaubernden, schön illustrierten Buch beschreiben 13 Autorinnen und Autoren aus verschiedenen Perspektiven den Starnberger See.

Dieter Kelletat: *Physische Geographie der Meere und Küsten. Eine Einführung*. Stuttgart: Teubner 2001. Kelletat vergleicht in einem hochinteressanten „Ausblick" die Produktivität der Meere mit der Produktivität des Festlandes.

John McNeill: *Blue Planet. Die Geschichte der Umwelt im 20. Jahrhundert*. Frankfurt/M.: Campus 2003. In Kapitel 5 berichtet McNeill über die Nutzung und Verschmutzung des Wassers.

Marcel Minnaert: *Licht und Farbe in der Natur*. Basel: Birkhäuser 1992. Der einzige Band von Minnaerts dreibändiger *natuurkunde van 't vrije feld*, der ins Deutsche bzw. Englische übersetzt wurde. Minnaert, auf den ich bei der

Literatur über den Himmel schon hingewiesen habe, vereinigt das Strukturdenken eines Physikers mit der Sensibilität eines Künstlers und zeigt in diesem Werk im 12. Kapitel viele Phänomene, die sich am Wasser beobachten lassen.

Leslie A. Real / James H. Brown (Hg.): *Foundations of Ecology. Classic Papers with Commentaries*. Chicago, Ill.: University of Chicago Press 1991. In diesem dicken Buch findet sich unter anderem auch Stephen Forbes' klassischer Text über den See als Mikrokosmos.

Wilhelm Sager: *Wasser*. Hamburg: Rotbuch 2001. Eines von sehr vielen Büchern, die politische Themen rund um das Wasser diskutieren. Dieses hier hat den Vorteil, dass es kompakt ist und gut recherchiert.

Theodor Schwenk: *Das sensible Chaos. Strömendes Formenschaffen in Wasser und Luft*. Stuttgart: Verlag Freies Geistesleben 1962. Dieses Buch, mittlerweile in der 10. Auflage erschienen, zeigt das anthroposophische Wasserverständnis, das eine solche Tiefe und Vielfalt hat, dass sich auch der Nichtanthroposoph dafür begeistern kann. Die Formenvielfalt des Wassers wird mit vielen einzigartigen Bildern dargestellt.

Vaclav Smil: *The Earth's Biosphere. Evolution, Dynamics, and Change*. Cambridge, Mass.: MIT Press 2002. In Kapitel 7 vergleicht Smil die Produktivität der Meere mit der Produktivität des Festlandes. Er geht dabei noch ausführlicher zu Werke als der schon zitierte Kelletat.

Willi Ule: *Der Würmsee (Starnbergersee) in Oberbayern. Eine limnologische Studie*. Leipzig: Duncker und Humblot 1901. Eine fachwissenschaftliche Untersuchung, die auch die Entstehung des Sees nachzeichnet. Für alle Steinsammler lesenswert sind die Passagen über die sogenannten Hirnlisteine, die man im Starnberger See an manchen Stellen findet: Kalksteine, die zahlreiche hirnartige Windungen aufweisen (S. 74–78).

Andreas Wilkens / Herbert Dreiseitl / Jennifer Greene / Michael Jacobi / Christian Liess / Wolfram Schwenk: *Wasser bewegt. Phänomene und Experimente*. Bern: Haupt 2009. In diesem Buch werden mit vielen originellen Experimenten die Strömungseigenschaften des Wassers untersucht. Die Beschreibungen sind leider manchmal etwas umständlich, die Fotos aber allesamt sensationell.

Empfehlenswerte Suchbegriffe für die Internetsuche: Süßwassertauchen (so findet man Seiten von Hobbytauchvereinigungen), Wasserpflanzen (für Webseiten, die helfen, Wasserpflanzen zu bestimmen), Aquarianer oder Aquarienfreunde (für Seiten, auf denen sich die Hobbyaquarianer austauschen).

INSEL

Godfrey Baldacchino: Studying Islands: On Whose Terms? Some Epistemological and Methodological Challenges to the Pursuit of Island Studies, in: *Island Studies Journal*, Vol. 3,1 (2008), S. 37–56, online einsehbar unter http://www.islandstudies.ca/journal. Ein Überblick über die Inselforschung.

Bayerische Vermessungsverwaltung: *Bayernviewer*. Eine Webseite, die eine komplizierte Adresse hat – deshalb einfach Bayernviewer bei einer Suchmaschine eingeben, dann wird das richtige Suchergebnis schon auftauchen. Sucht man mit dem Bayernviewer die Roseninsel, so gebe man unter „Ort" Wörth ein, in einer Liste wird dann Wörth (Roseninsel) angezeigt, dies klicke man an. Man kann dann verschiedene Ansichten der Roseninsel anzeigen sowie die Fläche der Insel mit verschiedenen Messpunkten online berechnen und so z.B. ganz bequem den Unterschied einer Messung mit großem Maßstab (wenige lange Linien) und einer Messung mit kleinem Maßstab (viele kurze Linien) feststellen.

Paul Ralph Ehrlich /Anne H. Ehrlich: *The Dominant Animal. Human Evolution and Environment*. Washington, DC: Islandpress 2008. In diesem Buch finden sich viele Bemerkungen zur Ökologie und Biodiversität von Inseln.

Richard Fortey: *Leben. Eine Biographie. Die ersten vier Milliarden Jahre*. 3. Aufl., München: dtv 2006 (engl. Originalausg. 1997). Kapitel 11 enthält eine Darstellung der Folgen des Auseinanderbrechens von Pangäa.

Pete Hay: A Phenomenology of Islands, in: *Island Studies Journal*, Vol. 1,1 (2006), S. 19–42, online einsehbar unter http://www.islandstudies.ca/journal. Eine phänomenologische Beschreibung der Besonderheiten von Inseln.

Günter Laczkowski: *Die Inseln der Seligen und verwandte Vorstellungen*. Frankfurt/M.: Lang 1986. Beschreibt die Religionsgeschichte von Inseln und geht auch auf viele mit Inseln verbundene Mythen und Geschichten ein.

LITERATUR

Frauke Lätsch: *Insularität und Gesellschaft in der Antike. Untersuchungen zur Auswirkung der Insellage auf die Gesellschaftsentwicklung*. Stuttgart: Steiner 2005. Eine Studie, die zeigt, dass viele Erkenntnisse moderner Inselforscher schon antiken Schriftstellern geläufig waren.

Mark V. Lomolino / Dov F. Sax / James H. Brown: *Foundations of Biogeography. Classic Papers with Commentaries*. Chicago, Ill.: University of Chicago Press 2004. Dieses sehr dicke Buch versammelt klassische Aufsätze, die Aufschluss über die Verteilung der Lebewesen geben – von Carl von Linné bis hin zu neuesten Ansätzen. Wie bei britischen und amerikanischen Büchern heute leider durchgehend üblich, werden dabei fast nur englischsprachige Autoren berücksichtigt. Für unser Thema besonders spannend ist das Kapitel über die „Bedeutung der Inseln" (S. 931–1026).

Albrecht Penck: *Morphologie der Erdoberfläche*. Teil 1, Stuttgart: Engelhorn 1894. In diesem Buch geht Penck auf einige Probleme bei der Geometrisierung der Erdoberfläche ein. Er diskutiert u.a. das Problem, wie man die Höhe über dem Meeresspiegel misst, sowie die Vielzahl der diesbezüglichen Definitionen. Viele seiner Anmerkungen sind heute noch aktuell. Ab S. 82 analysiert er ausführlich das Problem der Messung der Länge einer Küste. Abstrakter, rein auf Mathematisierung abzielend, jedoch weitaus bekannter ist die Untersuchung desselben Problems durch Benoît Mandelbrot: *How Long is the Coast of Britain? Statistical Self-Similarity and Fractional Dimension*. Dieser ursprünglich 1967 in der Zeitschrift *Science* erschienene Artikel, in dem Mandelbrot sein Konzept fraktaler Dimensionen darlegt, findet sich leicht im Netz.

Richard Pott / Joachim Hüppe / Wolfredo de la Torre: *Die Kanarischen Inseln. Natur- und Kulturlandschaften*. Stuttgart: Ulmer 2003. Was Inseln ausmacht, kann man vielleicht aus diesem Werk am besten lernen. Es stellt die geologischen und klimatischen Besonderheiten, die kulturellen Spezialitäten vor und dokumentiert die einzigartige Pflanzenwelt der Kanarischen Inseln. Die Schöpfungskraft dieser Inseln, die bei Urlaubern wegen ihrer Strände und ihres milden Klimas beliebt sind, wird so in schönster Weise deutlich.

Elmar D. Schmid: *Die Roseninsel im Starnberger See. Amtlicher Führer.* München: Bayer. Schlösserverwaltung 2003. Ein Touristenführer, der über Vorgeschichte und Geschichte der Roseninsel informiert.

Interessiert man sich für Pflanzen und Tiere, die es nur auf einer bestimmten Insel gibt, dann lohnt es sich, in einer Suchmaschine den Namen der Insel und das Wort „Endemit" (oder *endemic species* oder *endemique* usw.) einzugeben.

BÄUME

Dietrich Böhlmann: *Warum Bäume nicht in den Himmel wachsen. Eine Einführung in das Leben unserer Gehölze.* Wiebelsheim: Quelle & Meyer 2009. Ein wunderschönes Buch über das, was Bäume tun.

Alexander Demandt: *Über allen Wipfeln. Der Baum in der Kulturgeschichte.* Köln: Böhlau 2002. Der Althistoriker Demandt unternimmt in diesem Buch kenntnisreiche und quellennahe Erkundungszüge durch die Geschichte der Bäume.

Ewald Gerhardt: *Der große BLV-Pilzführer für unterwegs.* München: BLV 2010. Der „Gerhardt" ist einer von mehreren brauchbaren Pilzführern. Er wendet sich vor allem an Pilzsammler mit kulinarischem Interesse. Für jene, die sich eher für psychoaktive Pilze interessieren, ist das Standardwerk von Christian Rätsch unentbehrlich: *Enzyklopädie der psychoaktiven Pflanzen; Botanik, Ethnopharmakologie und Anwendungen.* 8. Aufl., Aarau 2007 (mit einem Kapitel über Pilze). Ein literarisch wie fotografisch ansprechendes Pilzbuch ist Felix Labhardt und Till Reinhard Lohmeyers: *Faszination Pilze – Blick in eine rätselhafte Welt.* München: BLV 2001.

Werner Kutsch: CO2-Bilanz von Wäldern – Ein Spaziergang durch die Baumkronen im „Urwald" des Nationalparks Hainich, in: Jens Soentgen / Armin Reller (Hg.): *CO2 – Lebenselixier und Klimakiller.* München: Oekom-Verlag 2009, S. 263–268. Erzählt anhand eines Spaziergangs durch den Baumkronenpfad des Hainichs Wichtiges über Bäume.

Hans Molisch: *Botanische Versuche und Beobachtungen ohne Apparate. Ein Experimentierbuch für jeden Pflanzenfreund.* 3., erg. Aufl. von Richard Biebl, Stuttgart:

Fischer 1955. (Eine spätere, erneut umgearbeitete Auflage ist hingegen nicht empfehlenswert.) Ein Klassiker für alle, die einfache Versuche lieben!

Udo Müller: *Lehrbuch der Holzmeßkunde*. 3. Aufl., Berlin: Parey 1923. Ein Standardwerk, dem die oben beschriebenen Verfahren des Baumlängenmessens entnommen sind. Neuere Lehrbücher, etwa Horst Kramers und Alparslan Akças *Leitfaden zur Waldmesslehre* (Frankfurt/M. 2008) enthalten leider nur noch Messtechniken, die mit Geräten ausgeführt werden.

Joachim Radkau: *Holz. Ein Naturstoff in der Geschichte*. München: Oekom Verlag 2007. Der Umwelthistoriker Radkau beschreibt in diesem Buch die immer wechselnde Beziehung zwischen menschlichen Gesellschaften und dem Wald.

Zu Bäumen und zum Wald gibt es nahezu unendlich viele Webseiten. Hier einige empfehlenswerte Suchbegriffe: Bäumebestimmen, Pilze, Pilzwanderung, Pilze + Galerie.

MENSCHEN

M. Tullius Cicero: *Vom Wesen der Götter*. Drei Bücher, latein.-deutsch, hg. und übers. von Wolfgang Gerlach und Karl Bayer. München: Artemis 1990. Die Lobpreisung der menschlichen Hand findet sich in Buch II, S. 150–152, sie wird vom Stoiker Balbus vorgetragen und dürfte, wie etwa Karl Reinhard vermutet, auf den Philosophen Poseidonios von Apameia zurückgehen. Bekannter als Ciceros Text sind Aristoteles' Anmerkungen zur Hand in seinem Werk über die Teile der Tiere.

David Diaz / V. L. McCann: *Tracking. Signs of Man, Signs of Hope. A Systematic Approach to the Art and Science of Tracking Humans*. Guilford, Conn.: Lyons Press 2005. Ein neuerer Versuch, die Kunst des Spurenlesens darzustellen.

Galen: *On the Usefulness of the Parts of the Body*. Ithaca, NY: Cornell University Press 1968. Dieses berühmte, aber nur noch wenig gelesene Buch über die Glieder und Organe des Menschen beginnt mit einer langen und großartigen Abhandlung über die Hand. Denn die Hand erschien Galen und seinen Zeitgenossen als das bedeutendste und charakteristischste Organ des Menschen.

Paul Ralph Ehrlich /Anne H. Ehrlich: *The Dominant Animal. Human Evolution and Environment.* Washington, DC: Islandpress 2008. Nochmals weise ich auf dieses Buch hin, weil es einen guten Überblick über die menschliche Evolution und auch über die ökologischen Herausforderungen unserer Zeit bietet. Die Ehrlichs gehen bei der Analyse der Ursachen für Artenschwund, Treibhausgasanstieg, Entwaldung usw. auch auf das Problem der Überbevölkerung ein, ein sonst meist gemiedenes Thema.

Hans Henning: *Der Geruch. Ein Handbuch.* 2., umgearb. u. verm. Aufl., Leipzig: Barth 1924. In Kapitel 3: *Ethnologie und Geruch* führt Henning viele schöne Zitate alter Reiseschriftsteller über das Fährtenlesen an. Die einzige Kollektion dieser Art, die ich kenne.

Manfred Meurer / Eckhard Jedicke / Christophe Neff: Vielfalt des Lebens – Ursachen, Raummuster und Perspektiven, in: *Geographische Rundschau* 61,4 (2009), S. 4–11. Darin einige Daten zur Biodiversität in Europa und ein allgemeiner Überblick zum Thema. Weitere Artikel in diesem schönen Heft der *Geographischen Rundschau* widmen sich anderen Aspekten der räumlichen Verteilung von Biodiversität.

Gerhard Neuweiler: *Und wir sind es doch – die Krone der Evolution.* Berlin: Wagenbach 2008. Eine biologisch basierte Argumentation, welche die selten verteidigte These zum Gegenstand hat, die der Titel nennt.

Helmuth Plessner: *Die Stufen des Organischen und der Mensch.* 3. Aufl., Berlin: de Gruyter 1975. Ein Klassiker der philosophischen Anthropologie. Auf S. 309–321 stellt Plessner die Bedeutung der „natürlichen Künstlichkeit" für den Menschen heraus.

Michael Pollan: *Second Nature. A Gardener's Education.* New York: Grove Press 1991. Pollan, einer der wichtigsten amerikanischen „Nature Writer", beschreibt hier Erfahrungen beim Gärtnern. Ich zitiere das Buch, weil es ein schönes Kapitel über Rosen enthält.

Heinrich Popitz: Technisches Handeln mit der Hand, in: Popitz: *Der Aufbruch zur artifiziellen Gesellschaft. Zur Anthropologie der Technik.* Tübingen: Mohr 1995, S. 44–77. Die schönste moderne Würdigung der Hand, die ich kenne. Ebenfalls empfehle ich den späteren, zusammenfassenden Text des Autors:

Wege der Kreativität. Erkunden, Gestalten, Sinnstiften, in: Popitz: *Wege der Kreativität*, Tübingen: Mohr 1997, S. 80–132.

Johan Goudsblom: *Die Entdeckung des Feuers*. Frankfurt/M.: Insel 2000. Eine kluge Untersuchung zur Geschichte und zu den Auswirkungen des Feuergebrauchs.

Géza Révész: *Die menschliche Hand. Eine psychologische Studie*. Basel: Karger 1944. Ein immer noch lesenswertes, detailreiches Buch!

Vaclav Smil: *The Earth's Biosphere. Evolution, Dynamics, and Change*. Cambridge, Mass.: MIT Press 2002. Mit vielen wichtigen Daten, Graphiken und Tabellen beschreibt Smil den Zustand der Biosphäre, die Prozesse, die sie in Bewegung halten, und ihre Entwicklung.

Erwin Straus: Die aufrechte Haltung. Eine anthropologische Studie, in: Straus: *Psychologie der menschlichen Welt*. Berlin: Springer 1960, S. 224–235. In diesem Essay habe ich den Hinweis auf Darwins Mitteilungen zur Gebärde des Achselzuckens gefunden.

VÖGEL

Peter Barthel / Paschalis Dougalis: *Was fliegt denn da?* Stuttgart: Franckh-Kosmos 2006. Den Klassiker *Was fliegt denn da?* gibt es in vielen Varianten und Auflagen, auch mit CDs. Ein empfehlenswertes Bestimmungsbuch.

Josef H. Reichholf: *Stadtnatur. Eine neue Heimat für Tiere und Pflanzen*. München: Oekom-Verlag 2007. Der Biologe Josef Reichholf macht darauf aufmerksam, dass Städte sich besonders für Vögel zu wichtigen Biotopen entwickelt haben.

Matthias Schaefer: *Fauna von Deutschland. Ein Bestimmungsbuch unserer heimischen Tierwelt*. 23., durchges. Aufl., Wiebelsheim: Quelle & Meyer 2010. Diesem Buch habe ich die Angaben über die Anzahl der Vogelarten in Deutschland entnommen. Als Bestimmungsbuch zwar vollständig (alle Tierarten sind enthalten!), allerdings für den Nichtbiologen schwer zu handhaben.

Andreas Schulze: *Vogelstimmen-Trainer*. Musikverlag Edition Ample 1999. Eine in vieler Hinsicht neuartige Kombination aus CD und Bestimmungsheft.

Walther Streffer: *Magie der Vogelstimmen. Die Sprache der Natur verstehen lernen.*
2. Aufl., Stuttgart: Verlag Freies Geistesleben 2005; Walther Streffer: *Wunder
des Vogelzuges.* Stuttgart: Verlag Freies Geistesleben 2007. Die zwei schönsten neueren Bücher über Vögel und ihre Lebensweisen, die ich kenne. Von
einem Hobbyornithologen.

Heinz Tiessen: *Musik der Natur. Über den Gesang der Vögel, insbesondere über Ton-
sprache und Form des Amselgesanges.* Freiburg/Br.: Atlantis 1953. Mit sehr vielen Notenbeispielen, die ein Flötist leicht nachspielen kann. Eine faszinie-
rende Annäherung an den Amselgesang.

Ralf Wassmann: *Der Pirol. Ein Tropenwaldvogel in Europa?* Wiebelsheim: Aula-
Verlag 2004. Ein etwas trockenes, aber informatives Buch über den Pirol.

Empfehlenswerte Suchbegriffe für die Internetsuche: Vögelbeobachtung, Vogelmoni-
toring, Vogelstimmen, birding; wenn man das Suchwort Vogelstimmen-
wanderung + den Namen des Ortes, an dem man wohnt (bzw. den Namen
der nächstgrößeren Stadt) eingibt, findet man sicher Angebote für Wanderungen.

FLEDERMÄUSE

Bayerisches Landesamt für Umwelt / Landesbund für Vogelschutz in Bayern
e.V. (Hg.): *Fledermäuse.* Augsburg 2000. Diese Broschüre hilft beim Bestimmen und gibt wichtige Hinweise für den Schutz.

Donald Griffin: *Vom Echo zum Radar.* München: Desch 1960. Ein geniales Buch
über Echoortung im Tierreich und den technischen Einsatz von Ultraschall.
Auch der Knackfroschversuch wird darin beschrieben. Griffin entdeckte
mithilfe eines Ultraschallmikrofons die Orientierungsmethode der Fledermäuse, wovon er 1938 in einem amerikanischen Journal berichtete. Unabhängig von Griffin und ohne Ultraschallverstärker wurde dasselbe Phänomen einige Jahre später von dem Niederländer Sven Dijkgraaf beschrieben.
Dijkgraaf hatte Tiere untersucht, deren Orientierungslaute gerade noch
hörbar waren.

LITERATUR

Leopold Mathelitsch / Ivo Verovnik: *Akustische Phänomene*. Köln: Aulis Verlag Deubner 2004. Eine klare und vielfältige Darstellung akustischer Phänomene.

Angelika Meschede / Bernd-Ulrich Rudolph: *Fledermäuse in Bayern*. Stuttgart: Ulmer 2004. Ein Atlas zu den Verbreitungsgebieten von Fledermausarten in Bayern.

Björn Siemers / Dietmar Nill: *Fledermäuse*. München: BLV 2000. Eine lebendig geschriebene Einführung in das Beobachten von Fledermäusen, mit großartigen Fotos. Siemers, damals noch Amateur, ist inzwischen ein international renommierter Fledermausforscher.

Erich Waetzmann: *Schule des Horchens*. Berlin: Teubner 1934. Waetzmann war Physikprofessor in Breslau. Sein Büchlein diente leider der militärischen Wehrertüchtigung, insbesondere für den „Luftschutz". Gleichwohl soll es hier zitiert werden, weil besonders der erste Teil eine zwar knappe, aber genaue und außerordentlich klare Darstellung von Schallphänomenen enthält.

Empfehlenswerter Suchbegriff *für die Internetsuche*: Fledermausschutz.

MINZE

Dietmar Aichele / Marianne Golte-Bechtle: *Was blüht denn da?* 57. Aufl., Stuttgart: Kosmos 2005. Ein klassisches Bestimmungsbuch.

Paul Colinvaux: *Why Big Fierce Animals are Rare. An Ecologist's Perspective*. Princeton, NJ: Princeton University Press 1979. In den ersten Kapiteln dieses Buches, aber auch in den letzten, geht Colinvaux auf die Frage der Energieeffizienz der Pflanzen ein.

Beat Fischer / Thomas Mathis / Adrian Möhl (Hg.): *Erdbeerbaum und Zaubernuss. Pflanzengeschichten aus dem Botanischen Garten Bern*. Bern, Stuttgart, Wien: Haupt Verlag 2006. Ein sehr schöner Pflanzenführer, geschrieben für den Botanischen Garten Bern, aber auch für Nichtberner absolut empfehlenswert. Denn die Pflanzen, die in Bern wachsen und die hier mit Liebe beschrieben werden, wachsen auch in den Botanischen Gärten anderer Städte.

Ursula Hofmann / Michael Schwerdtfeger: *... und grün des Lebens goldner Baum. Lustfahrten und Bildungsreisen im Reich der Pflanzen*. Göttingen: Burgdorf 1998. Das schönste Buch über Pflanzen, das in den letzten Jahren erschienen ist!

Jean-Jacques Rousseau: Die Lehrbriefe für Madeleine; Das Herbar für Julie, in: *Botanisieren mit Jean-Jacques Rousseau*. Hg. v. Ruth Schneebeli-Graf. Thun: Ott 2003. Eine liebevoll edierte neue Übersetzung der botanischen Lehrschriften Rousseaus.

Jens Soentgen / Armin Reller (Hg.): *CO2 – Klimakiller und Lebenselixier*. München: Oekom-Verlag 2009. In dem Text *Unheimlicher Gott – Gefährliches Gas* gehe ich auf die Vorgeschichte von Priestleys Entdeckungen ein. Zudem finden sich in dem Buch noch weitere CO2-Experimente, auch zum Treibhauseffekt.

Empfehlenswerter Suchbegriff für Internet-Suchmaschinen: Pflanzenbestimmung.

BLÄULING

Heiko Bellmann: *Der neue Kosmos-Schmetterlingsführer. Schmetterlinge, Raupen und Futterpflanzen*. Stuttgart: Kosmos 2009. Ein weitverbreiteter und guter Schmetterlingsführer.

May R. Berenbaum: *Blutsauger, Staatsgründer, Seidenfabrikanten. Die zwiespältige Beziehung von Mensch und Insekt*. München: Elsevier 2004 (amerik. Originalausg. 1994). Ein geistreiches Buch über Insekten von der derzeit berühmtesten amerikanischen Insektenschriftstellerin.

David Grimaldi / Michael S. Engel: *The Evolution of the Insects*. Cambridge: Cambridge University Press 2006. Eine großartige Übersicht über alle Insekten und ihre Evolution.

Tim Laussmann: *Wissenswertes über das Leben der Schmetterlinge, Schmetterlinge beobachten, Schmetterlinge züchten*. Wuppertal: Naturwiss. Verein 2005. Die beste und genaueste Darstellung des Beobachtens von Schmetterlingen und der Schmetterlingszucht, die ich kenne. Große Teile der Darstellung sind auch im Internet, einfach die Suchwörter „Tim Laussmann" und „Schmetterlinge züchten" bei einer Suchmaschine eingeben.

Jules Michelet: *Das Insekt*. Braunschweig: Vieweg 1858. Dieses Buch stammt aus der Feder des berühmtesten französischen Historikers des 19. Jahrhunderts. Es erzählt nicht nur von Schmetterlingen, sondern von Insekten allgemein. In einzelnen inhaltlichen Teilen veraltet, trotzdem eine mitreißende Lektüre.

Vladimir Nabokov: *Sprich, Erinnerung, sprich. Wiedersehen mit einer Autobiographie*. Reinbek: Rowohlt 1984. Der Schriftsteller Vladimir Nabokov, der mit dem Roman *Lolita* Weltruhm erlangte, war zugleich ein Schmetterlingsliebhaber. Hier berichtet er – unter anderem – von dieser Leidenschaft.

Eberhard Pfeuffer: Zur Myrmekophilie des Idas-Bläulings (Lycaeides idas L.), in: *Berichte des Naturwiss. Vereins für Augsburg und Schwaben* 102 (1998), S. 41–56. Der Aufsatz schildert die enge Beziehung zwischen Ameisen und dem Idas-Bläuling. Hinweisen möchte ich bei dieser Gelegenheit auch auf das bezaubernde, von Pfeuffer herausgegebene Buch *Von der Natur fasziniert. Frühe Augsburger Naturforscher und ihre Bilder*, Augsburg: Wiesner 2003.

Empfehlenswerte Suchbegriffe für die Internetsuche: Schmetterlinge + bestimmen, Tagfalter-Monitoring.

ERDE

Charles Darwin: *Die Bildung der Ackererde durch die Thätigkeit der Würmer mit Beobachtung über deren Lebensweise*. 2. Aufl., Stuttgart: Schweizerbart 1899 (engl. Originalausg. 1881). Ein Spätwerk Darwins, das, als es 1881, ein Jahr vor Darwins Tod, erschien, von der englischen Öffentlichkeit begeistert aufgenommen wurde. Es begründete die tiefe Liebe der Briten zu den Regenwürmern, eine Liebe, die bis heute anhält und zu einer reichen englischsprachigen Regenwurmliteratur geführt hat.

David R. Montgomery: *Dirt. The Erosion of Civilizations*. Berkeley: University of California Press 2007. Erscheint 2010 auch in Deutsch, im Oekom-Verlag, München. Das beste neuere Sachbuch über den Erdboden. Montgomery macht deutlich, dass Erdboden eine strategische Ressource ist.

Friedrich Schaller: *Die Unterwelt des Tierreiches*. Berlin: Springer 1962. Ein großartiger Überblick über das Leben im Untergrund.

Umweltbundesamt: *Reiseführer zu den Böden Deutschlands. Böden sehen – Böden begreifen*. Berlin 2001. Man findet diesen Reiseführer auch im Netz, indem man die Suchbegriffe Böden + Reiseführer eingibt. Er vereint eine kurze Einführung mit Hinweisen, an welchen Orten man bei Wanderungen die verschiedenen Böden entdecken kann.

Benno P. Warkentin: *Footprints in the Soil. People and Ideas in Soil History*. Amsterdam: Elsevier 2006. Ein Werk über die Geschichte der Bodenkunde und der Bodenwissenschaften, das auch vormoderne Anschauungen etwa der Römer oder der Azteken darstellt.

Empfehlenswerte Suchbegriffe für die Internetsuche: Bodenkunde, Böden, Geotop. Gibt man in einer Suchmaschine die Worte Geotop und den Namen des Bundeslandes ein, in dem man lebt, dann erscheinen oft (nicht bei jedem Bundesland leider) Webseiten mit ausführlichen Informationen und Karten lokaler Geotope.

KIESEL

Georg Berg / Ferdinand Friedensburg: *Das Gold*. Stuttgart: Enke 1940. Eine Übersicht nach dem damaligen Stand des Wissens. Lesenswert ist besonders das Kapitel über die Geschichte des Goldes.

Jacques Duran: *Sables émouvants. La physique du sable au quotidien*. Paris: Belin 2003. In diesem Buch wird das Verhalten von Sand, Kieseln und anderen körnigen Materialien beschrieben. Die Begeisterung des Autors für diese alltäglichen Materialien ist ansteckend.

Günter Grundmann / Herbert Scholz: *Kieselsteine im Alpenvorland. Suchen und selbst bestimmen: „Rolling Stones" aus dem Einzugsbereich von Iller, Lech, Isar und Inn*. 2., überarb. Aufl., München: Weise 2006. Ein Bestimmungsbuch für die Kiesel im Voralpenland.

Henning Kaufmann: *Rhythmische Phänomene der Erdoberfläche*. Braunschweig: Vieweg 1929. Ein Buch über Sanddünen, Kiesbänke, Steinhaufen und Schneeverwehungen. Es lehrt, dass selbst scheinbar ungeordnete Dinge eine verborgene Struktur haben.

Winfried Koensler: *Sand und Kies. Mineralogie, Vorkommen, Eigenschaften, Einsatzmöglichkeiten*. Stuttgart: Enke 1989. Zwar sehr trocken, dafür aber gründlich.

Der Artikel *Gold-Sand* in Krünitz' Enzyklopädie, die man online findet, wenn man die Suchbegriffe Krünitz + Uni Trier in eine Suchmaschine eingibt, enthält die ausführlichste Aufzählung goldführender Flüsse in Europa und speziell in Deutschland, die ich kenne.

William H. Langer / Lawrence J. Drew / Janet S. Sachs: *Aggregate and the Environment*. Alexandria, Va.: American Geological Institute 2004. Ein Überblick über die Bedeutung von Kies und Schotter für die Wirtschaft und über die mit diesen Stoffen verbundenen Umweltprobleme.

Marcel Minnaert: *De natuurkunde van 't vrije veld*. 3: *Rust en beweging*. Zutphen: Thieme 1986 (Originalausg. 1940). In dem Kapitel *De vaste aarde*, S. 202–250, beschreibt Minnaert Phänomene, die man am Sand beobachten kann.

Oliver Morsch: *Sandburgen, Staus und Seifenblasen*. Weinheim: Wiley-VCH 2005. Im ersten Kapitel dieses Buches werden Phänomene granularer Stoffe dargestellt.

Peter Pfander / Victor Jans: *Gold in der Schweiz. Auf der Suche nach dem edlen Metall*. Thun: Ott 2004. Dieses Buch gibt eine gute, kurze Einführung in die Technik des Goldwaschens und bietet dann einen Überblick über goldhaltige Flusskiese der Schweiz. Inzwischen gibt es auch auf dem deutschen Markt Bücher, die sich mit lokalen Goldvorkommen befassen, beispielsweise in Thüringen, im Lausitzer Bergland oder im Vogtland (alle von Markus Schade).

Rolf Reinicke: *Steine am Ostseestrand*. 3. Aufl., Schwerin: Demmler 2008. Ein Bestimmungsbuch für die vielfältigen Steine, die man an der Ostsee finden kann.

Michael Welland: *Sand. The Never-Ending Story*. Berkeley, Los Angeles: University of California Press, 2009. Ein großartiges Buch über Sand und andere granulare Stoffe. Auch die Biologie und Kulturgeschichte des Sandes wird einbezogen.

Empfehlenswerte Suchbegriffe für die Internetsuche: Fossilien + Bestimmung, Goldwaschen, Vogtlandgold, Goldmuseum, Mineralienfreunde, Mineraliensammeln. Gibt man Arenophile oder Arenophilia oder Psammophile ein, dann findet man Webseiten von Sandsammlern.

STAUB

Jacques Duran: *Sables émouvantes. La physique du sable au quotidien*. Paris: Belin 2003. Dieses Buch, auf das ich schon bei der Literatur zu Kieseln hingewiesen habe, behandelt auch den Staub.

Jean-Luc Hennig: *Beauté de la poussière*. Paris: Fayard 2001. Ein fantasievoller Essay über den Staub. Hier findet man auch Gedanken zur Verwendung von Staub.

Christian Pfister: *Wetternachhersage: 500 Jahre Klimavariationen und Naturkatastrophen (1496–1995)*. Bern: Haupt 1999. Im Kapitel 3.4.3.4 bespricht Pfister die Jahre ohne Sommer, die meist durch Vulkanausbrüche verursacht werden.

Ferdinand Freiherr von Richthofen: *Führer für Forschungsreisende. Anleitung zu Beobachtungen über Gegenstände der physischen Geographie und Geologie*. Darmstadt: Wiss. Buchgesellschaft 1973 (Erstausg. 1886). In diesem Buch fasst Richthofen seine Lösstheorie zusammen, die heute allgemein anerkannt ist.

Jens Soentgen / Knut Völzke (Hg.): *Staub – Spiegel der Umwelt*. München: Oekom-Verlag 2006. Dieses Buch erzählt von den Fragen und von den Resultaten der aktuellen Staubforschung.

Michael Vollmer: *Lichtspiele in der Luft – Atmosphärische Optik für Einsteiger*. Heidelberg: Spektrum 2006. Viele Beobachtungsanregungen und auch Theorien zu optischen Phänomenen, die in der einen oder anderen Weise mit Staub zusammenhängen. Insbesondere die Mie-Streuung wird sehr anschaulich und mit vielen Beispielen erklärt.

Alfred Russel Wallace: The Importance of Dust: A Source of Beauty and Essential to Life, in: Wallace: *The Wonderful Century. The Age of New Ideas in Science and Invention*. London: Sonnenschein 1908, S. 170–191. Eine von wenigen Lobreden auf den Staub, voller Esprit. Nur eine Aussage in diesem Text ist veraltet, nämlich die, dass die blaue Farbe des Himmels auf Staubpartikel zurückgehe (tatsächlich geht sie auf die Streuung an Molekülen zurück).

Empfehlenswerte Suchbegriffe für die Internetsuche: Staubsturm, Staubausstellung, Pollenflug, Löss + Wanderung.

KIESELALGEN

Heinrich Barth: *Philosophie der Erscheinung*. Teil 2: *Neuzeit*. Basel: Schwabe 1959. In Kapitel 5 findet sich eine herausragende Interpretation von Leibniz' Philosophie des Winzigen.

Susanne Eickhoff / Venugopalan Ittekkot / Tim Jennerjahn: Wenn die biologische Pumpe gestört wird, in: *Forschung. Das Magazin der Deutschen Forschungsgemeinschaft*. Spezial 2005, S. 14–16. Dieser kurze Text, der auch im Internet verfügbar ist, beschreibt die biologische Bedeutung von Kieselalgen. Wissenschaftlicher wird das Thema abgehandelt in: Venugopalan Ittekkot u. a.: *The Silicon Cycle. Human Perturbations and Impacts on Aquatic Systems*. Washington, DC: Islandpress 2006.

Pedro Galliker: *Abenteuer Mikrowelt. Exkursionen in die geheimnisvolle Welt der Kleinstlebewesen*. In: Haupt. Bern, Stuttgart, Wien: 2009. Eine hervorragende, reich illustrierte Einführung in das Mikroskopieren.

Karl-Heinz Grotjahn: Was die Lüneburger Heide mit dem Nobelpreis zu tun hat, in: *Heimatkalender 2003. Jahrbuch für die Lüneburger Heide*. Celle: Cellische Zeitung. Eine Darstellung der Geschichte der Kieselgur, die sich allerdings nur auf die Moderne bezieht. Für die vormoderne Geschichte siehe: Johann Georg Krünitz: Bemerkungen über das Bergmehl; im Artikel „Mehl" in der *Oeconomischen Enzyclopädie*, Bd. 87, S. 394. (Im Internet zu finden, indem man die Suchworte Bergmehl + Krünitz in eine Suchmaschine eingibt.)

Friedrich Hustedt: *Kieselalgen (Diatomeen)*. 3., verb. Aufl., Stuttgart: Franckh 1965. Ein klassisches Buch über Kieselalgen.

Catherine Wilson: *The invisible world. Early modern philosophy and the invention of the microscope*. Princeton, NJ: Princeton University Press 1995. Eine Wissenschaftsgeschichte, die sich der kulturellen Bedeutung der Entdeckungen, die mit dem Mikroskop möglich wurden, widmet.

Empfehlenswerte Suchbegriffe für die Internetsuche: Mikroskopische Vereinigungen, Plankton + Archiv, plancton gallery, plankton galerie, diatom gallery.

BAKTERIEN

Walter Burkert: *Kulte des Altertums. Biologische Grundlagen der Religion*. München: Beck 1998. Der Altphilologe Burkert zeigt an Beispielen, wie in früheren Zeiten mit Krankheiten umgegangen wurde – in Zeiten, die von Mikroben nichts wussten. Man erahnt anhand seiner Schilderungen den humanen Fortschritt, der durch die Bakteriologie möglich wurde.

J. Colin: Artikel „Essig" im *Reallexikon für Antike und Christentum*, Bd. 6. Stuttgart: Hiersemann 1966, Sp. 635–646. In diesem Artikel wird die antike und christliche Geschichte des Essigs beschrieben.

Betsey Dexter Dyer: *A Field Guide to Bacteria*. Ithaca, NY: Comstock 2003. Der einzige Feldführer für Bakterien, ein wunderbares Buch, das mit großer Begeisterung geschrieben ist.

T. Fenchel / G.M. King / T.H. Blackburn: *Bacterial Biogeochemistry: The Ecophysiology of Mineral Cycling*. Amsterdam: Elsevier 1998. Sicher keine leichte Lektüre, aber lohnend, vor allem, weil der Zusammenhang zwischen der Aktivität der Bakterien und den biogeochemischen Kreisläufen klar dargestellt wird.

Jan-Peter Frahm: *Mit Moosen begrünen – Gärten, Dächer, Mauern, Terrarien, Aquarien, Straßenränder – Eine Anleitung zur Kultur*. Jena: Weissdorn-Verlag 2008. Ein schönes Buch über Moose, in dem auch die antimikrobielle Wirkung beschrieben wird.

Jim E. Lovelock: *Unsere Erde wird überleben. Gaia – Eine optimistische Ökologie.* München: Heyne 1984. Ein Klassiker der Umweltliteratur. Gerade auf Bakterien geht Lovelock ausführlich ein.

Reinhard Piechocki: *Das berühmteste Bakterium. 100 Jahre Escherichia-coli-Forschung.* Leipzig: Urania 1989. Eine Monographie über ein einziges Bakterium.

Sue Shephard: *Pickled, Potted and Canned. The Story of Food Preserving.* London: Headline 2000. In Kapitel 5 stellt die Autorin Methoden der bakteriellen Fermentation dar, die dazu dienen, Lebensmittel haltbarer zu machen.

Empfehlenswerte Suchbegriffe für die Internetsuche: Bacteria gallery; Bakterien Galerie; Selbermachen + Sauerkraut, Selbermachen + Essig.

KOHLENSTOFFATOM

Peter W. Atkins: *Im Reich der Elemente: ein Reiseführer zu den Bausteinen der Natur.* Heidelberg: Spektrum 1997. In diesem Buch wird unter anderem die Mittlerstellung des Kohlenstoffs dargestellt und diskutiert.

Ernst Blumer: *Die Erdöllagerstätten und übrigen Kohlewasserstoffvorkommen der Erdrinde. Grundlagen der Petroleumgeologie.* Stuttgart: Enke 1922. Es gibt neuere Bücher über das Erdöl, aber dieses ist dennoch empfehlenswert. Wenn auch die neueren Veröffentlichungen vieles enthalten, was hier nicht genannt wird, gibt es doch mehr, was in den neuen Werken nicht steht, aber hier beschrieben ist.

Hollemann-Wiberg: *Lehrbuch der Anorganischen Chemie.* 102., stark umgearb. Aufl. von Nils Wiberg, Berlin: de Gruyter 2007. Das Kapitel über den Kohlenstoff gibt einen guten Überblick.

Hans Molisch: *Botanische Versuche und Beobachtungen ohne Apparate.* 3., umgearb. u. erg. Aufl. von Richard Biehl, Stuttgart: Fischer 1955. Auch hier sei nochmals auf Molischs Buch hingewiesen.

Pat Murphy / Ellen Klages / Linda Shore: *The Science Explorer*. New York: Holt 1996. Das Exploratorium in San Francisco, eines der ältesten und größten Science Center der Welt, gibt zahlreiche Publikationen heraus, die mit Experimenten für die Naturwissenschaft werben. Dieses Buch finde ich besonders gelungen.

Arthur E. Needham: *The Uniqueness of Biological Materials*. Oxford: Pergamon Press 1965. In diesem Werk wird auf die besonderen Eigenschaften jener Atome und Moleküle eingegangen, aus denen sich organische Verbindungen bilden. Zwar sind die Strukturformeln, die das Buch enthält, manchmal falsch, das mindert aber nicht seinen Wert; zumal es in seiner Form eine einzigartige Publikation ist und bleibt.

Michael Pollan: *The Omnivores Dilemma. A Natural History of Four Meals*. New York: Penguin Press 2006. Ein Buch, in dem Pollan, ausgehend von einer Fast-Food-Mahlzeit, zunächst die industrielle Nahrungskette untersucht. Dann widmet er sich zwei biologisch-dynamischen Mahlzeiten und betrachtet schließlich eine Mahlzeit, die er nach Jäger-und-Sammler-Manier selbst bereitet hat. Seine Darstellungen sind zugleich Geschichten über Kohlenstoff.

Vaclav Smil: *Enriching the Earth. Fritz Haber, Carl Bosch, and the Transformation of World Food Production*. Cambridge, Mass.: MIT Press 2001. Hier beschreibt der kanadische Geograph Smil den Stickstoffkreislauf und seine Geschichte.

Elisabeth Söllner: Die Wallfahrt zum hl. Quirinus in Tegernsee im 18. Jahrhundert. Ein Beitrag zur Mirakelbuchforschung, in: *Beiträge zur altbayerischen Kirchengeschichte* 50 (2007), S. 75–132. Anhand eines erhaltenen Mirakelbuches geht die Arbeit dem Gebrauch des Tegernseer Erdöls im Kontext der Quirinuswallfahrt nach.

Jens Soentgen: Atome sehen, Atome hören, in: Alfred Nordmann (Hg.): *Nanotechnologien im Kontext*. Berlin: Akad. Verlagsanstalt 2006, S. 97–113. Dieser Text geht von einem Bild Gerhard Richters aus und betrachtet die verschiedenen Versuche, Atome „sichtbar" zu machen.

Jens Soentgen / Armin Reller (Hg.): CO2 – Lebenselixier und Klimakiller. München: Oekom-Verlag 2009. Ein Buch über die derzeit meistdiskutierte Kohlenstoffverbindung. Darin wird auch die berühmte Erzählung *Kohlenstoff* von Primo Levi wieder abgedruckt.

Erich Thenius / Norbert Várva: *Fossilien im Volksglauben und im Alltag.* Frankfurt/M.: Kramer 1996. Dieses Buch geht auch auf Erdöl ein; deshalb sei es hier empfohlen.

Johann Weninger / Helga Pfundt: *Stoffe und Stoffumbildungen.* Teil 1: *Ein Weg zur Atomhypothese*, Lehrerbuch. Stuttgart: Klett 1979. Die heute gern geglaubte Aussage, dass es Atome sicher gibt, weil sie ja mit Rasterkraftmikroskopen gesehen werden können, ist irreführend. Dieses Buch bietet etwas anderes, nämlich einen plausiblen und schlüssigen Weg zur Atomhypothese.

K. J. Willis / J. C. McElwain: *The Evolution of Plants.* Oxford: Oxford University Press 2002. Im Kapitel 7,6 wird die Entwicklung der C4- und der CAM-Photosynthese beschrieben und mit dem CO2-Gehalt der Luft in Verbindung gebracht.

DANK

Wenn ein Buch eine lange Entstehungszeit hat, gibt es viele, die geholfen haben. Meinen Kolleginnen und Kollegen an der Universität Augsburg, insbesondere am Wissenschaftszentrum Umwelt, aber auch im Institut für Geographie und am Institut für Physik danke ich besonders. Auch unseren Kooperationspartnern im Nationalen Forschungszentrum für Umwelt und Gesundheit in München, im Campus Alpin des KIT in Garmisch-Partenkirchen verdanke ich wichtige Hinweise. Sehr hilfreich war in vielerlei Hinsicht der regelmäßige Austausch mit den Experten vom Bayerischen Landesamt für Umwelt in Augsburg. Die Exkursionen mit dem Naturmuseum Augsburg und den Mitgliedern des Naturwissenschaftlichen Vereins für Augsburg und Schwaben haben Freude gemacht und mich vieles neu sehen gelehrt.

In der Reihenfolge der Kapitel möchte ich einige der Begleiterinnen und Begleiter auf neuen Wegen nennen, deren Hinweise und Tipps in der einen oder anderen Weise das Entstehen des Buches besonders gefördert haben:

Sterne und Mond:
Hier verdanke ich vielfältige Information und Hinweise Dr. Simon Meißner, WZU, Universität Augsburg, Gerhard Cerny, Sparkassen-Planetarium Augsburg, und Dirk Wunderlich, der in einer Sommernacht auf dem Augsburger Campus sein Teleskop aufbaute und allen, die wollten, einen Blick auf den besonders nahen Mars ermöglichte.

Himmel:
Prof. Dr. Stefan Emeis (Forschungszentrum Karlsruhe / IMK Garmisch-Partenkirchen) in Garmisch hat mir mit seiner enormen fachlichen Kompetenz bei einigen Fragen geholfen. Auch Dr. Peter Suppan vom selben Institut gab mir wichtige Tipps in Sachen Wetter und Klima. Prof. Dr. Jucundus Jacobeit, Dr. Elke Hertig und Klaus Hager vom Institut für Geographie haben sich ebenfalls mit Geduld und Kompetenz meiner meteorologischen Fragen angenommen.

Sonne:

Hier bin ich besonders Prof. em. Dr. Reinhard Szostak, Universität Münster, zu Dank verpflichtet, der mir viele wertvolle Hinweise für Experimente gab und mich für die Beobachtung der Sonne begeisterte.

See und Insel:

Den Starnberger See und die Roseninsel erkundete ich mit Dr. Martinus Fesq-Martin, der auch ein Buch über den See herausgegeben hat. Seiner Kompetenz und seiner Freude an allem, was man draußen beobachten kann, verdanken die Kapitel über See und Insel viel. In den Fragen der Kartografie verdanke ich Prof. Dr. Sabine Timpf, Universität Augsburg, viele wichtige Hinweise.

Bäume:

Höchst lehrreich war ein langes Gespräch über Bäume mit dem Baumpfleger und Dendrologen Bernd Koroknay in Augsburg. Die Art von Bernd Koroknay, Bäume wahrzunehmen und von ihnen zu erzählen, ist einzigartig. Zur Chemie des Holzes gab mir Dr. Jan Hanss, Lehrstuhl für Festkörperchemie, Universität Augsburg, wichtige Hinweise. Jans experimenteller Erfahrung und seiner guten Ausrüstung verdanke ich auch sonst einiges. Für Gespräche über Pilze danke ich Günther Groß, dem Vorsitzenden des Pilzvereins Augsburg-Königsbrunn.

Mensch:

Die Versuche zum Thema Spurenlesen haben sehr viel von einem ausführlichen Gespräch mit Kriminalhauptmeister Günter Wessel / Kriminalpolizeiinspektion Augsburg profitiert. Auch ein Besuch bei den Spurensicherungsexperten des Bundeskriminalamts in Wiesbaden, den Dr. Erik Krupicka vermittelte, war lehrreich. Meine Umrechnungen von CO_2 wurden von Joachim Herrmann, Max-Planck-Institut für Plasmaphysik, und Prof. Dr. Thomas Hamacher, LMU München, kritisch kommentiert; diesen Kommentaren konnte ich einiges entnehmen, hoffentlich das Richtige.

Vögel:

Von allen Naturfreunden sind die Vogelliebhaber nicht nur die zahlreichsten, sondern auch die bestorganisierten. Deshalb konnte ich an vielen Vogelstimmenwanderungen teilnehmen, und mit besonderer Freude erinnere ich mich an die Wanderung mit Herrn Richter, einem Förster im hessischen Kellerwald, und an die Tour mit Robert Kugler, der im Naturwissenschaftlichen Verein für Augsburg und Schwaben die Fachgruppe Ornithologie leitet.

Fledermäuse:
Erste Informationen über Fledermäuse erhielt ich von Friedrich Seidler vom Naturwissenschaftlichen Verein für Augsburg und Schwaben; Carmen Liegl nahm mich dann auf eine Fledermausexkursion nach Wörleschwang mit. Für Hinweise auf Fachliteratur danke ich PD Dr. Björn Siemers vom Max-Planck-Institut für Ornithologie in Seewiesen am Starnberger See.

Minze:
Pflanzen sind von Kindesbeinen an eine Leidenschaft von mir; aber die unglaublich vielfältige Pflanzenwelt Bayerns habe ich erst durch Dr. Eckhard Hartmann von der Universität Augsburg wirklich kennengelernt.

Bläuling:
Dr. Eberhard Pfeuffer, der Vorsitzende des Naturwissenschaftlichen Vereins für Augsburg und Schwaben, berichtete mir nicht nur viel von Schmetterlingen, sondern nahm mich auch auf eine Exkursion mit. Ihm und seiner Frau verdanke ich auch wichtige Anregungen für die Illustrationen. Dr. Tim Laussmann vom Naturwissenschaftlichen Verein in Wuppertal sandte mir Eier vom kleinen Nachtpfauenauge zu und ermöglichte mir damit eine wunderbare Erfahrung. Die Zucht der Raupen dauerte lange, machte aber auch größte Freude!

Erde und Kies:
Über Erde unterhielt ich mich mit Gewinn mit dem Geografen Dr. Christoph Hirsch. Prof. Dr. Arne Friedmann, Universität Augsburg, zeigte mir anlässlich eines gemeinsamen Erbohrens eines Moorkerns höchst anschaulich, dass der Erdboden ein Archiv der Vergangenheit ist. Mein Blick auf den Kies, aber auch mein Blick auf die Erde hat sich durch Gespräche mit dem Künstler Klaus Zöttl, später mit dem Archäologen Prof. Dr. Klaus Hilbert von der PUC in Porto Alegre enorm geschärft. Außergewöhnliche Fossilienfunde tätigte ich mit Dr. Michael Rummel, dem Direktor des Naturmuseums Augsburg, in den Steinbrüchen Frankens auf einer unvergesslichen Exkursion. – Dass es tatsächlich möglich ist, Gold aus Flusskieseln zu waschen, davon konnte ich mich bei einem Goldwaschkurs mit Franz-Josef Andorf überzeugen.

Staub:

Das Staubkapitel ist besonders umfangreich, weil mich der Staub schon so lange und so intensiv beschäftigt! Hier habe ich viel von meinen Kollegen in der Augsburger Arbeitsgruppe Aerosolforschung gelernt; insbesondere von Prof. Dr. Annette Peters, Helmholtz-Zentrum München, von Prof. Dr. Ralf Zimmermann, Helmholtz-Zentrum München, von Dr. Josef Cyrys, WZU / Helmholtz Zentrum München, und von Dr. Mike Pitz, WZU / Helmholtz Zentrum München. Von geografischer Seite gab mir Dr. Christoph Hirsch Hinweise speziell zu Löss. In Chemnitz, einer Stadt, die auf dem verfestigten Staub einer vulkanischen Eruption gebaut ist, erhielt ich dank der Gespräche mit Dr. Ronny Rössler und Ralph Kretschmar vom Naturmuseum Chemnitz einen ganz neuen Einblick in die Dynamik vulkanischer Staubwolken.

Kieselalgen und Bakterien:

Sowohl Kieselalgen wie auch Bakterien erblickte ich erstmals durch das Mikroskop von Dr. Eckhard Hartmann, Universität Augsburg. Er ist nicht nur ein großartiger Feldbotaniker, sondern auch ein versierter Mikrobiologe und gab mir viele Tipps für das Kultivieren von Bakterien und Pilzen. Einblicke in die Mikrobiologie eines großen Krankenhauses ermöglichte mir Prof. Dr. Dr. Werner Ehret, Zentralklinikum Augsburg. Silke Weigel vom Lehrstuhl für Festkörperchemie der Universität Augsburg analysierte eine vermeintliche Mauersalpeter-Probe – wobei herauskam, dass an Mauern manchmal auch Natriumsulfat ausblüht.

Kohlenstoffatome:

Von dem Geologen Prof. Dr. Hartmut Seyfried erfuhr ich in einem unvergesslichen Gespräch in Stuttgart unter anderem, wie selten Kohlenstoffatome in der Natur eigentlich sind. Im Labor von Prof. Dr. Franz-Josef Gießibl trat ich dann erstmals in (akustischen) Kontakt mit einem einzelnen Kohlenstoffatom. In den Umgang mit dem Hochleistungsstereomikroskop, mit dem ich das Eincentstück ausmaß, wies mich Robert Merkle vom Anwenderzentrum Material- und Umweltforschung an der Universität Augsburg ein. Mit Andreas Kalytta, LST für Festkörperchemie ebendort, diskutierte ich die Dicke schimmernder Lackhäutchen und ihren möglichen Nutzen als Precursor in der Nanotechnologie. Spannend waren Prof. Dr. Armin Rellers Vorträge über die Geschichte einzelner Kohlenstoffatome. Die Geschichten rund um die Erdölfunde am Tegernsee erfuhr ich von Dr. Roland Götz, Archiv des Erzbistums München und Freising.

Kommentare und Anregungen zu früheren Versionen der Kapitel erhielt ich von Dr. Walter Freyn, Dr. Konrad Heumann und von meinem Vater, Erich Soentgen. Der größte Dank gilt meiner Frau Kerstin, die nicht nur den Text gelesen und kritisch kommentiert hat. Gemeinsam mit unseren Kindern Henrik und Merle haben wir die meisten der hier beschriebenen Experimente ausprobiert, was uns allen größte Freude machte.

ÜBER DEN AUTOR

Jens Soentgen, 1967 geboren, studierte Chemie und Philosophie und promovierte nach dem Staatsexamen mit einer Arbeit zur Phänomenologie des Unscheinbaren. Anschließend arbeitete er zunächst als freischaffender Journalist, bevor er sich wieder der Wissenschaft zuwandte. Er lehrte Philosophie an zwei brasilianischen Universitäten, seit 2002 ist er wissenschaftlicher Leiter des Wissenschaftszentrums Umwelt der Universität Augsburg. 2003 erschien im Peter Hammer Verlag sein erfolgreiches Philosophiebuch „Selbstdenken". Sein neuestes Werk „Wie man mit dem Feuer philosophiert, Chemie und Alchemie für Furchtlose", zusammen mit Vitali Konstantinov, erschien 2015.

ÜBER DEN ILLUSTRATOR

Vitali Konstantinov, 1963 in Bessarabien geboren, studierte bildende Kunst und Architektur in Russland und später Grafik, Malerei und Byzantinische Kunstgeschichte in Deutschland. Konstantinov lebt und arbeitet als freier Künstler und Illustrator in Marburg und unterrichtet Buchillustration u.a. an der Hochschule für Angewandte Wissenschaften in Hamburg. Vitali Konstantinov erhielt zahlreiche Auszeichnungen für seine Bücher. Zuletzt wurde das von ihm illustrierte Buch „Seltsame Seiten" von Daniel Charms von der Stiftung Buchkunst zu einem der schönsten deutschen Bücher gekürt.

MIX
Papier aus verantwortungsvollen Quellen
FSC® C022125
www.fsc.org

7. Auflage 2017
© Jens Soentgen (Text)
© Vitali Konstantinov (Illustrationen)
© Peter Hammer Verlag GmbH, Wuppertal 2010
Alle Rechte ausdrücklich vorbehalten
Lektorat: Gudrun Honke
Gestaltung und Satz: Magdalene Krumbeck, Wuppertal
Lithos: Peter Karau, Bochum
Druck: Westermann Druck, Zwickau
ISBN 978-3-7795-0291-3
www.peter-hammer-verlag.de